映像情報メディア基幹技術シリーズ

画像と視覚情報科学

映像情報メディア学会 編

三橋 哲雄
畑田 豊彦 共著
矢野 澄男

コロナ社

序　　　文

　リュミエール兄弟による映画の発明以来ほぼ1世紀半の映像の歴史において，最も大きなできごとは1940年代における電子式映像システムであるテレビジョンの実用化であろう．

　テレビジョンは，人間の持つ「より遠くを見たい，聞きたい」という基本的な願望にこたえるものとして開発された．したがって，その開発の原点は視聴者である人間の特性にあると考えられる．近年，映像の重要性や技術の進歩を背景に，テレビの機能や表現能力の高度化が図られつつあるが，そこにおける基本原理は，やはり最終的受け手である人間の特性であることに変わりはない，と考えられる．

　本書は，上記を背景として，映像システムの代表であるテレビジョンについて，その基本である人間の視覚特性との関係を系統的に述べたもので7章からなる．すなわち，1章では，光の性質から始まり，画像の情報量，ディジタル化，動きの性質など画像の基礎となる事項について述べる．2, 3章は画像にかかわる人間の視覚系の特性について述べており，人間の時間と空間に対する特性は2章，色については3章で述べられている．画像の評価はこれらの特性に基づきなされるので，4章ではそれについて述べている．5章以下は，近年発展の著しい認知科学から見た画像の種々の性質について述べたもので，近年重要視されるようになった感性効果や各種生体情報と画像の関連，立体画像などについて述べており，今後の画像を考える場合に有用な示唆を提供できれば幸いである．

　画像は，いまや文化的，社会的にも大きな影響を与えており，画像を考える際，これらについて無視することはできない．しかし，これらは本書の扱う範囲を超えているので，他の適当な著作を参照されたい．

なお，映像情報メディア用語辞典[†]によれば，映像は動画像を意味すると定義されている。本書でも基本的にはこれにならったが，文中では画像と映像の区別が明らかである場合は両者を区別せず用いた。また，慣例として用いられている場合や文脈により明らかな場合も，同様に区別せずに用いているので了とされたい。

画像の応用範囲はますます広くなり，技術は日一日と進歩を続けている。本書が，これらの新しい分野や技術の理解に役立つとともに，今後の画像の発展を考える際の基本として役立つことができれば幸いである。

最後に，執筆に際し助言をいただいた方々，文献，図面を参照させていただいた方々に深く感謝するとともに，お世話になったコロナ社の方々に深く感謝する。

2009年1月

著者一同

[†] 映像情報メディア学会 編：映像情報メディア用語辞典，コロナ社（1999）

目   次

1. 光と画像の性質

1.1 画像の性質 ……………………………………………………………… *1*
  1.1.1 画像の情報 ………………………………………………………… *1*
  1.1.2 画像情報の歴史 …………………………………………………… *3*
  1.1.3 画像情報とその媒体の種類 ……………………………………… *4*
  1.1.4 画像通信系のモデル ……………………………………………… *7*
1.2 光とその測定方法 …………………………………………………… *10*
  1.2.1 光受容器としての眼球 …………………………………………… *10*
  1.2.2 可視光の定義 ……………………………………………………… *11*
  1.2.3 可視光とその感度 ………………………………………………… *12*
  1.2.4 測光量の定義と単位 ……………………………………………… *14*
  1.2.5 瞳孔を考慮した測光量 …………………………………………… *18*
1.3 電気信号としての画像情報 ………………………………………… *20*
  1.3.1 画像信号の形式 …………………………………………………… *20*
  1.3.2 画像信号の特性 …………………………………………………… *23*
1.4 ディジタル画像の生成・構造 ……………………………………… *27*
  1.4.1 画像信号の標本化 ………………………………………………… *27*
  1.4.2 画像信号の量子化 ………………………………………………… *31*
  1.4.3 画像信号の走査方法 ……………………………………………… *34*
  1.4.4 同期信号の役割 …………………………………………………… *38*
1.5 画像信号の解像度と動き …………………………………………… *41*
  1.5.1 画像信号の解像度 ………………………………………………… *41*
  1.5.2 時空間周波数 ……………………………………………………… *43*
  1.5.3 画像の動き情報 …………………………………………………… *47*
  1.5.4 動きベクトル検出 ………………………………………………… *48*

1.6 画像信号と情報量 …………………………………………………… 50
  1.6.1 振幅分布 ………………………………………………………… 50
  1.6.2 差信号の分布 …………………………………………………… 51
  1.6.3 自己相関関数 …………………………………………………… 52
  1.6.4 周波数スペクトル分布 ………………………………………… 52

2. 視覚系と視知覚

2.1 視覚系の構造と基本的特性 ………………………………………… 54
  2.1.1 眼球結像系 ……………………………………………………… 54
  2.1.2 網膜における信号処理系 ……………………………………… 60
  2.1.3 眼球から大脳中枢での視覚情報処理 ………………………… 65
2.2 明暗情報処理に関する視知覚特性 ………………………………… 68
  2.2.1 明暗反応範囲 …………………………………………………… 68
  2.2.2 コントラスト弁別 ……………………………………………… 70
  2.2.3 視力と表示解像度 ……………………………………………… 71
  2.2.4 空間周波数特性と鮮鋭度 ……………………………………… 73
  2.2.5 時間・時空間周波数特性 ……………………………………… 78
2.3 図形認識に関する視知覚特性（錯視） …………………………… 83
2.4 調節・運動系と視野 ………………………………………………… 94
  2.4.1 調節・運動制御系 ……………………………………………… 95
  2.4.2 視野での情報受容特性 ………………………………………… 101
2.5 空間知覚 ……………………………………………………………… 103
  2.5.1 立体視機構 ……………………………………………………… 103
  2.5.2 両眼立体視機能 ………………………………………………… 105

3. 色と画像システム

3.1 色知覚特性 …………………………………………………………… 115
3.2 色識別特性 …………………………………………………………… 122
3.3 色再現評価と表色系 ………………………………………………… 128

4. 画像の評価

4.1 画質とその要因 ……………………………………………………… 141

4.1.1　画像システムと視覚特性 …………………………………………… *141*
　4.1.2　画質とその要因 ……………………………………………………… *144*
4.2　画 質 評 価 法 …………………………………………………………… *146*
　4.2.1　客観評価と主観評価―工学的測定法と心理学的測定法― ……… *146*
　4.2.2　その他の評価法―生体計測と客観的評価法― …………………… *148*
4.3　主 観 評 価 法 …………………………………………………………… *149*
　4.3.1　主観評価の特徴と望ましい条件 …………………………………… *149*
　4.3.2　主観評価の構成要素と実験の流れ ………………………………… *150*
　4.3.3　心理学的測定法 ……………………………………………………… *152*
　4.3.4　観視条件と標準画像 ………………………………………………… *154*
　4.3.5　評　　定　　者 ……………………………………………………… *157*
　4.3.6　機 器 調 整 法 ……………………………………………………… *158*
4.4　DSIS 法と DSCQS 法 …………………………………………………… *159*
　4.4.1　DSIS　　　法 ……………………………………………………… *159*
　4.4.2　DSCQS　　法 ……………………………………………………… *160*
4.5　評価実験の実施にかかわるその他の事項 …………………………… *162*
4.6　デ ー タ 解 析 …………………………………………………………… *163*
　4.6.1　主観評価データの性質 ……………………………………………… *163*
　4.6.2　分 散 分 析 法 ……………………………………………………… *164*
4.7　感 性 画 質 ……………………………………………………………… *166*
　4.7.1　感 性 と 画 質 ……………………………………………………… *166*
　4.7.2　感性画質の評価法― SD 法と多変量解析法― …………………… *168*

5.　画像情報と視覚系の受容

5.1　画像と視覚系の知覚・認知 …………………………………………… *172*
　5.1.1　視野の受容特性 ……………………………………………………… *172*
　5.1.2　空間・視対象の知覚・認知 ………………………………………… *174*
　5.1.3　自己定位と臨場感 …………………………………………………… *177*
　5.1.4　画像情報と視対象の処理・認知 …………………………………… *179*
5.2　画像パラメータと視覚特性 …………………………………………… *184*
　5.2.1　明るさ知覚と輝度情報 ……………………………………………… *184*
　5.2.2　色知覚と色差情報 …………………………………………………… *190*

5.2.3　視力と走査線数 ································· 193
　　5.2.4　動き知覚とフレーム数 ························· 197
　　5.2.5　視覚受容特性と画像の冗長度 ················ 203

6. 画像情報の受容・処理

6.1　画像と生体情報 ·· 208
　6.1.1　画像情報と眼球運動 ···························· 208
　6.1.2　画像情報と姿勢制御 ···························· 218
　6.1.3　視覚情報と他感覚情報 ························· 226
6.2　画像と感性情報 ·· 234
　6.2.1　感性情報の定義 ·································· 234
　6.2.2　感性情報の抽出 ·································· 236
　6.2.3　画像システムとのかかわり ···················· 244
6.3　画像と奥行き情報 ····································· 249
　6.3.1　立体視機能 ······································· 249
　6.3.2　両眼融合領域 ···································· 255
　6.3.3　運動視差 ··· 257
　6.3.4　立体画像の受容 ·································· 260
　6.3.5　立体画像と視覚疲労 ···························· 267
　6.3.6　立体・3次元画像の表示方式 ·················· 279

7. まとめ

引用・参考文献 ·· 292
索　　引 ··· 304

1 光と画像の性質

　画像にかかわる情報は，現在，日常生活，あるいは，産業の多くの場面で必要不可欠の存在となっている。また，画像を扱うシステムは，何らかの形で，古来から現在まで，その媒体，機能を多様にしつつ，継続，発展的に用いられている。このような画像システムを電子的に扱う立場から概観し，画像の性質を説明する。画像情報の成り立ちを概観し，そのうえで，画像情報の大きな基本的要素である光の性質，および，その定量化のため測光量の定義と単位について整理する。さらに，画像情報である平面シーン，あるいは，動きを伴うシーンを，電子的な時系列信号に変換する走査について述べる。走査の方式は，順次走査と飛越し（インタレース）走査が主となっている。この過程を踏まえたうえで，画像信号はディジタル化されることが多く，この変換について，時間，振幅での量子化の原理を説明する。さらに，画像信号の取扱いの基礎となる解像度，およびその基礎となる2次元空間周波数，また，時間周波数を含む3次元空間周波数領域での情報量の考え方について述べる。最後に，簡単に，画像信号と統計的な情報量について記述する。なお，本章での記述については，類書も多く，巻末の文献を参考にしていただければ，理解がより進むと思われる。

1.1　画像の性質

1.1.1　画像の情報

　一般に，人間は外界から感覚器官を通じて情報を取り入れ，知覚・認識し，自己と外界との空間位置的なかかわりを基礎として，外界にある現象，あるいは物体に働きかけを行い，さらに，その変化・変動を，感覚器官で取り入れるというインタラクションを行っていると考えられる。この感覚器官からの情報の入力は，一般には「五感」と呼ばれている視，聴，触，嗅，味の各感覚と身体の制御を司る平衡感覚からなっている。これらの感覚情報と運動制御の関係を図1.1に示す。この図に示すように，画像に関しては，入力として，視覚系が大きな役割を果たしている。しかしながら，視覚系の機能の出力が空間の認

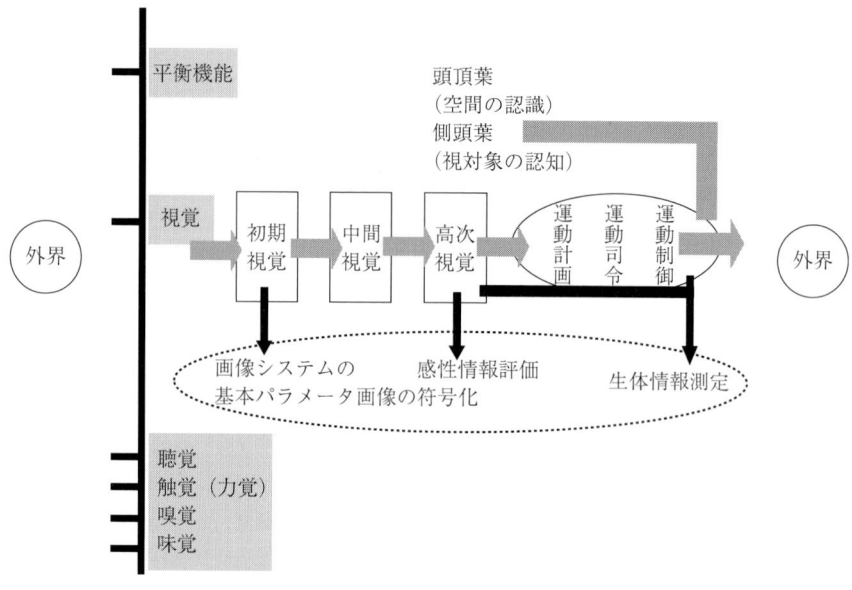

図1.1 ヒトの感覚情報と運動制御から見た画像情報の処理

識,視対象の認知にあるならば,このような機能に影響を与える他の感覚器官もまた,画像と大きなかかわりを持つと推測される。さらに,視覚系を含む感覚・知覚情報処理が,階層機能とモジュール性で構成される可塑性の強い処理機能であることが,近年は明らかにされつつある。このような階層性に着目すると,画像の基本的なシステムパラメータや符号化の基礎となる知見の多くは,視覚系でも初期視覚に関係する事項が多いと思われる。一方,画像の総合的な品質,あるいは,コンテンツの評価には高次視覚の関与が強くうかがわれる。これらの機能の測定は,古くから心理物理的な手法が中心として用いられており,高次視覚の機能出力を探るには,ある条件下では,心理物理的な手法のみでしか探れないような場合も,近年まではあった。しかしながら,脳波,さらに,PET,SQUID,NIRS,あるいは,fMRIのように脳機能を直接,または,イメージととらえることが可能となり,研究手法そのものも大きな変化を余儀なくされている。まだ,従来の考え方を大きく変えるような道程にはないが,将来的には大きな期待が寄せられている。

また，運動出力から知覚・感覚機能を知ろうとする場合は，心理物理的な手法も用いられるが，運動出力を生体情報として測定し，その結果から知覚，感覚機能を推定，あるいは，評価する方法が用いられている。この方法は，得られるデータは測定装置の示すデータ値であるが，知覚・感覚とのすり合わせには，別途，測定した心理物理量が必要であり，測定データ値のみでの判断は，困難を伴うことがある。

ところで，図1.1にも示すように，感覚情報から画像情報を中心的にとらえるのは「視覚系」に相当することになり，基本的には前で述べたように，図の中に示す点線内の処理を，画像情報とのかかわりでは対象とすることになる。したがって，この場合画像情報は，一般的には，空間，特に眼前に広がる3次元空間 (x, y, z)，その空間内での光の波長 λ，時間情報 t の五つのパラメータから構成されると考えるのが一般的となる。

しかしながら，日々の生活の中で視覚情報となる画像情報は，必ずしも五つのパラメータを利用して情報を表示する必要がない場合も多い。例えば文字情報では，空間情報は (x, y) で十分であり，時間情報 t は必要ない。テレビジョン画像では，空間情報 (x, y)，色情報を与える波長 λ，時間情報 t が必要とされる。このことは，テレビジョン画像情報は文字情報に比べて，物理的に多い情報量を持っていることをも意味している。一方では，画像情報を表す媒体による機能も特性の差もある。例えば，フィルム写真では，時間情報 t をパラメータとして扱うことは困難であるが，フィルム映画では，時間情報 t をパラメータとして扱うことが可能である。

本章では特に，空間情報 (x, y)，色情報を与える波長 λ，時間情報 t を持つテレビジョン画像に関する特性に関して概説する。

1.1.2　画像情報の歴史

前項で述べたように，広義に画像情報を考えると，文字情報が最も基本的なものであり，その伝達手段として，大量に情報伝達が可能となったのは印刷技術の発明によるところが大きい。さらに時代を経て，絵画のように2次元画像

としての情報のピックアップが可能となったことは写真技術の発明による。写真技術は静止画のピックアップであったが，動画像まで広げたのは，さらに映画技術の発明によるところが大きい。この動画像のピックアップ技術を電子的に可能としたのがテレビジョン技術である。

このような一連の画像情報の発明，開発，あるいは，改良の歴史を**表1.1**に示す。表から15世紀中頃に印刷技術が発明され，それから400年後の19世紀中頃に写真技術が発明され，その約50年後の19世紀末には映画が発明されている。一方，テレビジョン技術は，その萌芽は19世紀末に認められるものの，本格的な発明は20世紀初頭とうかがえる。テレビジョン技術は，当初は白黒画像であったが，改良が続けられ，色情報を持ち，かつ，高解像度の画像情報システムとなり，また情報の取扱いも，アナログ信号処理からディジタル信号処理に変わってきた。さらに，その画像情報の伝送，記録においてもディジタル処理が一般的となり，この100年間に著しい進歩を遂げている。

1.1.3　画像情報とその媒体の種類[1]

一般に，画像情報は何らかの媒体，例えばフィルムあるいは電気信号の形を通じて提供される。したがって画像情報は，その媒体の持つ特性に，きわめて依存するといって差し支えない。むしろその媒体特有の特徴があるため，逆にいえば，その媒体のみが持つ特有の性質を生かして画像情報を提供することにより，その画像情報システムが有意義な情報を寄与し続けているといってよい。

表1.2に画像の種類・情報とその媒体の例を示す。表に示すように，画像情報はきわめて媒体の特性から支配的な影響を受けることが理解できる。例えば，無彩色静止画像であれば，色情報の記録が不要で（あるいは不可能な），かつ，時間変化が不要なため時間的にピックアップ画像が変化しない白黒写真フィルムによってなされる。

しかしながら，白黒写真フィルムという媒体の特性を利用することにより，無彩色静止画像による有効利用分野もあり，例えば，X線画像情報などはその典型的な例といえる。一方，時空間情報のみならず，色情報，時間情報を必

表1.1 画像情報にかかわる発明・開発の歴史

年代	テレビ	映画	写真	印刷
紀元前2000頃				世界最古パピルス文書「パピルス・プリス」完成
105頃				蔡倫（中）紙発明
1445頃				グーテンベルグ（独）活版印刷術発明
1460頃				フィンゲラ（伊）凸版印刷技法考案
1536				活版刷り新聞「カゼッタ」発行（伊）
1798				セネフィルター（独）石版印刷術発明 スタンホープ（英）総鉄製印刷機開発〔250-300枚/時〕
1802			ウェッジウッド（英）感光紙・塩化銀による写真発明	
1824				ニエプス，ダゲール（仏）写真凸版開発
1837			ダゲール（仏）ダゲレオタイプ発明〔写真〕	
1846				ホー（米）輪転印刷機開発〔8000枚/時間〕
1853			ニエプス（仏）カラー写真考案	
1861			マクスウエル（英）カラー写真考案〔加法混色〕	
1869			オーウロン（仏）3色写真法の原理確立〔減法混色〕	
1877	ソーヤー（英）機械走査の概念			
1878		マイブリッジ（米）12台写真機による動画撮影		
1884	ニプコー（独）ニプコー円板発明			
1888			コダック社ロールフィルム開発	
1889		アンシュッツ（独）電気式シュネルゼーアー		

1. 光と画像の性質

表 1.1 画像情報にかかわる発明・開発の歴史（つづき）

年代	テレビ	映画	写真	印刷
1893		エジソン（米）キネトスコープ開発		
1895		リュミエール兄弟シネマトグラフ開発		
1897	ブラウン（独）ブラウン管発明			
1904				ルーベル（米）オフセット印刷機開発
1911	ロージング(露)ブラウン管テレビ公開			
1926	高柳健次郎(日)イの字表示			
1929	BBC（英）テレビ実験放送開始			
1933	ツボォルキン（米）アイコノスコープ発明			
1950頃			一眼レフカメラ販売（日）	
1953	NHK（日）テレビ放送開始			
1954	NBC（米）NTSC方式開始			
1970		IMAXシアター上映（大阪万博）		
1982				Adobe（米）PostScript発表
1984	NHK（日）BS試験放送開始			アップル社（米）Mac・レーザライター販売
1985		ショウスキャン上映（つくば万博）		
1986			レンズつきフィルム販売（日）	Adobe（米）PageMaker販売〔DTP普及〕
1991	ハイビジョン試験放送開始(日)			
1999		世界発ディジタルシネマ〔スターウォーズ・エピソード1上映〕		
2003	地上デジタル放送開始			

表 1.2　画像の種類・情報と媒体（文献 1）を一部改変）

画像の種類	画像情報	媒体の例
無彩色静止画像	空間情報 (x,y)	白黒写真，紙
無彩色動画像	時空間情報 (x,y,t)	白黒テレビジョン電気信号，白黒映画フィルム
3次元単色静止画像	空間情報・奥行き情報 (x,y,z)	フィルム，もしくは空間光変調素子
カラー動画像	時空間情報・色情報 (x,y,t,λ)	カラーテレビジョン電気信号
立体カラー動画像	時空間情報・色情報・奥行き情報 (x,y,t,λ,z)	立体カラーテレビジョン電気信号

要とするカラーテレビジョン画像情報では，その媒体としては電気信号が選択され，その電気信号を媒体として，これらの情報を組み込む．このことは，媒体としての電気信号は他の媒体に対して，例えば，映画フィルムなどに比較すれば，現在の技術からいうと，これらの情報を組み込みやすい点で比較的利点が多いために用いられると理解してよい．

1.1.4　画像通信系のモデル

〔1〕　通信系と画像通信系のモデル

図 1.2，図 1.3 に通信系，および，通信系のモデルを参考にしたテレビジョンシステム構成と関連する特性を表した図を示す．

図 1.2 は通信系としては，古典的な通信路モデルとして，よく知られているシャノンのモデルであり，情報源の情報量や通信容量を確率論のモデルとして定義し，通信系に整合させる情報の変換や符号化，さらに，雑音などの影響を考慮し，通信路の周波数利用率，伝送効率などを情報理論的に統一的に取り扱

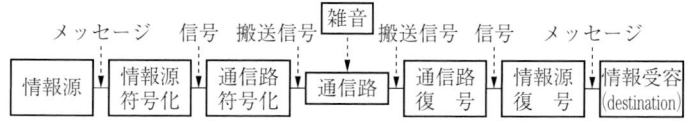

図 1.2　シャノンの通信路モデル　© 1999 IEICE[12]

8   1. 光と画像の性質

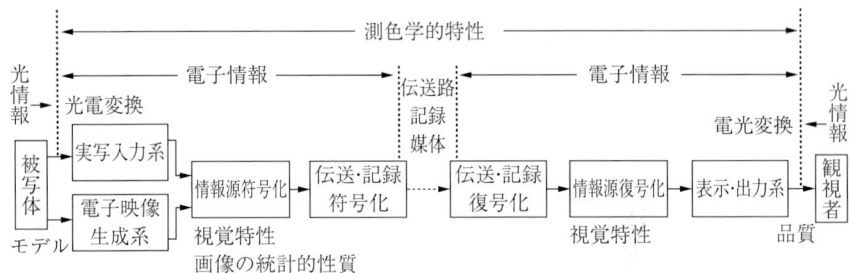

図1.3 テレビジョンシステム構成にかかわる伝送・記録系のモデル

うことが可能となっている。

　一方，このようなモデルを基本として，図1.3にテレビジョンシステム構成と関連する特性を示す。このモデルでは情報の送り手側として情報源を被写体からの画像情報（光情報）と電子映像生成系としている。前者は，その後，光電変換されて電子情報となり，後者の情報と同じレベルで扱われる。これらの情報は，情報源符号化，通信路符号化の処理が行われるが，これらは図1.3では伝送・記録処理系として扱っている。情報源符号化として電子情報としての画像信号の組立て，通信路符号化としては各種の伝送・記録方式，変調を行った搬送信号の生成としている。

　なお，本書では，通信路符号化の技術には触れない。また，受け手側として，搬送信号からの画像信号の復調を行う通信路復号，画像信号から画像情報の再生などを行う部分を表示・出力系として記述している。さらに，観察者を，情報受容を行うヒトの視覚系と想定している。

〔2〕 画像情報の受容

　前に述べたように，光情報としての画像情報は空間的な広がりを持つ $p(x,y,z)$ の位置座標の値，光の波長 λ，さらに時間変化 t を持つことになる。ところで，情報受容としてのヒトの視覚情報処理系は，眼球内の網膜で光受容を行っている。この光受容に際しては，網膜の解像力の差から視野内を眼球運動でサンプリングしながら情報受容を行っており，このため，静止画像と動画像に対する受容機能の差が生じる。また，両眼があることから網膜に写る

表1.3 画像情報の物理的な要因と心理的な要因の関係（宮川　洋ほか：画像エレクトロニクスの基礎，コロナ社（1975））

区分			物理的要因		心理的要因	
			光学的要因	電気的要因	感覚・知覚	認識・情緒
画面構成			画面の大きさ 画視の形，縦横比 光の性質（発光・反視・透過）	（帯域幅）	最適視距離 視角（周辺視効果，注視点） 両眼視	臨場感，立体感，疲労感，読みやすさ
空間的要因	2次元	線形	幾何学ひずみ ボケ ハレーション エラジェーション ｝アパーチャの形 OTF (MTF)	走査歪み 直線歪み（周特） 輪郭補償・走査線数 ｝鮮鋭度（帯域幅）	錯視 視力・想像力 マッハ効果 ｝空間周波数特性	鮮鋭さ 読みやすさ 明瞭さ
		面 明暗	輝度 コントラスト 中間調（ガンマ） ｝変換特性	信号レベル 非直線歪み 振幅特性 ｝階調再生性	明るさ，明度関数 同時対比効果	階調のよさ（美しさ） まぶしさ
		面 色	分光特性	色信号レベル DG, DP ｝色再現性	色差，色相と彩度 色知覚現象（対比，面積効果，など）	色のよさ（美しさ） 色の調和 記憶色と嗜好
	3次元	奥行き	両眼式立体表示 3D表示	（帯域幅）	立体視	立体感
時間的要因	時間変化 点滅		立体・残像 毎秒像数	インタレース	順応，維時対比 ブロッカ-ザルツァー効果， バートレー効果， ちらつき（CFF）， 時間周波数特性	不快感
時空間	形の変化 運動				図形残効， 運動残像 運動視（実際・仮現）	運動感（迫力感）
妨害			粒状性 モアレ ごみ，きず 画面動揺 二重映し	ランダムノイズ 周期性ノイズ パルス性ノイズ ジッタ ゴースト	ノイズ評価曲線 （輝度・スペクトル）	妨害度（不快感）

像の位置的な差からも奥行きが検知可能である。さらに，網膜構造そのものに着目すると明るさ，色の検出が可能な構造となっている。このような機能を持つ眼球運動系，網膜構造を画像受容の基本として，大脳視覚領から始まる階層的な処理により，画像情報の知覚・認知が行われている。

このような画像の知覚・認知に関して，画像情報の物理的な要因と心理的な要因の関係を**表1.3**に示す。表には画像情報の持つ物理的な要因と，その要因に関する心理物理的な要因を列挙している。また各要因に関しては，画像情報の持つ構成要素，例えば，画面構成，空間的要因，時空間的要因，妨害（劣化）などの項目で分類を行っている。なお，妨害（劣化）に関しては，近年は，放送を含む画像情報の伝送システムにおいて，ディジタル伝送（放送）が実用化されたため，画像情報に対する妨害という点より，画像情報の劣化という点での見方が支配的になりつつあり，今後もこの傾向が進むものと思われる。

1.2 光とその測定方法[2),3)]

1.2.1 光受容器としての眼球

図1.4に眼球の構造を示す[4)]。図に示すように光情報は，角膜，前眼房，水晶体を通り，硝子体を通過して，網膜に達する。水晶体はその曲率を変えることにより，網膜上に像を正確に結像させるピント調節の役割を果たす。さらに，入射する光量は虹彩の大きさを変えることにより，いわゆる瞳孔の大きさが変化し，光量の調整が行われる。

光情報が結像する網膜では，光受容器によってセンシングが行われるが，光受容器の分布は網膜上では一様ではない。光受容器は機能が異なる錐体と桿体の2種類からなり，網膜中心部には錐体が多く，周辺部には桿体が多く分布している。錐体は解像力が高く，色弁別の機能があるが，桿体は錐体に比較して，解像力は低い。しかしながら，動きに対する感度は高い。また，桿体は，錐体に比べて，暗いところで機能する。このような特性を持つ光受容器の網膜上の分布のため，視対象を十分に見るためには，静止画像に対しては，サッカ

1.2 光とその測定方法

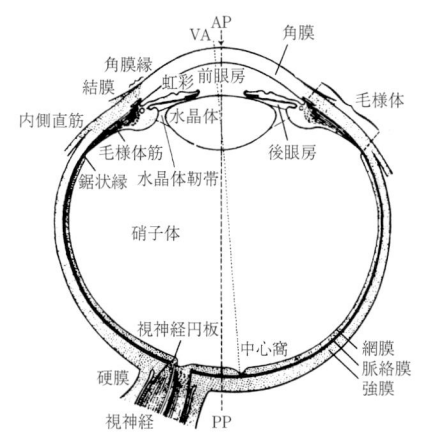

AP：前極　PP：後極　VA：視軸

図 1.4　眼球の構造（星ほか：医科 生理学展望，丸善（1966））

ードと呼ばれる非連続の眼球運動により，視点を移動しつつ行い，動いている対象を見る場合は，対象に対して追従運動を行いつつ見ることになる。このような眼球運動の制御には6本の拮抗筋が使われている。

1.2.2　可視光の定義

眼に映る可視光を定義すれば，電磁波スペクトルのうち可視放射，すなわち直接的にヒトの視覚系，つまり，肉眼に入射して視感覚を起こすことができる放射である。

一方，光学的には，赤外放射および紫外放射を含めたスペクトル領域を光と呼ぶことが多い。電磁波スペクトルの中でヒトの視覚系によって可視できる光の範囲は，図1.5に示すように下限が380〜400 nm，上限が760〜780 nm の領域の電磁波であると考えられている。

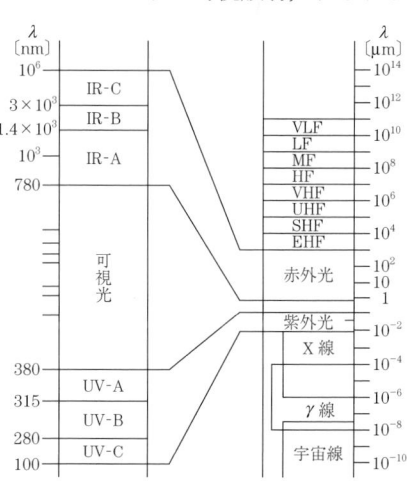

図 1.5　可視光と上下限波長範囲外の光

CIE（Commission Internationale de l'Eclairage：国際照明委員会）では下限波長 380 nm，上限波長 780 nm の範囲で等色関数の表を作成している。また，図 1.5 に示されているように，可視光の下限波長よりも波長の短い光を紫外光（紫外放射），上限波長よりも長い波長の光を赤外光（赤外放射）と呼んでいる。

1.2.3 可視光とその感度

光の量を放射エネルギーとして考えると，放射量として扱うことが可能である。放射量として基本的な性質を把握するための重要な概念として，単位時間当りの光子の量を表す放射束（radiant flux）がある。放射束は，単位時間当りの伝播するエネルギー量を意味し，単位としてワット（W，joule/sec（J/s））が使用される。また，この他に放射強度，放射照度，放射発散度，放射輝度など放射量の特性を表すパラメータがある。これらは，光度，照度，光束発散度，輝度などの測光量に対応する。なお，放射束には光束が対応する。

しかしながら，ここでいう放射量はヒトの視覚系とは無関係に定められた物理量であるために，視覚系の特性を考慮した光の強さを知る物理量が必要となる。この物理量は測光量と呼ばれ，視覚系の視感度を基本としている。視感度自体は視覚系の網膜での光受容器以降の情報処理系によって，その特性が定められる。つまり，測光量は視覚系に入力される光のエネルギー，具体的には瞳孔を通じ入射される光のエネルギーに対して，ヒトの視覚系の持つ視感度で重み付けし，エネルギーの総和をとったものである。このため，測光量は視感度で大きな影響を受けることになるが，視感度自体が個々人によって異なり，個人においても年齢によって異なったり，あるいは主観的な明るさという点からも考慮されるべき特性であるが，現状では，このような違いは考慮されてはいない。平均的な分光視感度としては，平均分光比視感度が仮定されている。

放射量と測光量の関係を表すと，波長 λ から $\Delta\lambda$ までの放射束を $R_\lambda \Delta$ とし，その波長に対する視感度を V_λ とすると，測光量としての光束 F_λ は

$$F_\lambda = K_m \int_\lambda^{\lambda+\Delta\lambda} V_\lambda F_\lambda d\lambda \tag{1.1}$$

となる。ここでK_mは，放射束と光束の単位の変換係数である。さらに，可視領域での全光束Fは

$$F = K_m \int V_\lambda F_\lambda d\lambda \tag{1.2}$$

となる。

したがって，放射量と測光量（光束）を結ぶには，単位の変換係数と視感度を確定すればよいことが理解される。前者は，一つの波長についての放射束と光束との関係で，視感度として定義され，最大視感度の波長の場合が選ばれる。後者は，視覚系を検出器としてとらえた場合の相対分光感度に相当し，標準比視感度と呼ばれている。この場合，視覚系の明暗の感覚に関して，比例性および加算性が暗黙の了解となっている。また，直接視感度ではなく，比視感度が求められているのは，測定が容易で，かつ，取扱いが簡単なことによるといわれている。

図1.6にCIEによって決められた比視感度の曲線を示す。視覚系の網膜構造に依存して，明所視の場合と暗所視の場合がある。明所視では555 nm，暗所視では507 nmを最大視感度とし，値を1としている。

明所視とは明順応視している場合で輝度レベルでは3 cd/m²以上で，まぶしく

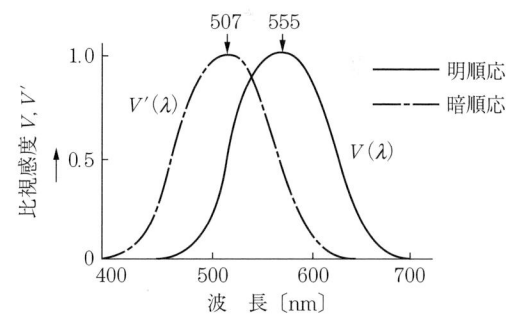

図1.6　CIEによる比視感度曲線

ない状態に順応している状態を示している。暗所視とは，輝度レベルが3×10^{-5} cd/m²以下で，暗順応視している状態を示している。なお，明順応視と暗順応視との間の輝度レベルの場合は中間順応視と呼んでいる。

結局，ヒトにとっての光とは，前述した可視放射に，この視覚系の持つスペクトル応答関数，CIEでの定義によれば標準視感度による出力であるといえ，

これは網膜構造の特性から，二つの代表的な伝達応答特性が決められていると考えればよい。

一方，日常的な感覚からすれば，光刺激に対する視覚は明るさに関する明暗感覚と色味に関する色感覚といえる。色感覚は，色相に対する感覚と色の飽和度に対する感覚から成り立っている。したがって，単色光を仮定すれば，放射量と波長によって物理的に表すことが可能で，放射量に基づき測光量としての明るさ，波長に応じる色相の感覚が生じる。表1.4に可視光の波長範囲と色名の関係を示す。

表1.4 可視光の波長範囲と色名（和田ほか：感覚・知覚・心理学ハンドブック，誠信書房（1969））

波長範囲〔nm〕	色	名	記 号
380-430	青みの紫	bluish Purple	bP
430-467	紫みの青	purplish Blue	pB
467-483	青	Blue	B
483-488	緑みの青	greenish Blue	gB
488-493	青　緑	Blue Green	BG
493-498	青みの緑	bluish Green	bG
498-530	緑	Green	G
530-558	黄みの緑	yellowish Green	yG
558-569	黄　緑	Yellow Green	YG
569-573	緑みの黄	greenish Yellow	gY
573-578	黄	Yellow	Y
578-586	黄みの橙	yellowish Orange	yO
586-597	橙	Orange	O
597-640	赤みの橙	reddish Orange	rO
640-780	赤	Red	R

1.2.4 測光量の定義と単位

前述したように，放射は，空間を伝播する電磁波であり，その波長によって呼称が異なる。この放射の量を計測することを放射計測と呼び，放射束や放射エネルギーなどを，ワット（W），あるいは，ジュール（J）と呼ぶ単位で計測を行っている。幾何学的な様態により，計測される種類は，放射強度，放射束，放射輝度，放射照度などである。一方，放射，特に光を視覚の感覚に基礎

をおいて，計測することを測光と呼ぶ．測光には，放射計測に対応して，やはり幾何学的な様態により，光度，光束，輝度，照度などがある．一般的には，放射量は放射エネルギーとしての光の量を示す種々の物理量の総称として用いられる．放射量の中で基本的な特性を与えるものが，放射束である．放射束とは，単位時間当りの発散，あるいは，伝播するエネルギー量を意味している．放射束の他に，放射強度，放射輝度，放射照度，放射発散度などがあり，これらは放射束に対応して光束が測光量として対応したように，光度，輝度，照度，光束発散度などが測光量として対応している．これらの物理量は，光束との幾何学的，あるいは，時間的な組合せによって特徴づけられている．これらの物理的な特性は，画像を見るということにおいては，視対象となる画像の明るさや視環境の基本的な量である周囲の明るさを定義するために用いられている．

〔1〕 光　　　束

光束とは，放射束を標準比視感度と最大視感度により評価した値であり，単位時間内にある面を通過する光の量となる．単位はルーメン（lm）が用いられる．1ルーメンは，すべての方向に放射される光の光度が一様に1カンデラ（1 cd）である点光源から単位立方角内に放射される光束であると規定されている．

単位立体角は半径1 mの球の，1 m^{2}の部分に対する中心立体角として表される．単位はステラジアン（sr）である．例えば，**図1.7**に示すように，空間の任意の微小面dsが，点光源rから距離lだけ離れているとする．この微小面dsに光束が入射する場合を考える．微小面の点pと光源rを結ぶ直線rpと微小面dsの法線のなす角をθとする．微小面dsが光源rに関して張る立体角$d\Omega$は

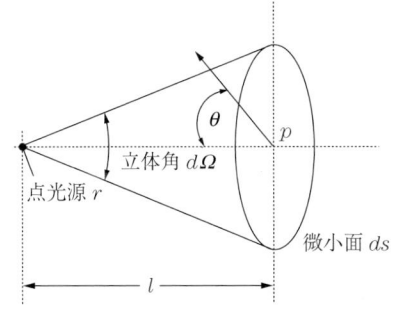

図1.7　微小面dsが点光源rに関して張る立体角$d\Omega$

16   1. 光 と 画 像 の 性 質

$$d\Omega = \frac{d\cos\theta}{l^2} \tag{1.3}$$

で表される。

このときに，面が球の一部の面であると仮定すると，球の中心から半径 r の面 dc に張る立体角 $d\omega$ は，面 dc に対する中心からの半角を u とすれば

$$\begin{aligned}d\omega &= \frac{dc}{r^2} \\ &= \frac{2\pi r \sin(u)\, rdu}{r^2} \\ &= 2\pi \sin(u)\, du\end{aligned} \tag{1.4}$$

と表すことができ，球の場合は半角は 180° であるから，立体角は 4π 〔sr〕となる。あるいは，立体角の定義そのものから，dc が球の一部をなしていると考えると，法線ベクトルと dc 上の点 p との直線 rp とのなす角は 0° であるから，半径を r，球の面積を S とすると

$$\omega = \frac{S}{r^2} \tag{1.5}$$

となる。球の全面積は $4\pi r^2$ であるから，中心から張る立体角は 4π 〔sr〕である。したがって，すべての方向に光度が一様で，かつ，I 〔cd〕である点光源からの全光束は $4\pi I$ 〔lm〕となる。

〔2〕光　　　　度

光度とは，光源からある方向に発散する光の強度のことである。正確に表現すると，点光源からある方向の微小立体角内を通過する光束を，その立体角で割った値となる。単位はカンデラが用いられる。光束の単位ルーメンで用いた説明を使えば，単位立方角当り 1 lm の光束発散密度が 1 cd といえる。

〔3〕光　　　　量

光量とは，光束を時間積分した量である。したがって，単位はルーメン・秒となる。つまり，1 lm の光束を 1 秒間で積分した値が 1 lm·s となる。

〔4〕輝　　　　度

輝度とは，光源の微小面からのある方向への光度を，その方向への正射影面

積で割った値である．つまり，前面から照明された反射面，あるいは後面から照明された透過面などの面光源をある方向から見た明るさを輝度と呼ぶ．このため，輝度は見る方向に依存するが距離には無関係な値である．単位は cd/m^2 あるいはニト（nt）が用いられる．$1\,cd/m^2$ は $1\,m^2$ で $1\,cd$ の光度に相当する輝度である．

発光面では，光源 r からの任意の面 S に対する光度 I とし，光源 r と面 S を結ぶ直線と面 S の法線のなす角を θ とすると，輝度 L は

$$L = \frac{I}{S \cos \theta} \tag{1.6}$$

で表される．この量は，視対象である画像を見るときに，心理物理的な明るさに近い測光量であり，画像の物理的な特性の記述の一つのパラメータとしてよく用いられる．

輝度の単位としてしばしば，lambert（L）あるいは footlambert（fL）が用いられることがある．これらは，対象とする面と傾きが同一の輝度を持つ完全拡散面の光束発散度を用いて示したときの単位系である．完全拡散面はどの方向からも輝度が一定に見える面である．$1\,L$ は，$1\,cm^2$ で $1\,lm$ の光束発散度の完全分散面と同一の，$1\,fL$ は $1\,feet^2$ で $1\,lm$ の光束発散度の完全拡散面と同一の輝度を示している．$1\,L$ は $3\,183\,cd/m^2$，$1\,fL$ は $3.426\,cd/m^2$ である．

〔5〕 照　　　度

照度とは，微小面に入射する光束を，その面の面積で割った値で規定される．直観的には，ある面を照らす光の強度と考えてよい．つまり，想定する面に対して，あらゆる方向から入射する単位面積当りの光束と考えることができる．単位はルクス（lx）が用いられる．

$1\,lx$ は，$1\,lm$ の光束で $1\,m^2$ の面を一様に照らした場合と規定されている．理想的には，図 **1.8** に示すように，I〔cd〕の光度の光源から距離 r〔m〕，面積 S〔m^2〕を考え，光源と面を結ぶ直線と面の法線となす角を θ とすると，面 S の照度 E は

18   1. 光と画像の性質

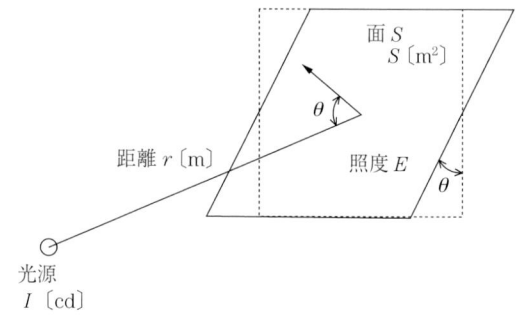

図1.8 光源と照度との関係

$$E = \frac{I \cos \theta}{d^2} \tag{1.7}$$

で表される。つまり，照度は光源の光度に比例し，距離の2乗に反比例する。この照度に関する定義から理解されるように，照度は対象とする面の反射，透過などの光学的な性質，あるいは視点からの方向とは関係なく定まる量である。したがって，画像表示での役割では視対象の明るさなどを規定するための記述内容として用いられることはなく，周囲の照明環境を表すために用いられることが多い。

〔6〕 光 束 発 散 度

光束発散度とは，微小面から出る光束をその面の面積で割った値で定義される。つまり，単位面積当りの光束の発散密度と考えることができる。単位は lm/m^2 であり，$1\,lm/m^2$ は $1\,m^2$ 当り $1\,lm$ の光束が通過する場合である。この規定から理解されるように，光束発散度は，面光源あるいは反射面，透過面での単位面積当りの特性を記述するのみで，光源となっている面を臨む視点位置とは関係なく定められる量である。

1.2.5 瞳孔を考慮した測光量

これまで説明した測光量の他に光の量を記述するパラメータとして網膜照度が，心理物理学的な実験，特に人工瞳孔などを用いた実験ではしばしば用いられている。ヒトが視対象を見るときは，瞳孔を通じて光が網膜に入射し，結像

する。この瞳孔を通じて入射する光に対して光学的な処理，さらに，網膜に投影された光に対応して視覚系の情報処理が始まる。網膜への光の量は，瞳孔の大きさに比例する。このため瞳孔の大きさを考慮して網膜の照度を表す測光量として網膜照度がある。ただし，網膜照度は，瞳孔から網膜までの距離，あるいは眼球内での吸収，散乱などの影響は考慮していない。網膜照度の単位はtroland（Trd）であり，L〔cd/m^2〕の輝度の面を面積 S〔mm^2〕の瞳孔を通して見た場合の網膜照度 E〔Trd〕は両者の積で表され

$$E〔\mathrm{Trd}〕= L〔\mathrm{cd/m^2}〕\times S〔\mathrm{mm^2}〕 \tag{1.8}$$

となる。

　照度は，微小面に入射する光束をその面の面積で割った値で規定されるので，網膜照度は，その意味では照度という表現は適当ではない。むしろ，網膜へは瞳孔を通じて光が入るわけであるから，視対象から単位立体角当り瞳孔に

表1.5　種々の測光量の定義とその単位および例

測光量	定　義	単　位	例
光　束	単位時間内に放出されるエネルギーである放射束を標準比視感度で積分し，最大視感度をかけた値	ルーメン（lm）	一般の蛍光灯は，1 W 当り 60～80 lm 程度。したがって，約 20 W の蛍光灯で 1 400 lm ぐらいである。
光　度	点光源からの光束の単位立体角当りの量	カンデラ（cd）	かつてロウソク1本の明るさが1cdで，単位名はロウソクに由来。例えば，白熱電球ではW数とcd数がほぼ等しい。
光　量	光束を時間積分した量	ルーメン・秒（lm・s）	
輝　度	光源からある方向への光度を，その方向への光源の正射影面積で割った値	カンデラ毎平方メートル cd/m^2（ニト nt）	蛍光灯の輝度は 7 000～8 000 cd/m^2，ハロゲン球は輝度が 1 500～2 000万 cd/m^2 である。
照　度	ある面に対する光束の単位面積当りの値	ルクス lx（lm/m^2）	細かい作業をする手元は 1 000～1 500 lx 程度，読書などでは 300～500 ルクス程度が適当。
光束発散度	光束の単位面積当りの量	ルーメン毎平方メートル（lm/m^2）	

入射する光束を規定していると考えることができる。単位系から理解されるように Trd では面積にかかわる項が結果的に打ち消され，輝度ではなく，光束となる。

以上，概説を行った測光量に関して，網膜照度を除き，**表 1.5** にまとめる。この表からも理解されるが，一般に画像の明るさを示す場合は輝度（cd/m^2）が用いられることが多く，周囲あるいは画像の表示面への周囲光の影響は照度（lx）が用いられることが多い。

1.3 電気信号としての画像情報

1.3.1 画像信号の形式

前節では，視覚系に入力される光の量の記述に関する項目に関して概説を行った。本節では，電気信号として見た場合の画像そのものの特徴を述べる。静止した画像は基本的には 2 次元面として表される。このため，画像の撮像，伝送（記録），表示のそれぞれの画像の情報処理の段階では，画像情報を 2 次元の信号としてとらえるか，あるいは何らかの方法で 1 次元の時系列信号として変換して扱うかが大きな問題となる。

例えば，**図 1.9** は音響信号である。音響信号であれば，横軸に時間をとると基本的には音響信号の振幅を縦軸に表した 1 次元の時系列信号として表現できる。**図 1.10** には静止画像信号の例である。このような画像で，縦，横比のことをアスペクト比と呼んでいる。よく知られている日本での標準放送 NTSC はアスペクト比が 4：3 であり，NHK が長く研究を進めて，実用化された HDTV（いわゆるハイビジョン）はアスペクト比が 16：9 である。

つぎに，**図 1.11** で黒い線で示したものを走査線と呼んでいる[5]。すなわち，静止画像は 2 次元面として表されているために，このような走査線に分解し，時系列信号化して，電子的な画像信号としている。走査線自体は，図 1.11 に示すように，あるレベルを持ち，そのレベルは画像に対応して一意に決まる。

したがって，1 枚の画像は走査線を垂直方向に並べて表現できる。このた

1.3 電気信号としての画像情報

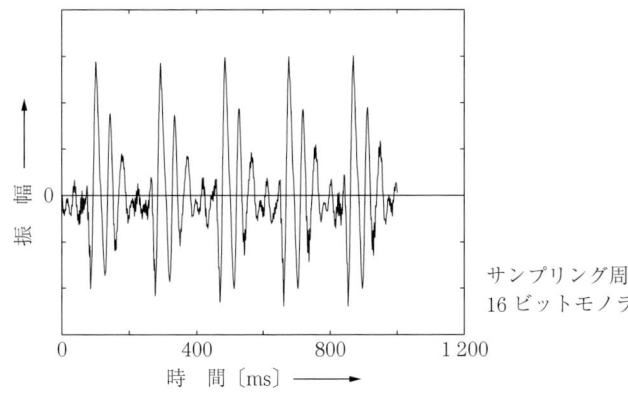

サンプリング周波数 22.050 kHz
16 ビットモノラル信号:「あー」

図 1.9 音響信号の例

アスペクト比率:〔 〕内の値で示す比 4:3
走査線:画面内の黒い水平線

図 1.10 静止画像信号の例(ITE 標準テストチャート No.1)

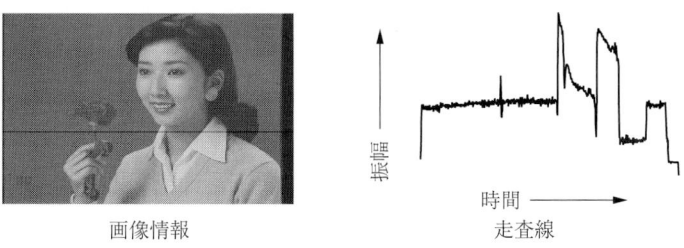

図 1.11 走査線内のレベル分布

め,走査線内で細かさを表すことができる最大値と走査線の数によって,1 枚の画像での細かさを表す値が決まる[6]。前者,すなわち走査線内での細かさを水平解像度,走査線によって決まる細かさを垂直解像度と呼んでいる。

22　　1. 光と画像の性質

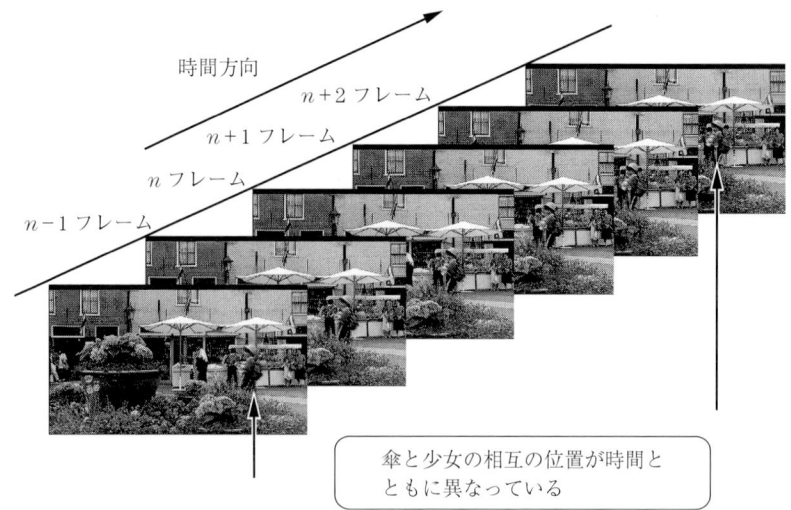

傘と少女の相互の位置が時間とともに異なっている

図 1.12 動画像の一例

　一方，動画像を表すと**図 1.12** のようになる。この図から理解されるように動画像は静止画像の繰返しで表される。

　したがって，画像の繰返し回数，より具体的には 1 秒間での画像の枚数によって，時間軸方向の細かさを表す時間解像度が決まる。ただし，時間軸方向については，いくぶん込み入っており，1 枚の画像を走査線ごとに 2 枚の画像に分けて伝送する方法もとられている。すべての走査線を含むもとの画像の 1 枚を 1 フレームと呼んでいる。また，走査線が 1 本ごとに分けられてできた映像をフィールドと呼び，1 フィールド，2 フィールド，あるいは奇数フィールド，偶数フィールドと呼んでいる。このように，画像を 1 フレームを単位とする場合を順次走査といい，2 フィールドで 1 フレームを構成する場合を飛越し走査と呼ぶ。特に，2 フィールドで 1 フレームの場合は，2：1 飛越し走査といって明確にフィールド数を示す場合もある。

　時間解像度と密接に関係があると推測される 1 秒間のフレーム数は，多いほど動きの滑らかな表現が可能である。

1.3.2 画像信号の特性

〔1〕 画像信号の解像度[7]

解像度を「細かさ」を表す程度と表現したが，この細かさを表す程度として，例えば時間であれば単位は Hz が使われているように，周波数を用いて表されている。周波数が高いということは，単に細かさがよく表現できるということのみならず，視覚的には，当然のことであるが，エッジなどがシャープに見えるということにもつながっている。

画像表示を主体としてきたテレビジョン画像では，物理的には，水平方向は MHz，垂直方向は TV 本，時間方向は Hz でこの解像度の単位系をなしている。なお，視覚機能を対象とした提示画像では，水平，垂直ともに cpd (cycle per degree) が使われ，ときに，水平方向は cpw (cycle per width)，垂直方向は cph (cycle per height) が使われる。これらは，視覚的な見え方の細かさである正弦波，あるいは，矩形波を意識したものであると推測される。

このように「細かさ」を表す程度は解像度というようにとらえられるが，時間軸では，いわゆる波形応答として見ることができ，同時に周波数軸では，どこまで量的に伸びているかというようにとらえることができる。

アスペクト比 $a:b$ の画像での周波数は，図 1.13 に示す 2 次元周波数の概念を導入して考えることができる。図で横方向の m，縦方向の n はそれぞれ周波数を表している。

したがって，(m,n) が $(0,0)$ の場合は，DC 成分のみとなる。m 方向だけを変化させた〔$(1,0),(2,0),(3,0),\cdots$〕場合は横方向に周波数が変化していることがわかる。また，n 方向だけを変化させた〔$\cdots (0,-2),(0,-1)$,$(0,1),(0,2)\cdots$〕場合は縦方向のみに周波数が変化している。一方，m，n の両方が変化する

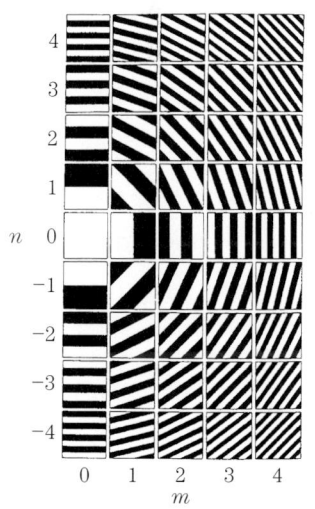

図 1.13 2 次元空間周波数の概念

場合も，それぞれの値に応じて周波数が変化している。このように，いわゆる横方向あるいは縦方向の1次元ではなく，横と縦方向の2次元で周波数が変化する状態を2次元空間周波数と呼んでいる。例えば，2次元空間周波数 (2,3) は水平空間周波数 (2,0) と垂直空間周波数 (0,3) によって決まる。この場合，それぞれのフーリエ変換を考えれば，第1象限と第3象限にスペクトルがある。また，2次元空間周波数 (2,−2) は，水平空間周波数 (2,0)，垂直空間周波数 (0,−2) で規定され，第2，4象限にスペクトルがある。(m,n) に対応するこれらの周波数 f_{mn} は，次式で示される。

$$f_{mn} = \frac{1}{\lambda_{mn}} = \sqrt{\left(\frac{m}{a}\right)^2 + \left(\frac{n}{b}\right)^2} \tag{1.9}$$

ここで，a は画面の幅，b は画面の高さを示す。このような2次元周波数をパターンとしたものが図1.14に示すゾーンプレート (circular zone plate：CZP) である。CZP を $f(x,y)$ とすると

$$f(x,y) = A\sin\left\{\frac{\pi}{2}\left(\frac{(x-a)^2}{\alpha} + \frac{(x-b)^2}{\beta}\right) + \theta\right\} + B \tag{1.10}$$

図1.14　ゾーンプレート

となる。(x,y) は画面上の位置，画素とラインを表し，(a,b) が CZP の中心位置である。α，β は最大解像度までの距離，A は振幅，B は平均レベル，θ は中心の位相である。

〔2〕 画像信号の伝送

画像情報を図1.15のように2次元の情報として取り扱う場合を並列伝送という。現在，使用されている画像システムとしては映画が代表的なシステムである。一方，2次元の画像情報を図1.16のように1次元の時系列信号として扱う場合を直列伝送という。

電気的な信号として，画像情報を取り扱う場合，並列伝送が考慮された場合もあったが，必ずしも成功裏にいっているとはいえない。さらに，直列伝送に

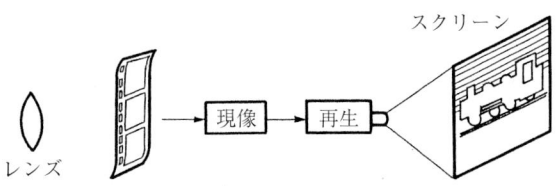

図 1.15　画像の並列伝送の例（長谷川伸：新版画像工学，コロナ社（2006））

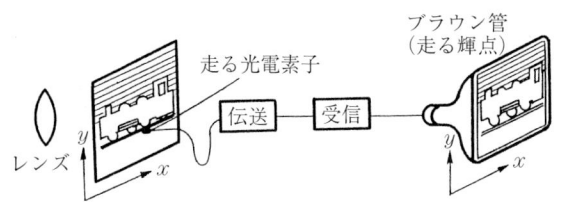

図 1.16　画像の直列伝送の例（長谷川伸：新版画像工学，コロナ社（2006））

おいても，カラー画像では原色である赤，緑，青の各色での並列伝送が考えられたが，特にアナログ伝送では同様に成功とはいっていない。

これらは後述するが，カラーテレビの伝送では，任意の色を表すために加色混合が用いられている。この混色には3原色として赤，緑，青が使われる。ところがこの3色は，視覚系から見れば同一の特性であるために，3原色間の微妙な特性の差異もシステムのエラーとして知覚されることになる。このため，3原色での特性保持のコストが大きいことに依存する。また，伝送路の効率から見ると，明暗の明るさ示す輝度情報と色彩情報としては，たがいに独立な軸で示すことができるようにすれば，歪みの相互の影響も小さいために効率よくシステムを構成できる。このように信号を輝度信号と色彩情報の信号に分けて伝送する信号源の情報符号化は，カラーテレビから見れば，先行した白黒テレビとの両立性を確保することとなっている。

〔3〕　**画像信号の走査**

静止した画像を，図 1.17 のように分解することを走査と呼んでいる。画像に対しては，撮像側では走査により分解し，受信側では走査により合成することになる。さらに，図 1.18 のように，一画面を構成する一つひとつの小点を

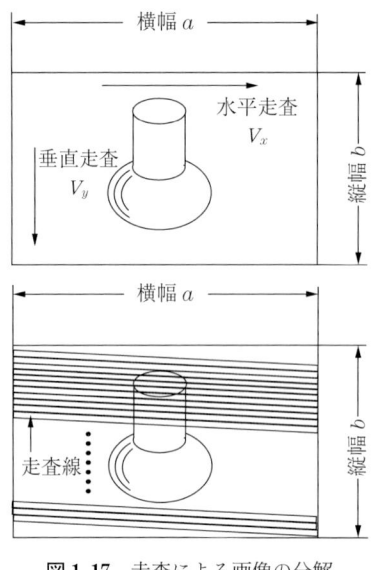

図 1.17　走査による画像の分解 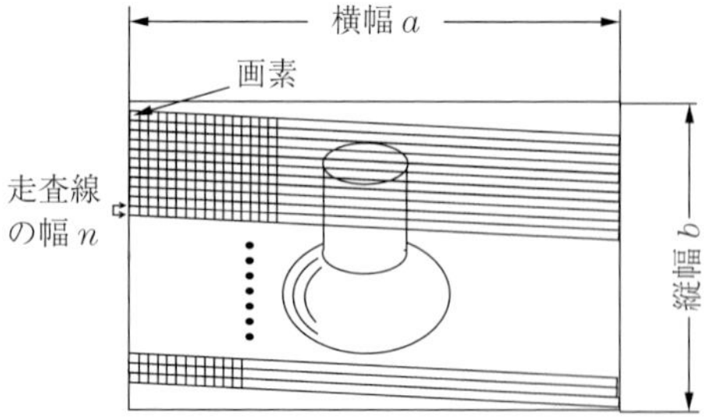　　図 1.18　画像での画素

画素という。この画素の大きさは，縦方向は走査線の幅と同じ幅となる。一方，横方向の大きさを走査線幅と同じにすると，画面に含まれるすべての画素数 N は

$$N = \frac{a}{b} n^2 \qquad (1.11)$$

で全画素数を表すことができる。ここで a/b はアスペクト比，a は画面の横幅，b は画面の高さ，n は走査線数である。

図 1.19 に，一つの画面を走査した方法の例を示す。1本の走査線を，画面の左側から右側に向かって掃引することを水平走査といい，水平走査では，画面の右側に達すると，さらに画面の左側に帰り，画面に右に向かって走査を始

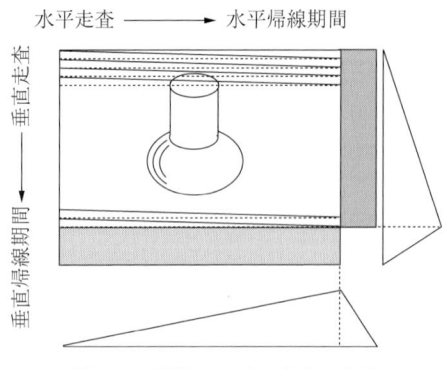

図 1.19　画像における走査の方法

める．このときに画面の右側の端から左側の端に戻る期間を帰線期間という．特に，水平走査に伴う帰線期間を水平帰線期間と呼ぶ．

また，走査線を画面の上側から下側に向かって走査線を移動させていくことを垂直走査という．水平走査と同様に，垂直走査においても，画面の下側の端から上端の端に戻るための垂直帰線期間が必要である．なお，走査を行うには，時間的に画面内を一定速度で位置，水平，垂直方向に変化させるわけであるから鋸歯状波(きょしじょうは)が用いられる．

垂直走査周波数 f_p と水平走査周波数 f_l との関係は

$$f_l = nf_p \tag{1.12}$$

である．

テレビジョン画像では映画などでの撮像，表示のような並列方式を採用していない．直列方式で画像情報の伝送を行っているテレビでは，走査線を多くしていくと，一つの画素に入る光量が不足していくと考えられる．このことから，当初は機械式，あるいは光電変換素子で走査の瞬間のみにしか光電流を利用できず，画素数を多くしていくと十分な SN 比を得ることができなかった．

しかしながら，光電変換素子に蓄積機能を持たせることにより，走査をしていない間は光電流を蓄積し，走査の瞬間に蓄積した全電荷を放出する機能を実現した．この機能により，見かけでは，走査線数（あるいは，画素数）により利用する光束が関係なくなり，視覚系にとっては，ある程度満足できる走査線数（画素数）を得ることができるようになった．

1.4　ディジタル画像の生成・構造[8]

1.4.1　画像信号の標本化

現在，一般的に用いられている電子画像は，撮像された 2 次元情報を走査により時系列の 1 次元信号に分解し，伝送・記録し，表示装置で走査を行い表示される．この 1 次元信号を時間的，振幅的に離散化することをディジタル化するということが多い．このディジタル化に伴う大きなパラメータは標本化周波

数(サンプリング周波数)と量子化ビット数である。ディジタル化の過程はつぎのように理解することができる。撮像装置から得られた映像信号は,前置フィルタで帯域制限し,クランプ回路で映像回路のあるレベルを固定する。つぎに標本化され,量子化が行われる。この過程を**図 1.20**に示す。

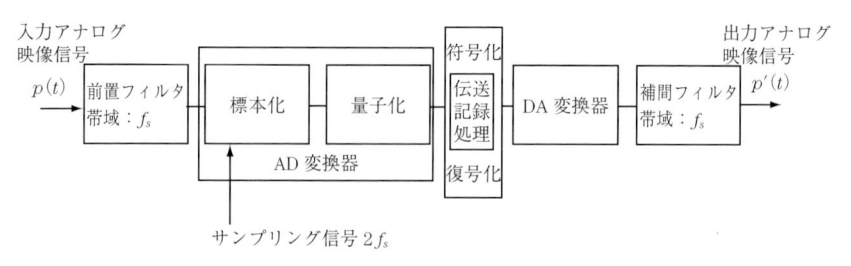

図 1.20 アナログ/ディジタル映像信号の変換

標本化に関しては,よく知られている標本化定理が適用される。すなわち,時間 t に関して連続なアナログ映像信号 $p(t)$ に関して,時間 t_s ごとにサンプルする。このときに映像信号 $p(t)$ の周波数帯域が $f_s/2$ 以下に帯域制限されていれば,サンプルする周波数を f_s 以上にすることにより,アナログ映像信号 $p(t)$ からサンプルした標本化系列〔 $\cdots p_s(t_{-1}), p_s(t_0), p_s(t_1), p_s(t_2) \cdots$ 〕から連続なアナログ映像信号を再生することができる。この場合の標本化周波数 f_s (標本化される信号の帯域 $f_s/2$ の2倍)をナイキスト周波数と呼んでいる。

標本化の過程を**図 1.21**に示す。標本化された映像信号 $p_s(t)$ は,アナログ映像信号 $p(t)$ とパルス信号 $s(t)$ との積で表すことができる。標本化に用いるパルス信号 $s(t)$ は,振幅1,間隔 t_s のインパルス列 $\sum \delta(t-nt_s)$ で表される。δ はデルタ関数を示す。したがって

$$p_s(t_n) = p(t) \sum_{n=-\infty}^{\infty} \delta(t-nt_s) \tag{1.13}$$

となる。フーリエ変換して周波数領域で表すと

$$P_s = P(f) * f_s \sum_{n=-\infty}^{\infty} \delta(f-nf_s) \tag{1.14}$$

となる。*は畳込みを表す。周波数領域で見ると結果は**図 1.22**のように,周

1.4 ディジタル画像の生成・構造　29

(a) 入力アナログ映像信号

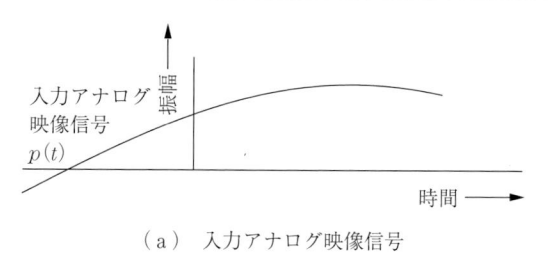

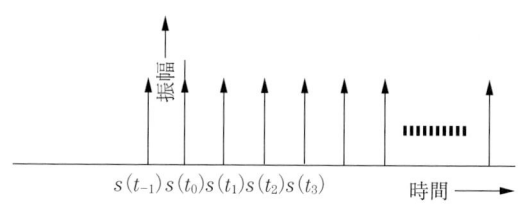

(b) 標本化パルス列

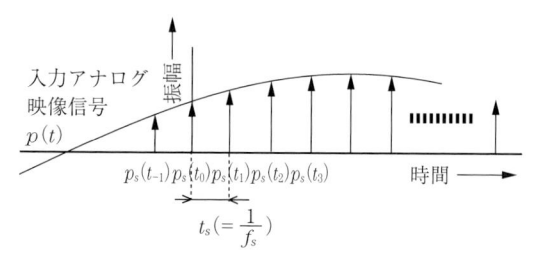

(c) 入力アナログ映像信号の標本化

図 1.21　標本化の過程

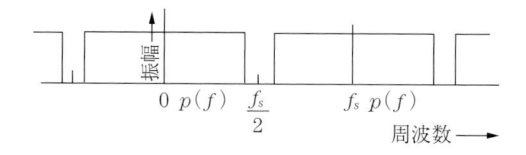

図 1.22　標本化された入力アナログ映像信号の周波数分布

波数 nf_s を中心に $P(f)$ の広がりを持つ周波数スペクトルとなる。

一方，このようにディジタル化された信号，すなわち図 1.22 のような周波数スペクトル P_s からベースバンド信号を取り出すことによりアナログ映像信号 $p(t)$ を再生することができる。このことを補間といい，用いる低域通過フ

ィルタのことを補間フィルタと呼んでいる。

補間フィルタの周波数帯域を $f_s/2$ とする理想低域通過フィルタであれば，アナログ映像信号 $p(t)$ は完全に復元できる。低域通過フィルタの周波数特性を $G(f)$ とすると

$$P(f) = P_s(f) G(f) \tag{1.15}$$

となる。この式を時間領域に戻すためにフーリエ逆変換すると

$$p(t) = p_s(t_n) * g(t) = \sum_{n=-\infty}^{\infty} p(nt_s) g(t - nt_s) \tag{1.16}$$

となる。＊は畳込みを表している。$g(t)$ は標本化関数（あるいは sinc 関数）と呼ばれ，次式で表される。

$$g(t) = \frac{\sin(\pi f_s t)}{\pi f_s t} \tag{1.17}$$

これは，周波数帯域 f_s の理想低域通過フィルタの伝達関数を示し，**図 1.23** の

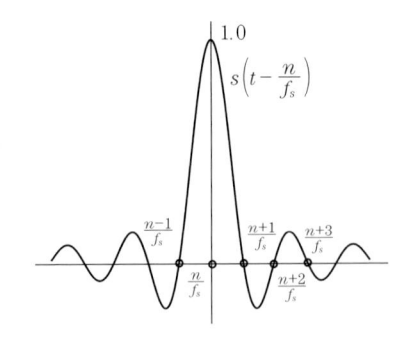

（a） sinc 関数の波形

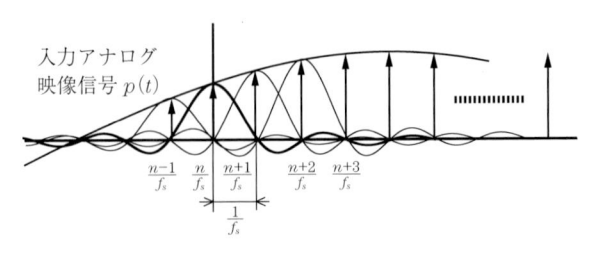

（b） sinc 関数によるリサンプル

図 1.23 標本化関数（sinc 関数）の波形と再標本化での原信号と標本化関数の関係

ような波形を時間領域で示す.この波形から理解されるように,リサンプルすべき値では,振幅1であるから,ディジタルの値そのものが得られ,その他の部分ではリサンプルすべき時間 ($\cdots, -2t_s, -t_s, t_s, 2t_s, \cdots$) では振幅が0であるため,このように理想的には,本来のリサンプル以外に影響を及ぼさない.

1.4.2 画像信号の量子化

　標本化により時間的に離散的な値にされた画像信号をディジタル信号として扱うためには,さらに,振幅レベルをも離散的にする必要がある.この処理を量子化という.量子化は振幅的連続した画像信号を図 1.24 のような特性を持つ信号を通すことにより得ることができる.量子化器を大別すると,一つはメモリの有無で区別される.メモリを持つ場合は,メモリ機能から現在の量子化器出力が,過去のデータに依存する.メモリを持っていないと,現データの出力が過去の量子化器のデータに対する振る舞いの影響を受けない.また,他の大別の方法として量子化の方法が線形か非線形によっても区別することが可能である.線形に量子化するとは,どの出力レベルに関しても入力ステップ幅が一様であること,つまり量子化レベルが一定幅で行われる場合である.非線形に量子化するとは,出力レベルに応じて入力ステップ幅が変化する場合,つまり量子化レベルが一定幅で行われない場合である.

　量子化器の特性として線形量子化器を例にすると,出力信号として 0 を持つ

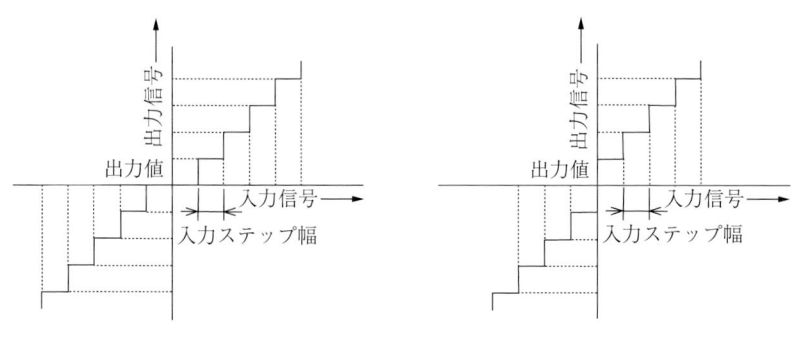

(a) ミッドトレッダ型線形量子化器　　(b) ミッドライザ型線形量子化器

図 1.24　量子化器の例

図 1.24 (a) のような量子化器をミッドトレッダ型と呼んでいる。一方，図 (b) のように出力として 0 を持たない場合をミッドライザ型と呼んでいる。このように量子化器を通すと，振幅レベルでみれば，可逆性は失われることになる。

したがって，この場合は，本来の画像信号と量子化された信号には誤差が生じる。**図 1.25** は，この誤差の変化を定性的に示している。この誤差のことを，量子化雑音，あるいは量子化歪みと呼んでいる。

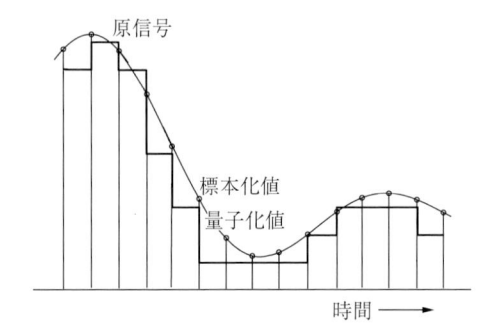

(a) 入力信号の量子化

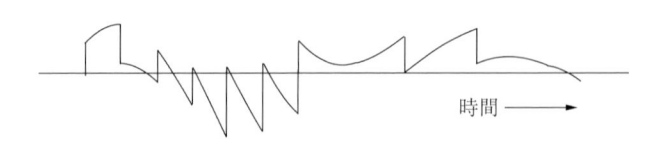

(b) 量子化により生じる誤差

図 1.25 量子化と量子化歪み

量子化による歪みは以下のように考えることができる[9]。入力信号の振幅の変動の範囲を N 個の等間隔のステップに分けて標本化する量子化回路において，入力信号を y, 出力信号を $\bar{y}$ とし

$$y_i < y \leqq y_{i+1} \tag{1.18}$$

のときに，$\bar{y} = \bar{y}_i$ とする。この場合，量子化に伴う誤差は $e_i = y - \bar{y}_i$ であるから，誤差の 2 乗平均値は

$$e_i^2 = \int_{y_i}^{y_{i+1}} (y - \bar{y}_i)^2 P(y)\, dy \tag{1.19}$$

となる。$P(y)$ は，入力信号の確率密度関数で信号振幅 y が $y+dy$ に含まれる確率は $P(y)\,dy$ となる。全2乗平均誤差を $\bar{e}^2$ とすると，次式を得る。

$$\bar{e}^2 = \sum_{i=0}^{N-1} e_i^2 = \sum_{i=0}^{N-1} \int_{y_i}^{y_{i+1}} (y - \bar{y}_i)^2 P(y)\, dy \tag{1.20}$$

量子化ステップを小さくとれば，$P(y)$ は積分範囲で定数とみなせるから

$$\bar{e}^2 = \sum_{i=0}^{N-1} P(y_i) \int_{y_i}^{y_{i+1}} (y - \bar{y}_i)^2\, dy \tag{1.21}$$

となる。$\bar{e}^2$ を最小にするための $\bar{y}_i$ を求めるために，式 (1.21) を $\bar{y}_i$ で偏微分すると

$$\frac{\partial \bar{e}^2}{\partial \bar{y}_i} = -P(y_i) \int_{y_i}^{y_{i+1}} 2(y - \bar{y}_i)\, dy \tag{1.22}$$

となり，この偏微分値を0とおく。この結果

$$\bar{y}_i = \frac{y_{i+1} + y_i}{2} \tag{1.23}$$

となる。したがって，最小となる $\bar{e}^2$ は

$$\begin{aligned}
\bar{e}^2 &= \sum_{i=0}^{N-1} P(y_i) \int_{y_i}^{y_{i+1}} \left(y - \frac{y_{i+1} + y_i}{2}\right)^2 dy \\
&= \sum_{i=0}^{N-1} P(y_i) \frac{1}{12} (y_{i+1} - y_i)^3 \\
&= \frac{1}{12} \sum_{i=0}^{N-1} P(y_i) (y_{i+1} - y_i)^3
\end{aligned} \tag{1.24}$$

ここで，$P(y_i)(y_{i+1} - y_i) = P_i$ とすると，P_i は，振幅 y_i と y_{i+1} との間に含まれる確率となる。一方，ステップ幅を Q とすると，$Q = y_{i+1} - y_i$ であるから

$$\bar{e}^2 = \frac{Q^2}{12} \tag{1.25}$$

となる。量子化歪みの実効値 N_q は

$$N_q = \sqrt{\bar{e}^2} = \frac{Q}{\sqrt{12}} = \frac{1}{\sqrt{12}} \frac{V_{p-p}}{2^n} \tag{1.26}$$

となる。ここで，入力信号 y のピーク値は V_{p-p}，量子化ビットは n ビットとしている。したがって，量子化後誤差に伴うSN比は

$$\frac{V_{p-p}}{N_q} = \sqrt{12} \times 2^n \qquad (1.27)$$

となる．デシベル表示すると

$$20 \log(\sqrt{12} \times 2^n) = 10.8 + 6n \ [\text{dB}] \qquad (1.28)$$

で表される．量子化によるSN比は10.8 dBをベースとして，ビット数を6倍した値を加えた値となることが理解される．

一般に，画像信号では量子化ビット数では8ビットが用いられる．また，量子化のあとで，伸長，圧縮などの非線形処理を前提とすると10ビットが用いられる．この場合，8ビットで58.8 dB，10ビットで70.8 dBとなる．音声信号では，16ビット量子化が用いられるが，この場合のSN比は，106.8 dBとなり，画像信号の8ビット量子化時に比較すると，画像信号は40 dB以上低い．これは，画像信号のダイナミックレンジは電力比で，音声信号に比較すると1/10 000以下と小さい範囲で利用されていることになる．

1.4.3 画像信号の走査方法

電子画像で用いられる走査については，基本的な特性はすでに述べたが，テレビジョン画像での走査はつぎのように考えることができる．静止画像を対象とすると，走査線構造は図1.26のようになる．さらに，静止画像であるから，時間的には同じ絵柄が連続しているため，時間方向に同じ画像を並べて，図1.27の走査線構造となる．このような走査線構造をとる場合を順次走査と呼んでいる．一方，走査線構造は垂直方向にも画像を配置すれば，図1.28のような構造を考えることも可能であり，このような構造をインタレース（飛越し）走査と呼んでいる．

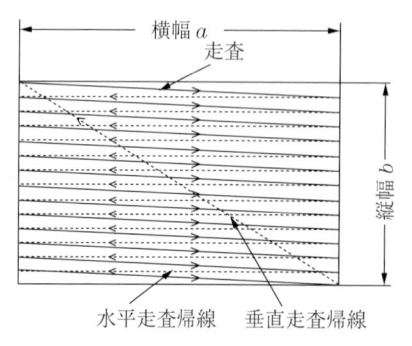

図1.26 画像の走査線の構造

画像信号の伝送に関しては，まず時間方向の順序，かつ垂直方向の順序に伝

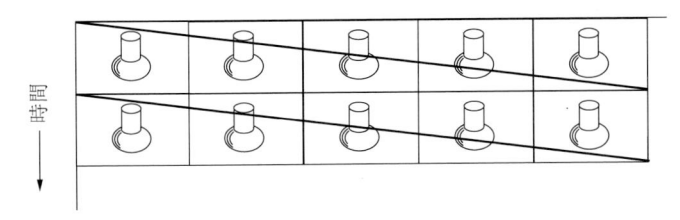

図 1.27 順次走査の方法

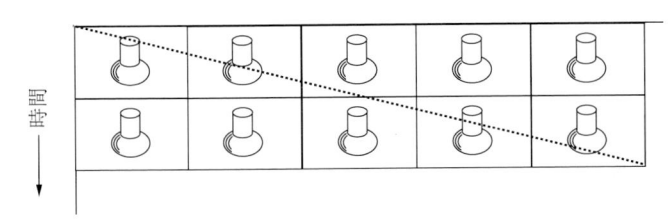

図 1.28 インタレース走査の方法

送する。順次走査では伝送すべき画像情報は垂直方向に画像配置されていないため，伝送信号は時間方向に伝送される。また，画像の左端の上から右端の下まで走差することによって1枚の画像が構成され，これをフレームと呼んでいる。

一方，インタレース走査では，垂直方向にも画像が並ぶために，画像の左端の上から右端の下まで走差することによって構成される画像をフレームと呼び，垂直方向で時間方向に並んだ画像のまとまりをフィールドと呼ぶ。図1.28の例では2フィールドで1フレームを構成しており，このような走査方式を2：1のインタレースとも呼ぶ。また，図1.28からわかるように，インタレース走査では奇数本の走査線でなければならない。

順次およびインタレース走査での周波数スペクトルに関して説明する[10]。画像でのアスペクト比を a/b とし，静止画像が $i(x,y)$ 平面にあり，x, y 方向に無限に広がっているとすると，水平方向には a，垂直方向には b の繰返し信号であると考えられる。したがって，水平周波数 $1/a$，垂直周波数 $1/b$ を基本とするフーリエ級数に展開でき，無限に広がっている画像 $i(x,y)$ は

$$i(x,y) = \sum_{m=-\infty}^{\infty} \sum_{n=-\infty}^{\infty} F_{m,n} \exp\left\{2\pi j\left(m\frac{1}{a}x + n\frac{1}{b}y\right)\right\} \tag{1.29}$$

と表すことができる。ただし

$$F_{m,n} = \frac{1}{ab} \int_0^a \int_0^b i(x,y) \exp\left\{-2\pi j\left(m\frac{x}{a} + n\frac{y}{b}\right)\right\} dx dy \tag{1.30}$$

である。m, n は正負の整数とする。いま，x 方向，y 方向，時間 t で考え，H を水平走査周期，P を垂直走査周期とすると，順次走査の場合は，x, y 軸方向へ t 時間での移動は距離 a, b をそれぞれ H, P で移動するから

$$X = \frac{a}{H}t = af_H t, \qquad Y = -\frac{b}{P}t = -bf_P t \tag{1.31}$$

となる。インタレース走査の場合は

$$X = \frac{a}{H}t = af_H t, \qquad Y = -2\frac{b}{P}t = -2bf_P t \tag{1.32}$$

で表すことができる。式 (1.29) の $mx/a + ny/b$ に代入すると，順次走査では

$$\frac{1}{a}maf_H t + \frac{1}{b}n(-bf_P t) = mf_H t - nf_P t \tag{1.33}$$

となり，インタレース走査では

$$\frac{1}{a}maf_H t + \frac{1}{b}n(-2bf_P t) = mf_H t - 2nf_P t \tag{1.34}$$

となる。したがって，順次走査およびインタレース走査での f_H に着目した周波数スペクトルを示すとそれぞれ図 1.29，図 1.30 のようになる。

　ところで，画像をこのように走査構造にすることによって，水平方向の細かさは，一般的には垂直方向に解像度が失われることになる。これは，図 1.31 のように考えるとわかりやすい。図 1.31 のように水平方向に帯状で，垂直方向に矩形状で白黒と変化する画像があったとする。この画像は，水平方向にある面積を持ったビーム，あるいはある大きさの光電荷素子で電気信号に変換されるため，矩形の幅と走査するアパーチャが同一であれば，図 1.31（a）のようになり問題ないが，図 1.31（b）では，画像情報の再現ができない。このように，画像情報を走査することにより，画像の垂直情報が減じることとなり，この結果，本来の 0.7 程度の垂直情報のみしか電気情報に変換されないといわれている。

1.4 ディジタル画像の生成・構造

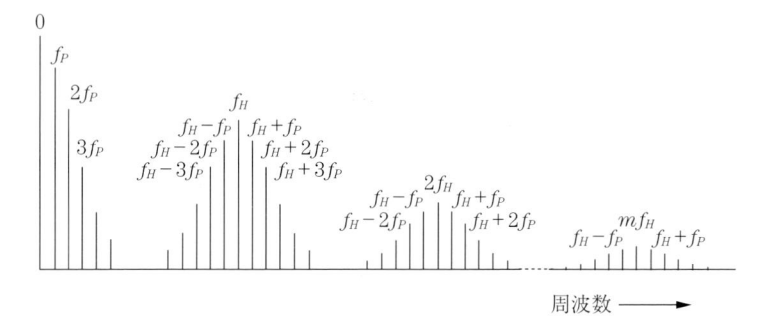

（a） 画像信号（順次走査）の周波数スペクトル

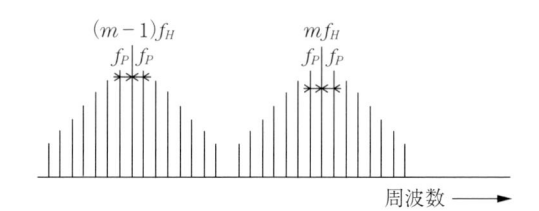

（b） 順次走査の f_H に関するスペクトル

図 1.29 順次走査の周波数スペクトル

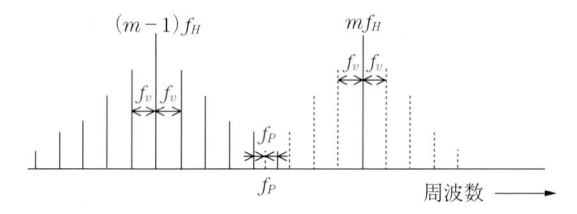

図 1.30 インタレース走査の f_H に関するスペクトル

この垂直解像度の変換率に関しては，1933 年に Engstrom が実験から 0.65 であることを示し，1938 年には Wheeler と Loughren が理論値として 0.707 をあげ，Fink はテストチャートで実験し 0.715 であるとしている。

この 0.7 をケルファクタと呼んでいる。後述するインタレース走査による視覚的な画質の劣化もやはり 0.6 から 0.7 程度であり，「インタレースファクタ」と呼んでいるこの値と，ケルファクタはときに混用されるが，これは間違いである。「インタレースファクタ」は視覚的な「見え方」を対象とし，かつ，「順

38   1. 光と画像の性質

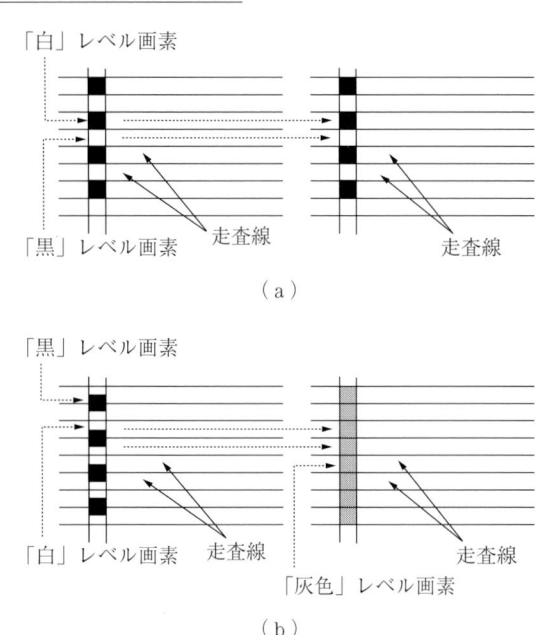

図1.31 走査構造と垂直解像度

次走査」画像に対する値である。

1.4.4　同期信号の役割[11]

　これまで，画像情報の伝送に関して，特に画像情報そのものに関して説明を行ってきたが，送像側と受像側では，図1.32のように送像側での画面内のある点が，受像側で再生された像のある点に一致しなければならない。このように，送像-受像側での画像の幾何学的な関係を，拡大縮小を含め1:1で再生可能とするために，同期信号を用いて行う。

　テレビ画像で一般的に用いられている同期信号は，走査線ごとに同期をとる水平同期信号と，画像のフレームあるいはフィールドごとに同期をとる垂直同期信号がある。これらの同期信号は，いずれも画像信号の帰線期間に，図1.33，図1.34に示すように挿入されている。図1.33はHDTVの同期信号波形である。HDTVの同期信号の波形は，クランプレベル（ペデスタルレベル）

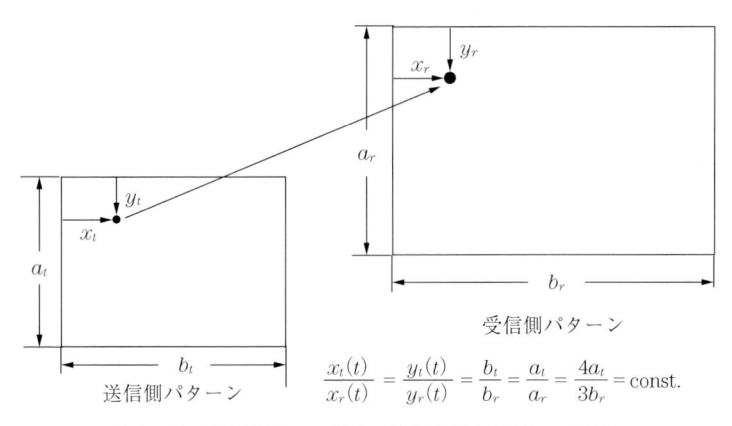

$$\frac{x_t(t)}{x_r(t)} = \frac{y_t(t)}{y_r(t)} = \frac{b_t}{b_r} = \frac{a_t}{a_r} = \frac{4a_t}{3b_r} = \text{const.}$$

図 1.32 送受像機での画像の幾何学的な関係の一致性

から見るとプラス・マイナスにレベルを持つ 3 値シンクと呼ばれる波形となっている．図 1.34 に示すように，同期信号は，標準方式 NTSC では，画像信号とは逆方向に挿入されており，画像信号からの分離を容易にしている．水平同期信号と垂直同期信号は周波数が異なるために，微分回路（ハイパスフィルタ）と積分回路（ローパスフィルタ）により分離することになる．

　ところで，垂直同期信号をインタレース走査に従い忠実に挿入すると，水平同期信号の影響を受け，積分回路で検出すると波形の立ち上がりが異なる．これを防ぐため，垂直同期信号の前後のある一定の期間に水平同期信号と，水平同期信号の中間に 1 本のパルスを加えている．このパルスを等化パルスといい，この結果，偶数，奇数番目も同期信号の形が等しくなっている．また，水平，垂直の同期信号の分離を容易にするためにも，垂直同期信号の幅は広くし，垂直同期信号の中にも水平同期信号を入れ，水平同期が乱れないようにしている．

　同期信号の精度は，つぎのように考えられている．同期信号により同期再生が受像側で可能になったとしても，同期信号の再生波形が不正確な場合は，受像画像に水平，垂直のジッタが発生する．一般に，このジッタが生じないようにするためには，水平，垂直ともに 1 画素の半分以内にとどめる必要があるといわれている．したがって，水平走査でのジッタの許容範囲 Δt_H は

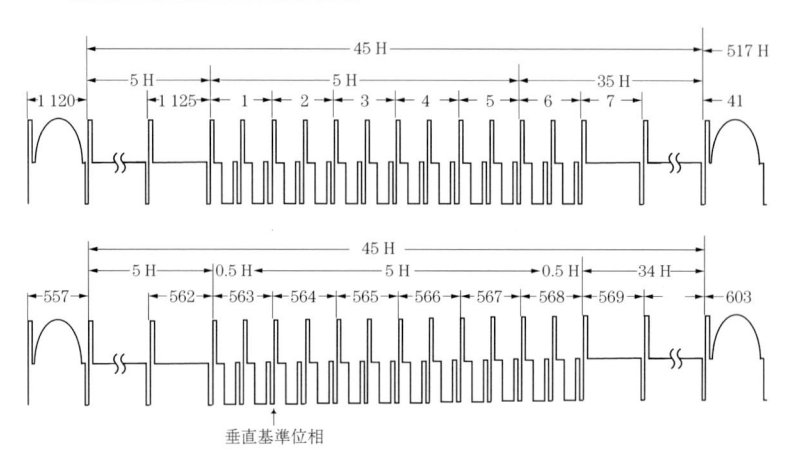

(a) 垂直同期信号

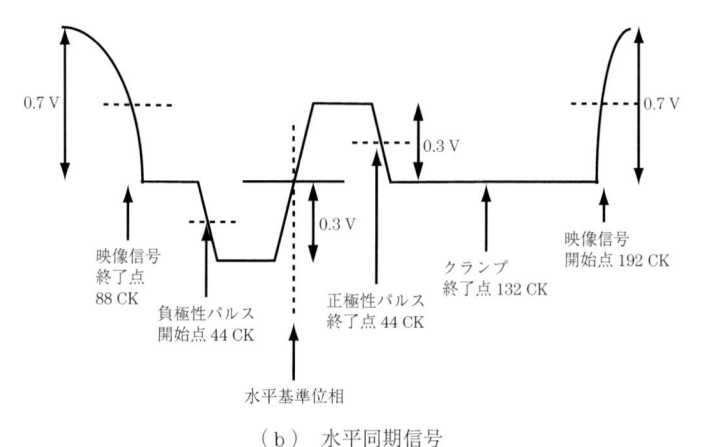

(b) 水平同期信号

図 1.33　HDTV（1 125 本 TV 系）同期信号

$$\Delta t_H = \frac{1}{2N_P f_P} \tag{1.35}$$

となる．ここで，N_P はフレームでの全画素数，f_P はフレーム数である．一方，垂直走査でのジッタの許容範囲は Δt_v は

$$\Delta t_v = \frac{1}{2L_P f_P} \tag{1.36}$$

となる．ここで，L_P はフレームでの走査線数である．

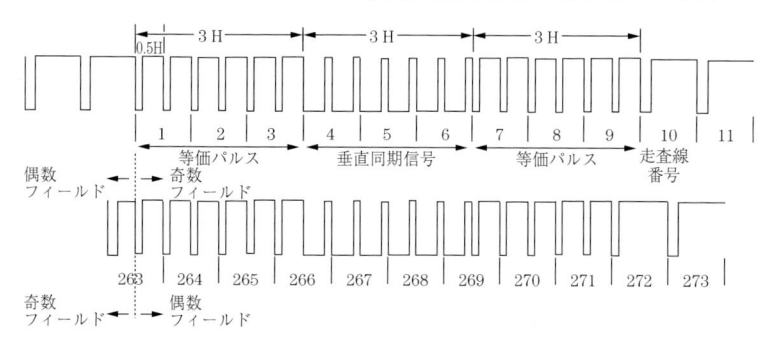

(a) 垂直同期信号

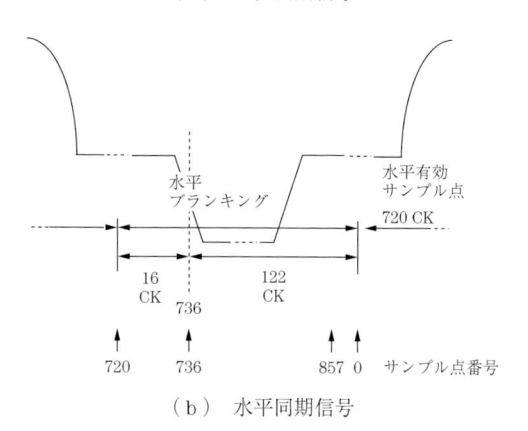

(b) 水平同期信号

図 1.34 NTSC（525 本 TV 系）同期信号

　式 (1.36) から理解されるように，水平方向に関しては，垂直方向よりもはるかに高い精度が要求される．

1.5　画像信号の解像度と動き

1.5.1　画像信号の解像度[12]

　画像信号の解像度については，**図 1.35** のように考えることができる．すなわち，図 1.35 のように，2 次元の画像信号での表示可能な最高空間周波数は白黒の市松模様，いわゆるチェッカーボードでどの程度まで表現できるかを考えればよい．

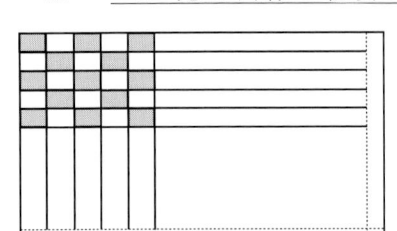

図 1.35 画像信号の解像度

まず,垂直方向の解像度 R_v は,走査線数 n,有効走査率 K_v,ケルファクタを K とすると

$$R_v = K K_v n \tag{1.37}$$

と表すことができる。

一方,水平方向の解像度については,R 本の垂直方向の白黒の矩形パターンを表示するためには,最高空間周波数を f_m 〔Hz〕とすると,f_m は1秒間の繰返しを示すから,有効走査率を K_h とすると,1秒間に $2f_m K_h$ の白黒パターンがある。したがって,1秒間のフレーム数を f_P とすると

$$R = \frac{2 f_m K_h}{n f_P} \tag{1.38}$$

となる。垂直解像度 R_v と比較を行うには,アスペクト比 a/b で補正をすると水平解像度 R_h は

$$R_h = \frac{b}{a} 2 f_m \frac{K_h}{n f_P} \tag{1.39}$$

となる。

ところで,垂直解像度 R_v と水平解像度 R_h の関係を

$$R_h = m R_v \tag{1.40}$$

とすると

$$m K K_v n = \frac{b}{a} 2 f_m \frac{K_h}{n f_P} \tag{1.41}$$

となり,したがって

$$f_m = \frac{1}{2} \frac{a}{b} m \frac{K_v}{K_h} n^2 f_P \tag{1.42}$$

となる。垂直解像度 R_v と水平解像度 R_h が等しい場合は $m=1$ となる。最高周波数 f_m を画像情報の帯域ととらえると,帯域は走査線 n の2乗に比例することが理解される。

1.5.2 時空間周波数

これまで述べたことから推測されるように，テレビジョン信号は動画像を表すために，フレームあるいはフィールドと呼ばれる2次元平面を得る。この2次元平面は走査によって構成されており，代表的な手法に順次走査と2:1インタレース走査がある。走査によって2次元平面は時系列信号となるから，この信号のディジタル化は，標本化定理を満たす周波数によってサンプリングすれば，再生される水平方向の空間周波数は決まる。

一方，時間-垂直を軸とした座標で考えると，順次走査のサンプリング点は図1.36のように表すことができる。また，2:1インタレース走差の場合は図1.37のように表すことができる。図1.36，図1.37では横軸を時間軸，縦軸を垂直軸としサンプリング点，すなわち走査線を一つのドットとして示している。このような時間-垂直軸でのスペクトル周波数を説明する[9],[10]。図1.36に示すように，輝度 $i(t,l)$ がサンプルされた画像 $[f]$ を考える。画像 $[f]$ は，垂直軸方向に L 個（本），時間軸方向に P 個（枚）で構成されるとすると，行列の表記を用いて

$$[f] = \begin{bmatrix} f(0,0) & \cdots & f(0,P-1) \\ \cdots & \cdots & \cdots \\ f(L-1,0) & \cdots & f(L-1,P-1) \end{bmatrix} \quad (1.43)$$

と表すことができる。一方，画像 $[f]$ は，δ 関数を用いると

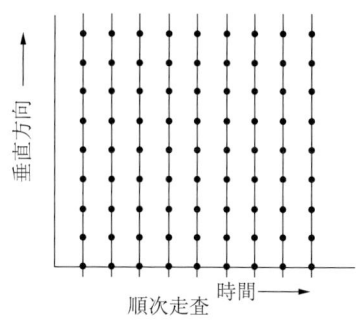

図1.36 順次走査のサンプリング点

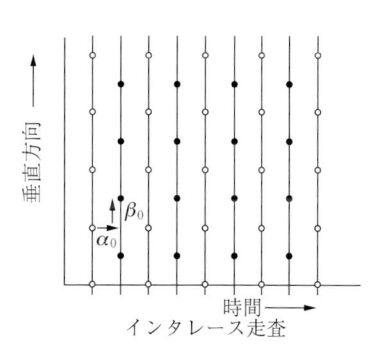

図1.37 2:1インタレース走査のサンプリング点

44   1. 光と画像の性質

$$[f] = i(t,l) \sum_{m=-\infty}^{\infty} \sum_{n=-\infty}^{\infty} \delta(t-mr_0)(l-nr_0) \tag{1.44}$$

と表すことができる．ただし，r_0 は標本化間隔である．δ 関数をフーリエ級数に展開すると

$$\sum_{t=-\infty}^{\infty} \sum_{l=-\infty}^{\infty} \delta(t-mr_0)(l-nr_0) = \sum_{p=-\infty}^{\infty} \sum_{q=-\infty}^{\infty} \frac{1}{r_0^2} \exp\left\{j2\pi\left(\frac{p}{r_0}t + \frac{q}{r_0}l\right)\right\} \tag{1.45}$$

となり，標本化された画像 $[f]$ のフーリエ変換を求めると

$$\int_{-\infty}^{\infty}\int_{-\infty}^{\infty} [f] \exp\{-j2\pi(ut+vl)\} dtdl$$

$$= \int_{-\infty}^{\infty}\int_{-\infty}^{\infty} \sum_{p=-\infty}^{\infty} \sum_{q=-\infty}^{\infty} f(t,l) \frac{1}{r_0^2} \exp\left\{j2\pi\left(\frac{p}{r_0}t + \frac{q}{r_0}l\right)\right\} \exp\{-j2\pi(ut+vl)\} dtdl$$

$$= \sum_{p=-\infty}^{\infty} \sum_{q=-\infty}^{\infty} \frac{1}{r_0^2} \int_{-\infty}^{\infty}\int_{-\infty}^{\infty} f(t,l) \exp\left[-j2\pi\left\{\left(u-\frac{p}{r_0}\right) + \left(v-\frac{q}{r_0}\right)\right\}\right] dtdl$$

$$= \sum_{p=-\infty}^{\infty} \sum_{q=-\infty}^{\infty} \frac{1}{r_0^2} F\left(u-\frac{p}{r_0}, v-\frac{q}{r_0}\right) \tag{1.46}$$

となる．ここで，$F(u,v)$ は $f(t,l)$ のフーリエ変換である．

この結果は図 1.38 のようになり，時間周波数軸では $1/r_0, 2/r_0, 3/r_0, \cdots$ に，垂直空間周波数軸では $1/r_0, 2/r_0, 3/r_0, \cdots$ に標本化に伴うキャリヤが生じ，図中での斜線部分がベースバンド信号として折返し歪みがなく伝送できる周波数領域である．

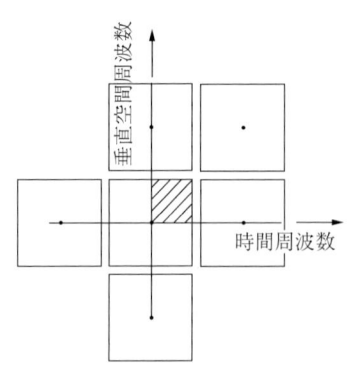

図 1.38　順次走査での伝送可能な周波数領域

一方，図 1.37 に示すインタレース走査の場合を考える．この場合，図に示すように，垂直方向の軸に沿って並んだ標本点，つまりフィールド内の走査線がつぎのフィールド内の標本点では (α_0, β_0) だけシフトとしたものとみなすことができる．サンプリング間隔を s_0 とすると白丸に関しては

$$\sum_{m}\sum_{n} \delta(t-ms_0)(l-ns_0) \tag{1.47}$$

となり，フーリエ変換すると

1.5 画像信号の解像度と動き

$$\frac{1}{s_0^2}\sum_p\sum_q\delta\left(u-\frac{p}{s_0}\right)\left(v-\frac{q}{s_0}\right) \tag{1.48}$$

となる。一方，黒丸は白丸を (α_0, β_0) だけシフトしたものであるから，フーリエ変換は

$$\frac{1}{s_0^2}\sum_p\sum_q\delta\left(u-\frac{p}{s_0}\right)\left(v-\frac{q}{s_0}\right)\exp\{-2\pi j(u\alpha_0+v\beta_0)\} \tag{1.49}$$

となる。一般には，$\delta(x-a)h(x) = \delta(x-a)h(a)$ であるから

$$\frac{1}{s_0^2}\sum_p\sum_q\delta\left(u-\frac{p}{s_0}\right)\left(v-\frac{q}{s_0}\right)\exp\left\{-2\pi j\left(p\frac{\alpha_0}{s_0}+q\frac{\beta_0}{s_0}\right)\right\} \tag{1.50}$$

となり，ここでは，$\alpha_0=\beta_0=s_0/2$ であるから

$$\exp\left\{-2\pi j\left(p\frac{\alpha_0}{s_0}+q\frac{\beta_0}{s_0}\right)\right\}=\exp\left\{-2\pi j\left(p\frac{\frac{s_0}{2}}{s_0}+q\frac{\frac{s_0}{2}}{s_0}\right)\right\}$$
$$=\exp\{-\pi j(p+q)\}=(-1)^{p+q} \tag{1.51}$$

となる。したがって，フーリエ変換は

$$\frac{1}{s_0^2}\sum_p\sum_q\delta\left(u-\frac{p}{s_0}\right)\left(v-\frac{q}{s_0}\right)\{1+(-1)^{p+q}\} \tag{1.52}$$

となる。このため，$p+q=$奇数の場合，フーリエ変換に伴うキャリヤは消滅することになる。ただし，この計算では $s_0=2r_0$ になっていることに注意することが，折返し歪みのない領域を考える際に重要である。

この結果を**図 1.39** に示す。この図からわかるように，この結果はいわゆる染谷-シャノンのサンプリング定理を1次元軸上では満足していないが，2次元平面上で満足している。このような状態をサブサンプリングと呼んでいる。特に，図 1.39 のように，インタレース走査を時間-垂直軸方向で見ると，サンプル点がフィールドごとに位相が反転し，オフ

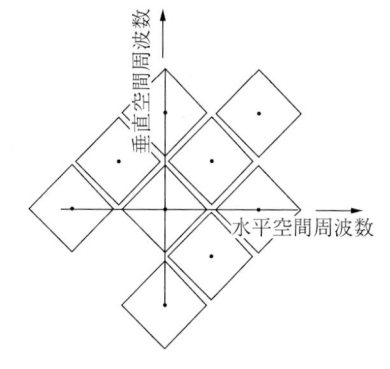

図 1.39 2：1インタレース走査での伝送可能な周波数領域

セットサブサンプリングとなっており，ある領域はサイコロの「5」となっているため，クインカンクスと呼ばれることもある。

図1.38と図1.39が走査の方法の違いによる時間-垂直周波数領域での伝送可能な周波数帯域を示したものである。さらに，水平空間周波数を考慮した3次元空間の時空間周波数領域で示すと**図1.40**と**図1.41**のようになる。図1.40が順次走査で走査線数 N〔本〕，画像のサンプリング周波数 f〔MHz〕，フレーム数 F〔Hz〕の場合である。図1.41は同様に，インタレース走査で走査線数 N〔本〕，画像のサンプリング周波数 f〔MHz〕，フィールド数 F〔Hz〕，フレーム数 $F_P=2F$〔Hz〕の場合である。

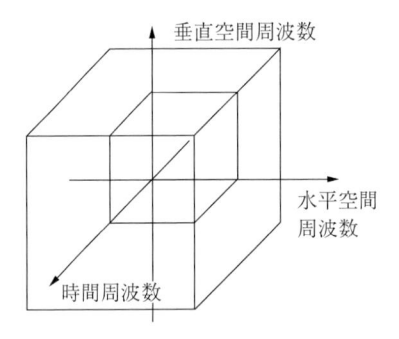

図1.40 順次走査での伝送可能な時空間周波数領域

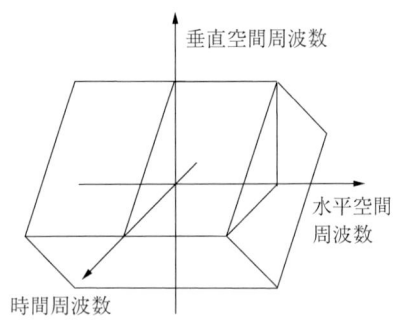

図1.41 2：1インタレース走査での伝送可能な時空間周波数領域

このように図示すればわかるが，インタレース走査とは，見方を変えればアナログ方式による帯域圧縮と考えることができる。垂直軸方向，時間軸方向の周波数成分は，通常のサンプリングパターンと同様に伝送可能であるが，斜め方向の時間-垂直軸方向の周波数成分は削除されている。

このことは，撮像，表示に際して，前置・補間フィルタを必要とすることも意味している。しかしながら，実際は不十分なフィルタしか施されておらず，特にインタレース走査ではインタラインフリッカという折返し歪みを生じることがある。

1.5.3 画像の動き情報

画像信号内での動き情報の周波数スペクトルの表現を説明する[13]。画像 $g(x,y)$ が速度 (μ, ν) で移動すると，画像信号 f は

$$f(x,y,t)=g(x-\mu t, y-\nu t) \tag{1.53}$$

と表すことができる。$f(x,y,t)$ のフーリエ変換を $F(u,v,f)$，$g(x,y)$ のフーリエ変換を $G(u,v)$ とすると，$f(x,y,t)$ のフーリエ変換 $F(u,v,f)$ は

$$\begin{aligned}F(u,v,f)&=\iiint g(x-\mu t,y-\nu t)\exp\{-2\pi j(ux+vy)\}\exp(-2\pi jft)\,dxdydt\\ &=\int G(u,v)\exp\{-2\pi j(u\mu t+v\nu t)\}\exp(-2\pi jft)\,dt\\ &=G(u,v)\int\exp\{-2\pi j(u\mu+v\nu+f)t\}\,dt\\ &=G(u,v)\delta(u\mu+v\nu+f)\end{aligned} \tag{1.54}$$

となり

$$F(u,v,f)=G(u,v)\delta(\mu u+\nu v+f) \tag{1.55}$$

と表すことができるから，$F(u,v,f)$ は $\delta(\mu u+\nu v+f)$ で決められる平面以外では 0 となる。したがって，速度 (μ,ν) で移動する画像の周波数スペクトルは，**図 1.42** に示すような $\mu u+\nu v+f=0$ の平面にある。

ところで，画面内を一定速度で動くパターン，例えば，画面内で水平方向に動くパターンは**図 1.43** のような軌跡となる。図 1.43 に示す傾き θ_h が，動き速度の大きさを示している。なお，θ_h が大きくなるほど動き速度は増し，小さくなると減少する。同様に，**図 1.44** に垂直方向にパターンが動く場合を示す。図 1.44 の θ_v が，動き速度の大きさを示し，θ_v が大きいと動き速度は増加し，θ_v が小さいと動き速度は減少する。

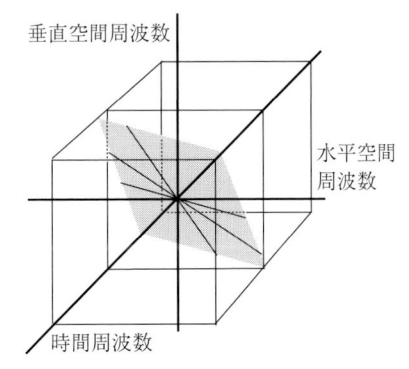

図 1.42 動き画像の周波数スペクトル

48　　1.　光と画像の性質

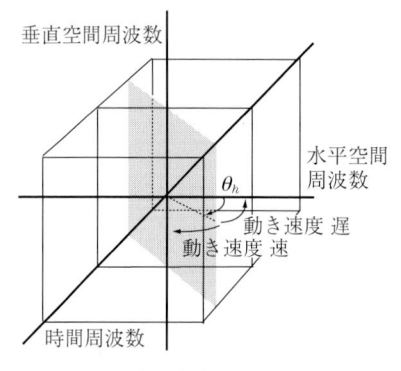

図1.43　水平方向動きパターンの周波数スペクトル

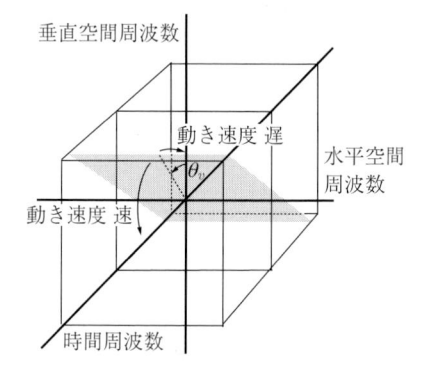

図1.44　垂直方向動きパターンの周波数スペクトル

1.5.4　動きベクトル検出[14]

　画像内の動き領域をフレーム間で対応させることは，画像処理においては基本的な技術となる．動き領域を対応させる信号のことを動きベクトルと呼称している．動きベクトルを検出することは，フレーム間では，その領域をメモリ内で移動させれば，静止領域として扱うことが可能となる．また，フレーム間の内挿においても，フレーム間の線形和で内挿する方法に比べて，ボケの少ない内挿画像の生成が可能となる．しかしながら，誤検出の結果となっている動きベクトルを用いて処理を施すとエラーが目立ち，画質劣化となる．

　実際の動きベクトル検出方法には，大きく分けて二つある．グラディエント法とマッチング法である．

〔1〕　グラディエント法（勾配法）

　グラディエント法の原理を**図1.45**に示す．図に示すように，画面内のレベルのグラディエントとフレーム差分を用いる方法である．前フレーム A と現フレーム B との差を求め，かつ，現フレーム B のグラディエントをも求め，これらの比をとることによって得られる．すなわち，画面内の位置 (x,y) の信号レベルを $A(x,y,n)$（n はフレーム番号）とすると，動きベクトルは微視的に見た場合

1.5 画像信号の解像度と動き

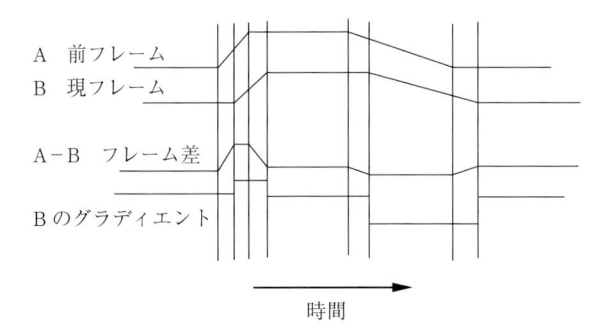

図1.45 グラディエント法（勾配法）の原理

$$\frac{A(x,y,n-1)-A(x,y,n)}{\mathrm{grad}A(x,y,n)} \tag{1.56}$$

で求まる。

グラディエント法では，計算誤差が大きくなる平坦部やフレーム差がない部分を除くことなどに留意する必要がある。

〔2〕 **マッチング法**

画面中に適当なブロックを決め，このブロックの中で下記の演算をし，誤差を表す数値 $D(z)$ が最小となるシフトベクトル z を求め，これを動きベクトルとする。ベクトルを示すと

$$D(z)=\sum_{x \in C} f(A(\boldsymbol{x},n)-A(S(\boldsymbol{z},\boldsymbol{x},n-1))) \tag{1.57}$$

となる。ここで，$\boldsymbol{x}=(x,y)$ は位置ベクトルである。したがって，$A(\boldsymbol{x},n)=A(x,y,n)$ である。ここで，$C \subset G$ であり，G は当該ブロック中の画素の集合を示す。また，f（誤差の評価関数）：$R \to R$（R は実数），$S：Z \times Z \times U \times V \to U \times V$（$Z$ は整数），$\boldsymbol{y}$ と $\boldsymbol{x} \to \boldsymbol{x}-\boldsymbol{y}$：シフトオペレータを表す。評価関数 f は，絶対値あるいは絶対値の対数などが簡単な演算なので用いられる。

マッチング法では，基本的に計算量が多く，また，ブロックサイズによる算出によって性能が変わることなどに留意しなければならない。

1.6 画像信号と情報量

テレビあるいは映画のような画像の情報は，1フィールドあるいは1フレームごとに個別に見ると，とりとめのない情報の分布にすぎないが，統計的な視点でとらえると，一定の規則を特性として見いだすことができる。見いだされた画像情報のこれらの特性は，画像の伝送，処理，評価パラメータなどとして利用されることが多い。このような性質に関して解説する[15]。

1.6.1 振幅分布

画像信号の処理に伴うダイナミックレンジや量子化特性を決めるためには，振幅分布の特性が基本的なデータとして利用される。しかしながら，画像信号の振幅分布特性は，対象とする被写体，あるいは，その利用を考慮した撮像条件によって異なっており，画像内容への依存性がきわめて高い。

画像の振幅分布は，振幅分布関数あるいは振幅密度関数によって定義される。振幅分布関数 $F(z)$ は

$$F(z) = \text{Prob}\{g(x,y) \leq z\} \tag{1.58}$$

で定義される。すなわち，画素 $g(x,y)$ が振幅レベル z 以下である確率を示す $F(z)$ によって示される。一方，$F(z)$ を微分した

$$f(z) = \frac{d}{dz}F(z) \tag{1.59}$$

を振幅密度関数という。あるいは

$$f(z) = \lim_{\Delta z \to 0} \frac{1}{\Delta z} \text{Prob}\{z \leq g(x,y) \leq z+\Delta z\} \tag{1.60}$$

で定義することも可能である。これらの定義に基づき，画像の振幅密度関数を求めた例を**図 1.46** に示す。図はテレビ放送番組の何種類かの振幅分布を求めた例である。一般的には，スポーツ中継などの野外の番組では，中間調の分布が大きく，また，ドラマ番組では低レベルの分布が大きくなる。しかしなが

1.6 画像信号と情報量　51

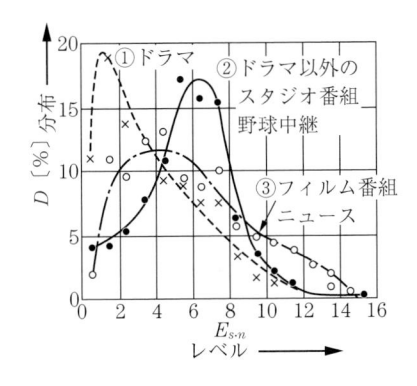

図 1.46　画像の振幅密度関数（モデル）
（千葉茂樹ほか：NHK 技研，16 -2（1964））

ら，ニュースやお知らせなどでのレベル分布には一定した傾向は見られない．

1.6.2　差信号の分布

　画像の水平方向あるいは垂直方向の各画素間での振幅の差の分布は，0 付近に集中しており，かつ，差振幅が大きくなるにつれ，指数関数的に小さくなるために，差信号分布密度関数 $p(e)$ は次式で表されるラプラス分布（両側指数分布）でモデル化されることが多い．

$$p(e) = \frac{1}{\sqrt{2}\,\sigma_e}\left(-\frac{\sqrt{2}}{\sigma_e}|e|\right) \tag{1.61}$$

ここで，e，σ_e は，それぞれ差振幅，定数を示す．

　図 1.47 に，水平方向あるいは垂直方向の差信号の振幅分布密度関数を求めた例を示す[16]．図に示すように，分布は振幅が大きくなるにつれて減少し，指数関数的な特徴を示している．

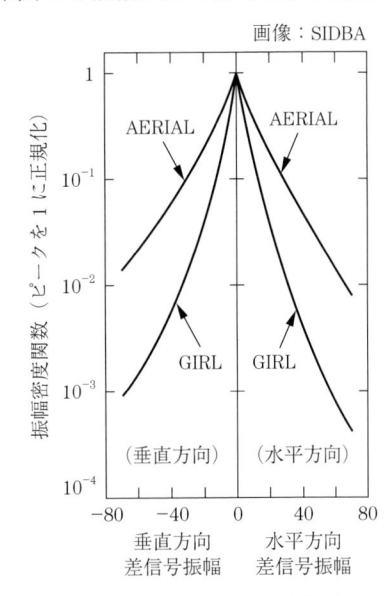

図 1.47　画像の差信号の振幅分布密度関数（宮川　洋 監修，テレビジョン学会 編：テレビジョン画像の評価技術，コロナ社（1986））

1.6.3 自己相関関数

定常的な 2 次元画像 $g(x,y)$ の自己相関関数 $\psi(\xi,\eta)$ は

$$\psi(\xi,\eta)=\lim_{X,Y\to\infty}\int_{-\frac{X}{2}}^{\frac{X}{2}}\int_{-\frac{Y}{2}}^{\frac{Y}{2}}g(x+\xi,y+\eta)\cdot g(x,y)\,dxdy \tag{1.62}$$

で定義される.ここで,X, Y はそれぞれ画像 $g(x,y)$ の横方向,縦方向の大きさである.画像の自己相関関数は,クレツマーによって光学的な方法により,最初に測定された.その測定結果を図 1.48 に示す[17].ξ, η が小さい範囲では,画像の自己相関関数は負の指数関数でモデル化され

$$\psi'(\xi,\eta)=\exp\{-\sqrt{(\alpha\xi)^2+(\beta\eta)^2}\} \tag{1.63}$$

で表されることが多い.

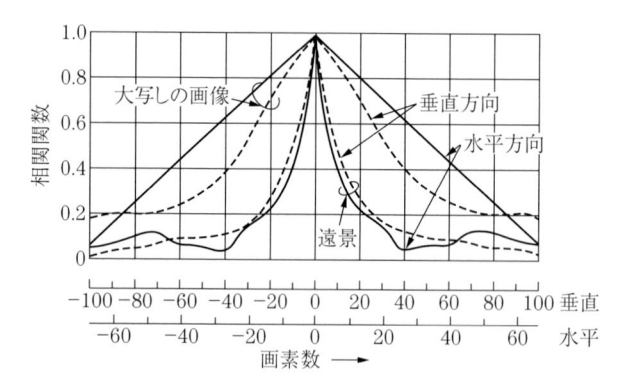

図 1.48 画像の自己相関関数の測定結果の例(E. R. Kretzmer:BSTJ, **31**, Issue 4 (1952))

1.6.4 周波数スペクトル分布

画像情報の細かさを表すパラメータには,自己相関関数の他に画像情報の周波数スペクトルも挙げられる.2 次元画像 $g(x,y)$ の周波数スペクトル $G(\mu,\nu)$ は

$$G(\mu,\nu)=\int_{-\infty}^{\infty}\int_{-\infty}^{\infty}g(x,y)\exp\{-(j2\pi(\mu x,\nu y)\}\,dxdy \tag{1.64}$$

で定義される.ここで,μ, ν は,x, y 方向の空間周波数を示す.周波数ス

ペクトルは非常に重要な概念であり，この概念に基づく測定結果は，撮像，伝送，記録，表示などの機器の評価には不可欠である．空間周波数特性を画像上で直視可能なパターンとして，ゾーンプレートがある．

ところで，画像の横方向，縦方向の大きさを X, Y とし，それぞれ無限大とすると

$$\psi(\mu,\nu) = \lim_{X,Y\to\infty} \frac{1}{XY}|G_{XY}(\mu,\nu)|^2 \qquad (1.65)$$

として，画像のパワースペクトル密度関数を定義することができる．この画像のパワースペクトル密度関数と自己相関関数は，フーリエ変換の対の関係にあることが知られている．

2 視覚系と視知覚

　視覚情報を伝える光刺激は，人間の眼球に入り，その眼球内で生体電気信号に変換された後，大脳中枢へと伝達される．大脳では提示された情報を知覚・認識し，各種感覚系や行動系との統合処理により，より高次な感性的刺激として認知される．このような高度情報を含む視覚情報を効果的に利用するためには，情報表示条件と人間の視覚機能とを整合させて，情報の受容効率を高める状態を見出すことが非常に重要になってくる．ここでは，情報受容側の人間の視覚系に見られる複雑な機構と特性について，その基本的な仕組みと特徴ある働きを整理してみる．

2.1　視覚系の構造と基本的特性

　視覚系における情報処理機構は，図 2.1 のように外界からの光による情報が眼球結像系を通して網膜上に投影され，網膜内の視細胞で光情報は電気的情報へと変換されて，網膜内神経回路や視神経などの視覚伝達経路を経て，大脳へ伝達される．このうち，左右両眼から出た視神経は，両眼それぞれの右左視野に対応する情報を視交差で組み替えられて，左右両側にある外側膝状体で整理され，外界の右半分の視野情報は左側後頭部の大脳視覚領で，左半分の視野情報は右側で処理される．このような空間情報の交差機構が，両眼情報からの立体情報成分を高精度に抽出する機能をつくり出しているが，明暗，色，動きなどの基本的な視覚刺激についても，その特徴ある信号伝達・処理機構を中心に，知覚・認識特性についてまとめてみる．

2.1.1　眼 球 結 像 系

　眼球を上から見た水平断面（図 2.2）では，最前方にある第 1 レンズ（角膜

2.1 視覚系の構造と基本的特性

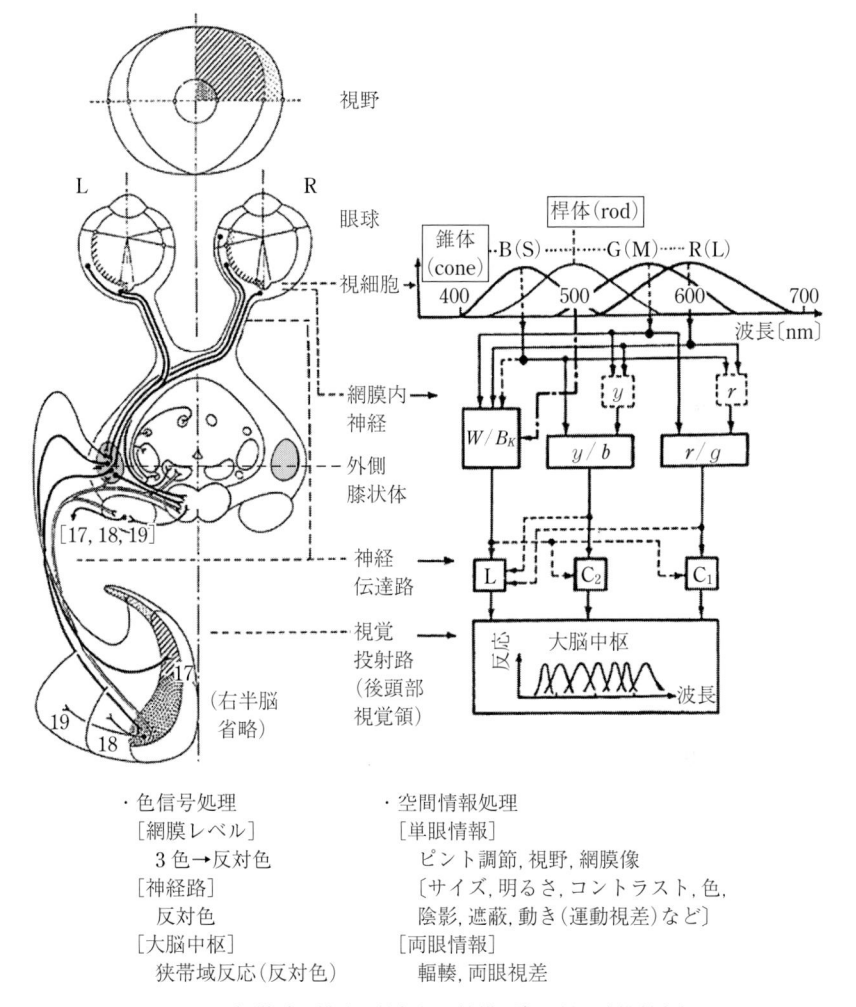

図2.1 視覚系の構造と情報処理機構（色信号・空間情報）

・色信号処理
　［網膜レベル］
　　3色→反対色
　［神経路］
　　反対色
　［大脳中枢］
　　狭帯域反応（反対色）

・空間情報処理
　［単眼情報］
　　ピント調節，視野，網膜像
　　〔サイズ，明るさ，コントラスト，色，
　　陰影，遮蔽，動き（運動視差）など〕
　［両眼情報］
　　輻輳，両眼視差

部分）の曲率は強くなっているが，全体的に直径約 25 mm の球状になっている。外光は，角膜部から水で満たされた部分（前房）を通り，光量調整がおもな目的の瞳孔部を経て，ピント調節時には形状を変化させるレンズ（水晶体）で集光され，眼球全体の形状を保持する透明体（硝子体）の後ろ側にある光電変換受像面（網膜）に投影される。

2. 視覚系と視知覚

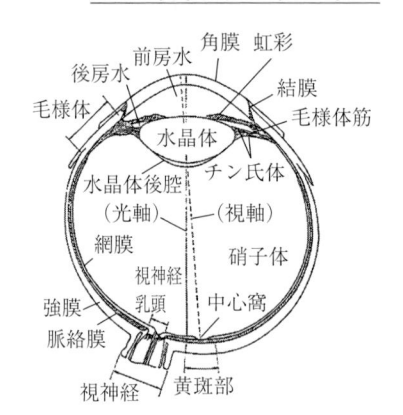

図中ラベル: 後房水, 前房水, 角膜, 虹彩, 毛様体, 結膜, 水晶体, 毛様体筋, 水晶体後腔, チン氏体, (光軸), (視軸), 網膜, 硝子体, 視神経乳頭, 強膜, 中心窩, 脈絡膜, 視神経, 黄斑部

<結像系>
・第1レンズ：角膜
・調節可能レンズ：水晶体
・中間体：前房水，硝子体
＊光軸（光学対象軸：実線）と視軸（主点と中心窩を結ぶ軸：点線）は約5°ずれる
→両眼安静位（明視距離：約 40 cm）

<受光部>
・眼底：視細胞＋神経多層回路
→ピンポイント中心視型（中心窩）
・盲点（乳頭，神経線維束出口）
←反転網膜

図 2.2 眼球構造（右眼水平断面）

① 角膜：眼球結像系の全体屈折力（約 60 D）のうち約 70 ％の屈折力を持つ第 1 レンズである。その形状は非球面であるが，中心部は前面曲率半径約 8 mm，後面曲率半径約 7 mm の球面レンズで近似でき，中心は約 0.6 mm の薄さで，周辺では厚くなる凹レンズ状の構造になっている。ただ，前面では空気との屈折率差で，後面の眼内房水との屈折率差よりも大きいため，凸レンズとしての集光作用を示す。このように角膜前面での強い屈折作用を適正化して，近視などの屈折異常を補正する方法（**図 2.3**）として，眼前装着型（眼鏡レンズ）や角膜密着型（コンタクトレンズ）に加えて，角膜変形手術[†]により，眼球結像系の収差を低減し，理想的な結像状態を再現する試みが見られる。

② 虹彩：カメラの絞りの役目を持ち，光が通る瞳孔部分は，明るい所（輝度約 5 cd/m^2 以上の明所視状態）では縮瞳（最小 2 mm）し，暗い所（輝度 0.05 cd/m^2 以下の暗所視）では散瞳（最大 8 mm）して，入射光量を調節している。ただ，瞳孔内を通過する光線位置によって，見かけの明るさが変化するスタイルズ-クロフォード効果（瞳孔の中心を通る光

[†] 角膜表面に放射状の切り込みを入れる radial keratotomy（RK），レーザにより角膜面を切除する photorefractive keratectomy（PRK）から，機械的や化学的手法で角膜表皮を残しながら変形する laser in situ keratomileusis（LASIK）と laser epithelial keratomileusis（LASEK）が行われている。また，コンタクトレンズで強制変形させる orthokeratology（オルソ K）や眼内にレンズを挿入する方法などがある。

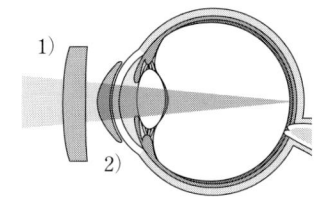

1) 眼鏡
2) コンタクトレンズ
3) 角膜変形手術
4) 眼内レンズ

（a）外部補正　　　　　（b）直接補正

図 2.3　眼球結像系の各種補正法

は瞳孔の周辺を通る光よりも明るく感じる第1種と，単色光の色相が変化して見える第2種の効果がある。この効果は色刺激を受容する錐体視で生じることから，錐体の円錐形状に基づく光学繊維モデルで説明されている）が見られる。また，瞳孔径は心理的な状態（注目，驚愕など）でも変化するが，注視対象までの距離に応じて，径の変化で焦点深度を変化させて，像のコントラスト成分やボケを見やすい状態にする機能もある。

③ 水晶体：カメラのピント調節用レンズと同じ役目を持っている。近距離に焦点を合わせる場合には，水晶体の周囲にある毛様体筋が収縮し，水晶体を引っ張っている毛様小帯がゆるんで水晶体自身の弾力によって膨らみ，屈折力の高い両凸レンズになる。逆に，遠距離に焦点を合わせる場合には，毛様体筋がゆるみ，毛様小帯の張力によって水晶体が引っ張られ，前面の曲率半径が大きくなる薄い凸レンズになり屈折力が小さくなる。この調節の変化範囲は，水晶体を支える筋肉系よりも水晶体自体の弾性力に関係し，年齢とともに減少して，50歳以上では調節力が極端に低下する状態（老視）になる。その結果，近い距離を見るときには，凸レンズを装用して屈折力を補う必要があるが，老人性縮瞳により焦点深度を広げる反応も見られる。また，図 2.4 のように水晶体の透過率も加齢により増加し，特に 500 nm より短波長側での吸収が増して，全体が黄変する。ただ，濃度変化が緩やかなため，外界の色が急に黄色く見え

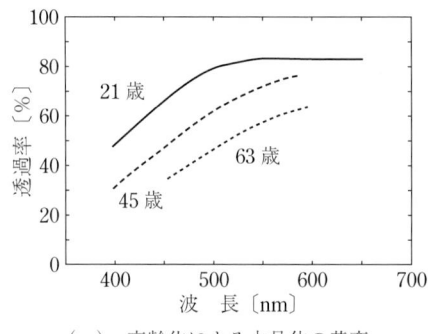

図 2.4 年齢による眼球の分光透過率の変化と比視感度特性

(a) 高齢化による水晶体の黄変
(F. S. Said, et al. : Gerontologia, p. 213 (1959))

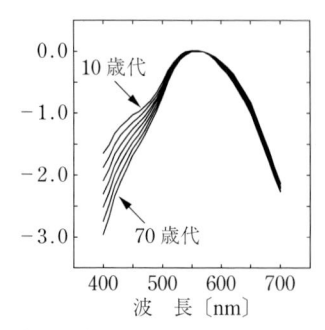

(b) 短波長光の感度低下
(佐川 賢ほか：照明委員会誌, **16**-2, p. 35 (1999))

るようなことはないが，微妙な色弁別への影響は生じる．さらに，混濁（白内障）が発生すると，結像特性に影響を与えるため，人工レンズ（IOL）[†1] を挿入する手術が普及している．

④ 硝子体：外気圧よりも約 15 mmHg だけ高い圧力で，水晶体と網膜までの距離を一定に保持するための透明体である．近視や遠視のような屈折異常は，角膜や水晶体の屈折系と眼球の大きさ（眼軸長）のバランスが崩れることで生じる．また，眼球全体の圧力が上昇すると，網膜内の神経機能などに悪影響を与える障害（緑内障）が発生する場合もあり，適切な状態での眼球形状保持は重要な条件である．

以上のような眼球での結像特性に関して，網膜上の像特性を調べる目的での模型眼（Gullstrand（図 2.5（a）））や，網膜上の像の大きさなどを簡便に調べるために，屈折面を単一球面で近似した省略眼（Donders[†2], Listing[†3]）などが示されている．これまでの模型眼は，統計的な計測結果から，生体眼に近

[†1] 人工レンズでは，調節機能を持たせるのに，回折型や屈折率分布型による多焦点レンズ，筋肉系や囊（水晶体の袋）と連動した位置変化型や変形レンズも開発されている．

[†2] 簡易計算用の Donders 省略眼は，眼軸長 20 mm，角膜曲率半径 5 mm，屈折率 1.333，全屈折力 66.7 D，角倍率が1になる節点は角膜曲率中心に設定されている．

[†3] Listing 省略眼は，眼軸長 22.9 mm，角膜曲率半径 5.55 mm，屈折率 1.336，全屈折率約 60 D，焦点距離：17.2 mm，節点は角膜頂点より 5.7 mm 後方にある．

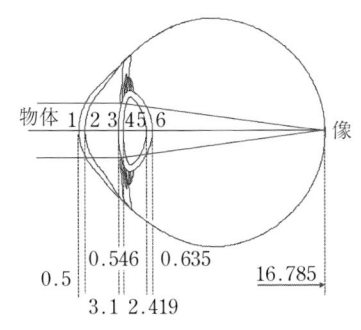

2.1 視覚系の構造と基本的特性

面	曲率半径〔mm〕	面間隔〔mm〕	媒質	屈折率 (546.07 nm)
物体		(∞)	空気	1.0
1	7.7	0.5	角膜	1.376
2	6.8	3.1	前房水	1.336
3	10	0.546	水晶体	1.386
4	7.911	2.419	等質核	1.406
5	-5.76	0.635	水晶体	1.386
6	-6.0	16.785	硝子体	1.336
像				

(生体眼の解剖学的データによる寸法で,結像特性の解析には不十分→修正模型眼)

(a) Gullstrand 模型眼の光学的定数

			修正模型眼				Gullstrand 模型眼		
			曲率半径〔mm〕	面間隔〔mm〕	屈折率	コーニック定数	曲率半径	面間隔	屈折率
物体			∞	∞	空気		∞	∞	空気
角膜	前面		7.7	0.5	1.378 7	-0.376 198 506	7.7	0.5	1.378 7
	後面		6.8	2.599 276	1.338 9	-2.941 451 412	6.8	3.1	1.338 9
節点			∞	0.500 724	1.338 9				
絞り面			∞	0	1.338 9				
水晶体	前面	第1面	9.9	0.387 833 3	1.359 539	-15.749 616 36	9.9	0.546	1.381 2
		第2面	9.237	0.387 833 3	1.372 096	-10.469 153 88			
		第3面	8.574	0.387 833 3	1.383 124	-6.955 051 3			
	核	第4面	7.911	1.341 4	1.411 396	-4.335 271 421	7.911	2.419	1.422
		第5面	-5.76	0.365 033 33	1.398 425	-2.253 942 946	-5.76	0.635	1.381 2
	後面	第6面	-5.84	0.365 033 33	1.390 543	-2.226 178 226			
		第7面	-5.92	0.365 033 33	1.381 388	-2.381 504 203			
		第8面	-6	17.8	1.336	-3.026 602 883	-6	17.8	1.337 5
網膜			-12.8	-1.135 499 628			-12.8	-1.436 2	

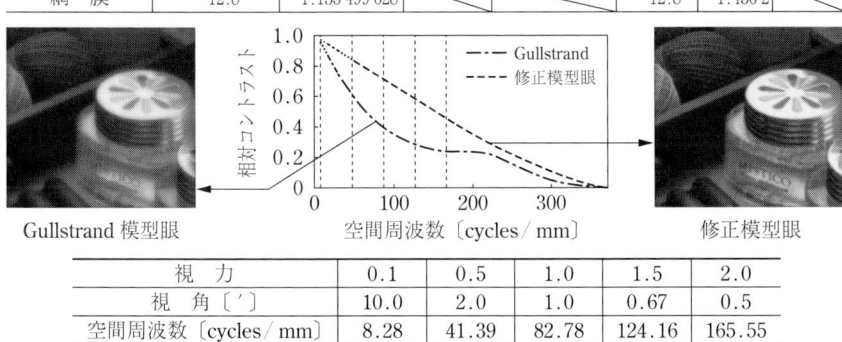

Gullstrand 模型眼　　　　　　空間周波数〔cycles/mm〕　　　　修正模型眼

視力	0.1	0.5	1.0	1.5	2.0
視角〔′〕	10.0	2.0	1.0	0.67	0.5
空間周波数〔cycles/mm〕	8.28	41.39	82.78	124.16	165.55

(b) 修正模型眼と Gullstrand 模型眼との比較

図 2.5 各種模型眼の光学特性

い形状を示しているが,屈折条件が実際とは異なる状態(実際の屈折面は非球面屈折面で,しかも複雑な屈折率分布を持つ多層構造レンズ)になっている。球面・均一レンズで近似しているため,網膜上への結像特性を詳しく検討するには不十分である。それを修正して水晶体の形状も実際に近い模型眼†(図2.5(b))が提案され,屈折補正手術などの網膜上での像特性や,視認性との関係が調べられている。

2.1.2 網膜における信号処理系

網膜は,受光細胞(視細胞)と信号処理細胞によって多層状の神経回路網を構成する複雑で精緻な構造(**図 2.6**)であるが,約 1 mm 以下の薄い膜で,眼球後部の内側面全体に広がり,広い外界の情報を結像受容できるようになっている。ただ,網膜全体にわたって均一な性能ではなく,中央部にある中心窩と呼ばれる狭い部分(数°の範囲)だけが,視力や色識別などの視機能が非常に優れており,それ以外の周辺部は点滅や動きなどのような情報の変化を効果的

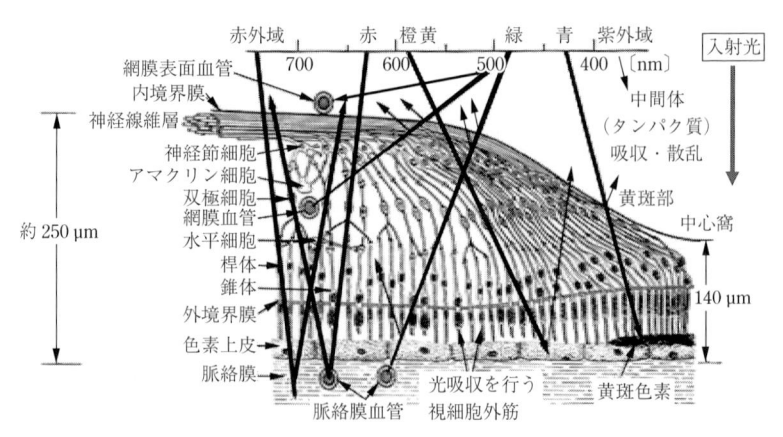

(反転網膜:受光素子である視細胞が,光入射側から見て最外側にあるが,高感度・高速化学反応への栄養補給に効果的な構造になっている。)

図 2.6 網膜構造と分光透過・反射特性(2 章文献 2),3 章文献 2)を改変)

---

† 角膜や水晶体の屈折面を非球面,水晶体の屈折率分布を 7 層で近似し,網膜上の点像強度分布特性も,実際の見えに近い状態がつくり出せる。

に受容している。空間的な分解能は低いが時間反応が優れている広い範囲の中央に，高密度情報を弁別する高性能なピンポイント領域を持つ受光面状態（図2.7）になっている。このような領域での情報処理特性の違いを補うために，周辺部でとらえた対象を，より正確に中心窩で受容する視線移動（眼球運動）が発生し，広い範囲からの情報を効率よく受容処理する機構になっている。

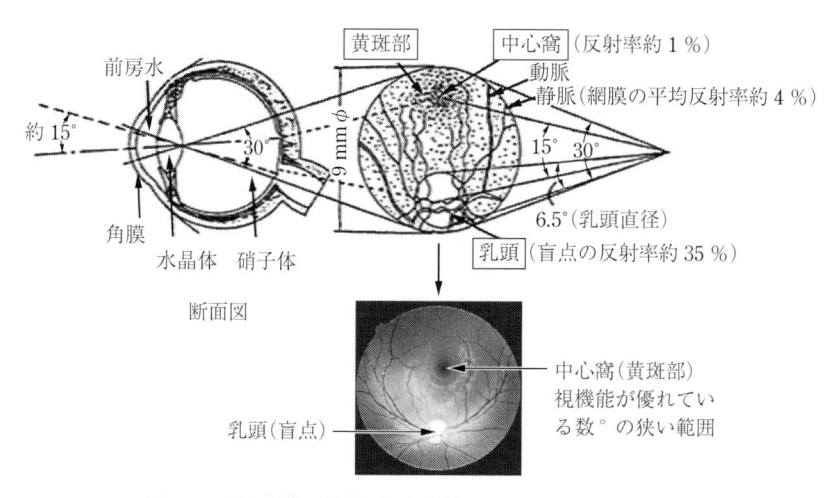

図 2.7 眼底網膜の状態（2 章文献 2），3 章文献 2）を改変）

このような網膜の不均一特性と眼球運動に加えて，中枢の情報処理部に短期記憶機構が存在する。その結果，注視部近傍だけを高密度情報伝達して周辺部情報を圧縮伝達しても，広い範囲からの必要情報が合成されて知覚でき，近距離での高精度作業と中・遠距離での空間位置認識を効率よく分担処理できる機構になっている。

網膜の縦方向の構造は，人のような脊椎動物では，視細胞は光電変換に必要な栄養が円滑に補給できるように，眼球の外側近くに配列されており，信号処理用の神経細胞と神経線維が，視細胞より内側に存在する反転網膜を形成している。その内側にある神経線維束が眼球の外へ出る部分（乳頭，中心窩から鼻側へ約 15°ずれた位置に，直径約 6°の円形範囲）が必要で，そこには視細胞がなく，光受容ができないため，盲点と呼ばれている。このように反転網膜で

は，網膜の外側にある脈絡膜との間の栄養補給用毛細血管層に視細胞が挿入された状態で，光電変換・感度回復反応が高速に作動し，刺激強度の大きな変動にも対応する順応作用も円滑にできる構造になっている．ただ，視細胞に光が達するまでに各種細胞や神経線維などがあり，結像特性を低下させることになるが，先に述べた中心窩では双極細胞や神経節細胞などは横にずれ，高密度な像情報を受容するのに適した構造にもなっている．

光刺激を生体電気信号に変換する視細胞（図 2.8，図 2.9）には，光受容特性や形状の異なる錐体と桿体が存在する．

錐体（cone）は，昼間などの明所視条件で働き，可視域（380〜780 nm）の短・中・長波長領域に，それぞれ感度極大（445，535，570 nm）を持つ 3 種類（S 錐体，M 錐体，L 錐体）があり，明暗と色情報を検出している．一般に円錐状の形状であるが，中心部では円柱状になり，その先端部分（外節部）[†]

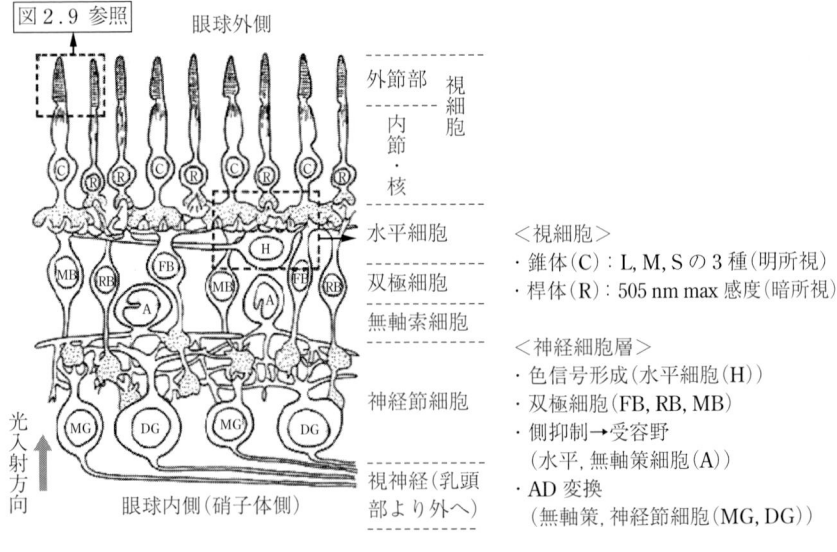

<視細胞>
・錐体（C）：L, M, S の 3 種（明所視）
・桿体（R）：505 nm max 感度（暗所視）

<神経細胞層>
・色信号形成（水平細胞（H））
・双極細胞（FB, RB, MB）
・側抑制→受容野
　（水平，無軸策細胞（A））
・AD 変換
　（無軸策，神経節細胞（MG, DG））

図 2.8 視細胞と網膜細胞間の神経結合状態（J. E. Dowling, et al.：Proc. Roy. Soc. B., **166**, p.80（1966））

[†] 視細胞の光電変換物質である感光色素（視物質）を含む多層で構成され，その光学繊維構造からスタイルズ-クロフォード効果（斜入射光の受容感度低下）が生じる．

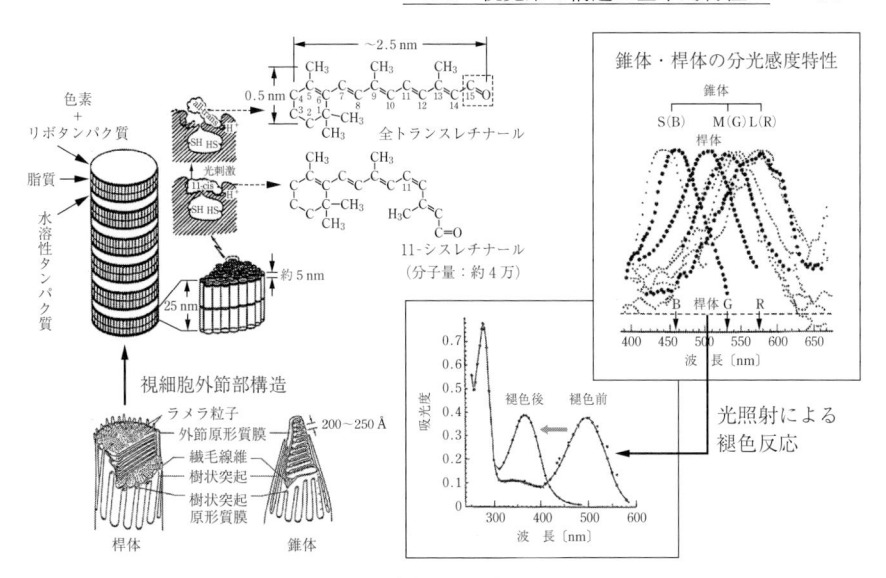

図2.9 視細胞外節部と視物質の分光感度特性（2章文献11）およびP. K. Brown, et al.: J. Cell. Biol., **19**, p.79（1963）を改変）

の直径は1.5～2μmと非常に小さくなる。約700万個が網膜中心部に集中的に分布（約15万個/mm^2）するが，眼球の収差を補償した眼底カメラによる観察では，中心窩周辺部の3種類の錐体分布比率は，L錐体：M錐体：S錐体＝32：16：1といわれている。特に，短波長に感度があるS錐体は少なく，分布状態（**図2.10**）にはかなりの個人差も見られる。図中のHS，YY，AP，MD，BSは被験者で，HSは明るく示されるM錐体が多く，BSは中間の濃さで示されるL錐体が多く分布している。最も濃く示されるS錐体は一般に少なく，YYやAPでは，L，M錐体はほぼ均等に分布している。

桿体（rod）は，夜間などの暗所視条件で作動して，感度極大が505nmにあり，光量子1個でも反応し，微弱な明暗が検出できる高感度の細胞である。細胞形状は円柱状で，その径は錐体よりも数倍大きく数μm以上になる。網膜全体では約1億2千万個も存在するが，中心から10°近辺に多く分布（約16万個/mm^2）しており，周辺視での情報受容を助けている。

視細胞で光電変換された信号は，網膜内の縦方向へは，双極細胞から神経節

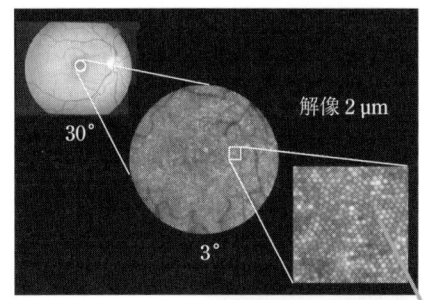

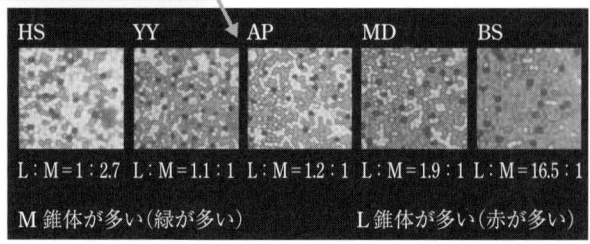

図2.10 網膜中心窩周辺での視細胞（錐体）の分布状態
(Roorda, A. and Williams, D. R.：Nature, 397, pp.520-522（1999））

細胞へと伝達されて，長い視神経として乳頭部から眼球を出て，大脳へ向かう．一方，網膜内の横方向では，視細胞と双極細胞間に水平細胞，双極細胞と神経節細胞間に無軸索（アマクリン）細胞が存在し，このような立体回路（図2.8）によって，つぎのような高次中枢での情報認識に必要な信号前処理を行っている．

① 空間・時間的な信号変調：アナログ電位変動から電気信号に変換されて，強度情報などは周波数変調される．
② 信号変化を強調処理する神経回路：中心部と周辺部での信号応答が興奮-抑制の拮抗処理される受容野[†]構造で，点刺激が周辺に抑制作用を持つ点像強度分布に変換され，輪郭（エッジ）部分での強調効果であるマッハ効果（図2.11）を生じさせる．

[†] 視細胞から単一の神経節細胞に信号伝達する状態を空間的に調べると，中心部からは興奮型，周辺からは抑制型の信号が生じる同心円状の機構を示す．これをON中心型受容野，信号の伝達状態が逆の状態をOFF中心型受容野という．

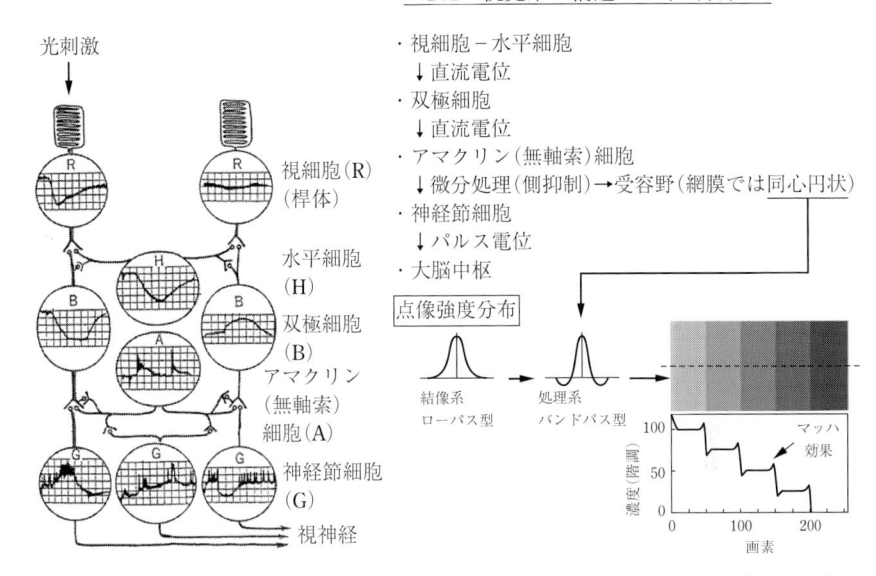

図 2.11 網膜内の神経回路網での電気信号化と輪郭強調（マッハ）効果（2 章文献 2）を改変）

2.1.3 眼球から大脳中枢での視覚情報処理

網膜内の視細胞によって電気信号へ変換された視覚情報は，網膜内の最終細胞層である神経節細胞の長い軸索（視神経）を通って眼球の外へ出るが，視細胞の数に比べると，1/100（約 100 万本）に圧縮されている．網膜中心部からは，錐体と各神経細胞とは 1：1 で結合しているが，周辺部では数個の視細胞からの信号が 1 個の神経節細胞に収斂されている．

眼球から大脳への中継点である外側膝状体では，左右眼からの神経線維が 6 層構造に交互分配され，両眼情報が比較処理できる構造になっている．このように左右眼からの情報のうち半分領域だけ交差する機構は，手作業のような近見動作をする動物に見られ，高精度な立体視機能に必要な構造になっている．

その外側膝状体の細胞からの軸索は視放線と呼ばれ，後頭部にある大脳視覚領へと伸びている．網膜から視覚領への情報投射部分は V1 野と呼ばれ，中心窩から投射される領域は，他の周辺網膜からの投射領域より広く，両眼の網膜中心視からの空間情報が高精度に処理される機構になっている．

また，網膜での視細胞-神経節細胞に見られる情報収斂機構から生じる受容野†の空間的な広がり状態から，情報の処理特性に差が見られる。広い受容野の大細胞（Mチャネル）系では時間変動情報を，狭い受容野の小細胞（Pチャネル）系では空間変動情報をおもに処理している。さらに，V1野から高次中枢への情報処理経路を見ると，色や形態などの図形認識情報は側頭部（腹側）経路により，また動きや奥行き知覚などの空間視的情報は頭頂部（背側）経路により，情報内容に応じた情報処理経路が存在し，V2野以降の中枢へと伝達される（**図2.12**，図5.7参照）。

大脳での情報処理は，外界からの視覚情報成分をより細分化して認識する機能と統合する機能が存在する。大脳中枢の初期レベルまでは，形・色情報（Pチャネル）と動き・空間情報（Mチャネル）は分割処理されるが，さらに高

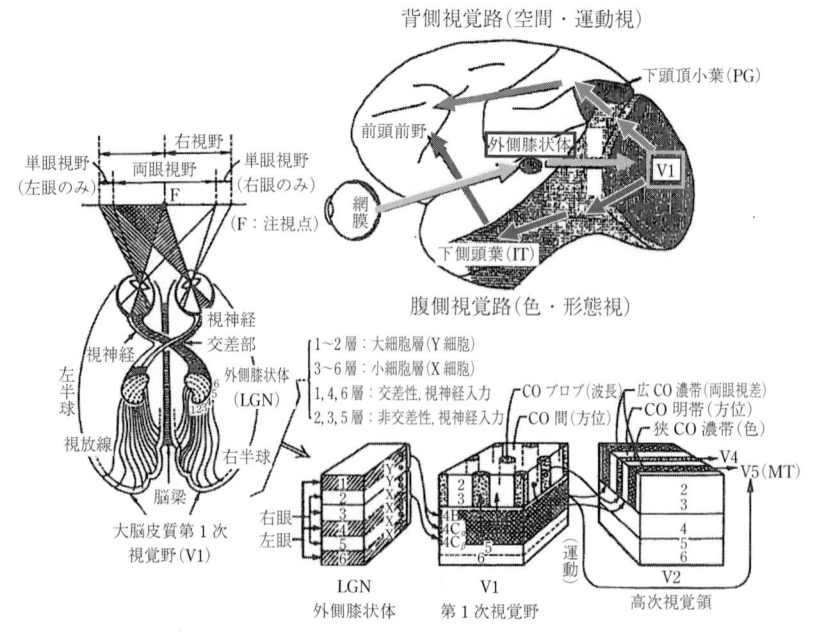

図2.12 視覚系における眼球から中枢までの情報伝達・処理機構（2章文献4)，11）と5章文献8）を改変）

† エッジ方向，長さ，運動方向などに反応する矩形型の受容野が高次レベルには存在し，特定の図形成分を分割・抽出する。

2.1 視覚系の構造と基本的特性

次なレベルでは動作・運動などの行動反応系との関連から，複雑な情報処理機構が存在する．図形情報は線分や角などの構成成分や基本的な図形成分にのみ反応する細胞であるから，色情報は視細胞より狭い波長域に反応する色選択性細胞（図 2.13）などが側頭葉に見いだされている．また，特異な図形成分に反応する細胞や顔や手などの特定概念（パターン）のある刺激に選択的に反応する細胞の存在報告（図 2.14）も見られる．

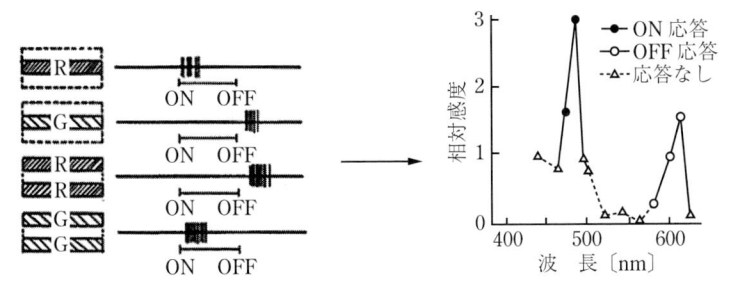

（a）色受容野反応（網膜での円形受容野から短冊状受容野になり，反対色刺激に応じて ON-OFF 反応を示す）

（b）色選択性細胞での反応波長域（視細胞と水平細胞レベルでの反応波長域に比べて狭帯域で，単一細胞から反対色応答が記録される）

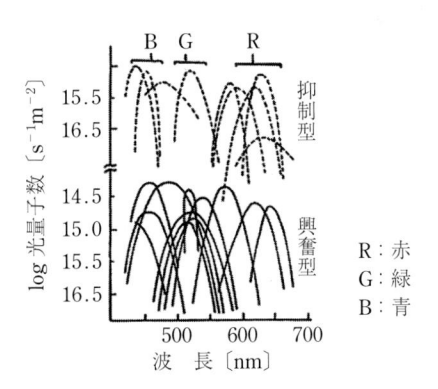

（c）色選択性細胞の反応分布特性（可視域での色選択性細胞の反応波長領域と分布状態）

図 2.13 大脳中枢での色選択性細胞の反応波長特性（3 章文献 8），C. R. Michael：J. Neurophysiol., **41**, p.1250（1978）を改変）

68   2. 視覚系と視知覚

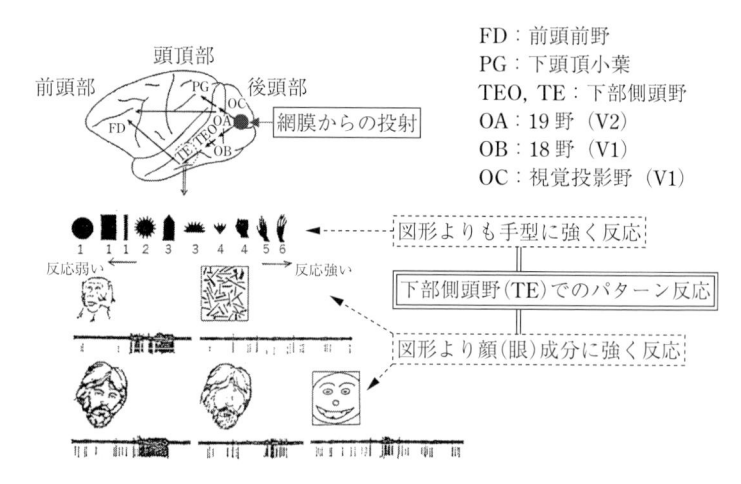

FD：前頭前野
PG：下頭頂小葉
TEO, TE：下部側頭野
OA：19野（V2）
OB：18野（V1）
OC：視覚投影野（V1）

図 2.14 大脳中枢での特定パターン反応細胞（2章文献 4），11）を改変）

2.2 明暗情報処理に関する視知覚特性

2.2.1 明暗反応範囲

人間が明暗刺激を受容できる範囲は，高感度用視細胞である桿体が検出できる最小光量（光覚閾）から，高分解能・色知覚用視細胞である錐体の感度範囲と網膜内神経細胞による感度調整（順応）作用によって受容可能な最大光量までになる。その範囲の大略を示すと，輝度値では $10^{-6} \sim 10^4 \mathrm{cd/m^2}$，照度では $10^{-5} \sim 10^5 \mathrm{lx}$ の非常に広い範囲での光情報の利用が可能になる。

光覚閾は，刺激面積と提示時間に関係し，面積に関しては

① Ricco 則：刺激面積 S が小さい場合（中心窩で数′，周辺部で数° 以下）に刺激を感じる強さ I は，IS＝一定の関係が成立する。

② Piper-Pieron 則：刺激面積が数° 単位の大きくなると，$IS^{1/2}$＝一定が成立し，一般的には IS^k＝一定が成立する。

また，時間に関しては

③ Block 則：光化学反応が，照射光の強度と時間の積に比例するという Bunsen-Roscoe 則を，視覚での刺激光の見えに適用したもので，強度 I

2.2 明暗情報処理に関する視知覚特性

と刺激時間 T が $IT=$ 一定の関係になる．
が基本的な特性になる．

　明暗情報の受容状態を視覚系の各レベルで調べてみると，まず，視細胞レベルでは，視物質が収納されている外節部のディスクごとでの光電変換反応によって，光強度にして約 $2.5 \log$ 単位の応答範囲を持っている．加えて，明所視では錐体，暗所視では桿体によって光受容を分担することで，広い作動範囲をつくり出している．この作動範囲内で，水平細胞レベルでは約 $1.5 \log$ 単位，双極細胞レベルでは約 $0.5 \log$ 単位，神経節細胞レベルでは約 $0.25 \log$ 単位と，信号化に応じて狭い反応範囲になり，刺激の平均輝度に応じて作動感度を調整して，明暗情報の弁別精度を向上させる機能（図 2.15）も備えている．このときに，明るさに応じて各細胞での反応範囲レベルを調整移動させる機能が網膜レベルでの順応特性を示す．

　このような感度レベルの調整は，視細胞内での感度変動，神経細胞のシナプ

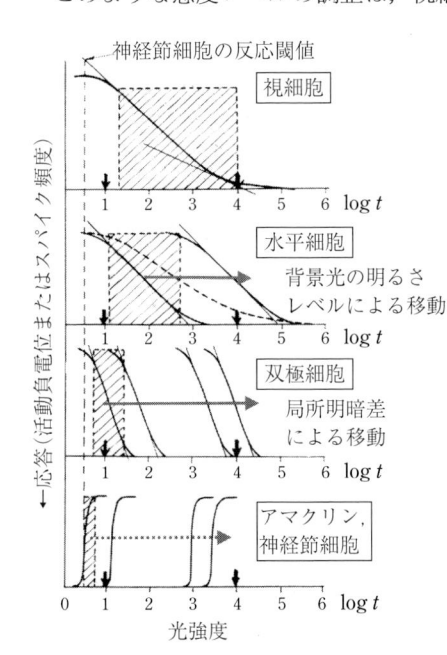

図 2.15　網膜神経細胞での明暗順応特性（F. S. Werblin：J. Neurophysiol., **34**, p.228（1971））

ス結合状態の変化，網膜内の各種細胞間を埋めているグリア細胞での光刺激値に応じた神経活動制御反応などが関与するといわれているが，強い光刺激によって生じる残像（残効）現象は，視細胞レベルでの褪色-再合成過程のアンバランスがおもに関与し，神経系や中枢での処理機能も一部関係している。

人間は生活環境に応じて，このように広い光応答範囲を有しているが，実際には，錐体が安定して作動する明所視状態（数 cd/m^2 以上の明るい状態）で，しかも残効やまぶしさが感じられない 50～500 cd/m^2 の範囲が，視機能も安定して働く状態になる。

2.2.2 コントラスト弁別

視覚情報を効果的に受容する機能に影響を与える要因として，刺激とその隣接する部分での明暗対比量がある。それを定量的に示す物理量としてコントラスト（contrast）が定義されている。提示情報内での高輝度値が L_{max}，低輝度値が L_{min} のとき，コントラストはつぎのように表現される。

① 光学分野では変調的なコントラスト： $C_o = (L_{max} - L_{min})/(L_{max} + L_{min})$
② 電気分野では比率的なコントラスト： $C_e = L_{max}/L_{min}$

明暗弁別特性は特定範囲の平均輝度レベルを中心に変動するため，C_o での表現のほうが実際の見えやすさに近い値を示す。ただ，明暗再現範囲を簡便な数値で表現できる C_e はディスプレイ性能を比較する場合にはよく用いられる。

視覚情報の視認性は一般的に高コントラストのほうがよくなるが，高輝度部分が 160 cd/m^2 以上になると，残効が生じやすくなり，刺激が急激に変化するエッジ部分などでは，ギラツキのような不安定な見え方が発生する。

一般画像を表示する場合は，C_e 値で少なくとも 10 以上は要求されるが，文字や図形を長時間観察する場合には，C_e 値が 3 程度の低コントラストでも，目への負担は少なく，極端な情報受容能力低下は見られない。ただ，金属的な質感も再現する場合には，C_e 値で 100 以上，最高輝度として 300 cd/m^2 は必要となり，目に優しい表示条件とは異なった状態になる。表示される画像内容や長時間観察の場合では，順応状態などを考慮した適正な表示輝度調整がどう

しても必要になる。

　画像の滑らかな明暗状態を再現する条件を見いだすためには，つぎのような明暗弁別特性が関係する。

① 弁別可能な最小明暗差（弁別閾 ΔL）を調べると，明るさレベル（L）で変化し，暗所視（約 $0.05\,\mathrm{cd/m^2}$ 以下の暗い状態）やまぶしさを感じる明るい場合以外では，$\Delta L/L$（ウェーバー（Weber）比）が一定値（約 0.02）を示し，これをウェーバー則という。

② 提示された輝度（L）から感じる見かけの明るさ（B）の関係は，$B = a\log\Delta L + b$（ウェーバー‐フェヒナー（Weber‐Fechner）則）で示されるが，成立する範囲が狭いため，修正法則としてスティーブンス（Stevens）則 $B = a(L-L_o)^b$ が用いられる。

　これらの特性をもとに，連続的な明暗再現に必要な信号の量子化数は少なくとも 8.3 ビットといわれ，忠実再現の目標値としては 10 ビットが示されている。ただ，普段見ている一般画像では，約 5 ビットでも明暗の不連続性を感じない場合もあり，観察者の注目度や画像内容によって大きく影響される。

2.2.3　視力と表示解像度

　空間的な細部を分解することができる能力の限界を視力（visual acuity）と呼び，基本的には，眼の結像系による網膜上への結像状態と，光電変換素子である視細胞のサイズ・配列や網膜内の信号形成回路特性で決定される。見分けようとする対象の形態やその周辺の明るさ条件などが影響し，測定対象パターンにより，つぎのような視力（図 2.16）が定義されている。一般的には，明るさに比例して視力はよくなるが，高輝度条件ではフレアやまぶしさなどが生じるため，適正な輝度範囲が存在する。

① 最小視認閾：均一な背景上で，知覚できる最小の点の大きさをいい，白地に黒点では視角 10″，視力 6.0 相当であるが，黒地に白点では視角 3″，視力 20.0 相当，線では視角 0.5″，視力 120.0 相当にもなる。

② 最小分離閾：2 点（線）が分離して見える最小間隔をいい，理想条件で

2. 視覚系と視知覚

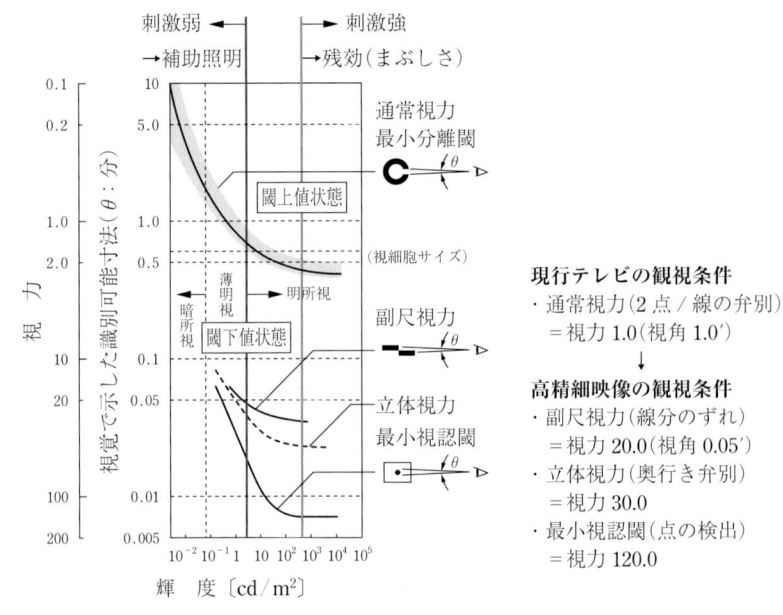

図 2.16 表示輝度と各種視力の関係

図中注記:
- 刺激弱 → 補助照明
- 刺激強 → 残効(まぶしさ)
- 閾上値状態
- 閾下値状態
- 暗所視／薄明視／明所視
- (視細胞サイズ)
- 通常視力 最小分離閾
- 副尺視力
- 立体視力
- 最小視認閾
- 縦軸: 視力／視覚で示した識別可能寸法(θ:分)
- 横軸: 輝度 [cd/m²]

現行テレビの観視条件
・通常視力(2点/線の弁別)
 = 視力 1.0(視角 1.0′)
 ↓
高精細映像の観視条件
・副尺視力(線分のずれ)
 = 視力 20.0(視角 0.05′)
・立体視力(奥行き弁別)
 = 視力 30.0
・最小視認閾(点の検出)
 = 視力 120.0

は視角 30″,視力 2.0 相当になる。

③ 最小可読閾:文字や複雑な図形が判別できる大きさをいい,単純な文字の場合は視角 40～60″,視力 1.5～1.0 相当になる。

④ 最小識別閾:線分のずれや凹凸を検出できる最小変位量を示し,副尺視力ともいわれる。線分の長さで見え方も変化するが,視角 3～10″ という高精度になり,視力 20.0～6.0 に相当する。画像の継ぎ目などが目立ちやすい原因でもある。

このような視力特性のうち②を基準として,画像などの細部(後述の空間周波数特性の高域成分)が再現可能な限界を解像度といい,各種解像度測定用チャート[†]が用いられている。各パターンの縞(しま)や空隙(げき)が分離して見える最小間隔の逆数で解像度を示す。光学分野では縞と空隙を組として,電子分野では縞

[†] 写真での解像度を調べる縦横方向の3本平行線,配線図用の円環(ハウレット型),図形歪みも調べる放射線条(ジーメンススター型)や同心円状ゾーンプレート,視力検査用ランドルト氏環(円環直径の 1/5 が欠損した C 文字状パターン)のように,測定目的に応じたパターンが規格化されている。

と空隙を別々に数える習慣があり，表示面上では cycle/mm（cpmm），本/mm（lpmm），観察者から見た場合は cycle/視角度（cpd），本/視角度（lpd）の空間周波数単位で表現される．

現行のテレビの適正観察距離も，人間の解像度としての通常視力によって，画面を構成する走査線が分離できない距離を推奨している．ただ，画像の利用目的や観察状態の多様性から，識別すべき情報対象が異なるため，適用すべき視力値も変わる．通常は，②，③の値から画像の解像度が決定され，文字や記号表示では，画素ピッチは視角 $1'$ 以下で，画面全体としては要求画面サイズやアスペクト比で変化はするが，$1\,500 \times 3\,000$ 画素数以上が望まれ，より実物に近い高解像度での忠実再現を目標とする高精細ディスプレイでは，画素ピッチ視角 $30''$ 以下で，$4\,000 \times 6\,000$ 画素数以上は必要となる．さらに，保存用画像や積極的な情報探索用画像では，これまでの視力値よりも，注目度に応じた高密度な表示が要求され，④の視力値に近い余剰解像度（注目対象を 3～5 倍以上に拡大表示をしても，画質の低下が感じられないだけの情報量）が必要になる．

2.2.4 空間周波数特性と鮮鋭度

画像の空間情報に関連する視力や明暗・色情報などの弁別特性を総合的に評価する尺度関数として，空間正弦波パターンの見え方を定量化する空間周波数特性（MTF：modulation transfer function）が用いられている．

視覚系の各レベルでの MTF も測定され，眼球結像系と網膜受光部まではローパス型で，網膜以降の神経処理レベルではバンドパス型に変化する．この MTF の変化は，網膜神経細胞間に側抑制作用を作動させる回路が存在することを示し，エッジ部を強調するマッハ（Mach）効果の発生機構になっている（図 2.11）．

このような強調効果に対して，境界部の近傍だけに明暗の緩やかな変化を与えると，境界部から広い範囲にわたり階段状の明暗差を感じさせるクレイク-オブライエン（Craik-O'Brien）効果（**図 2.17**）が生じる．その発生機構に

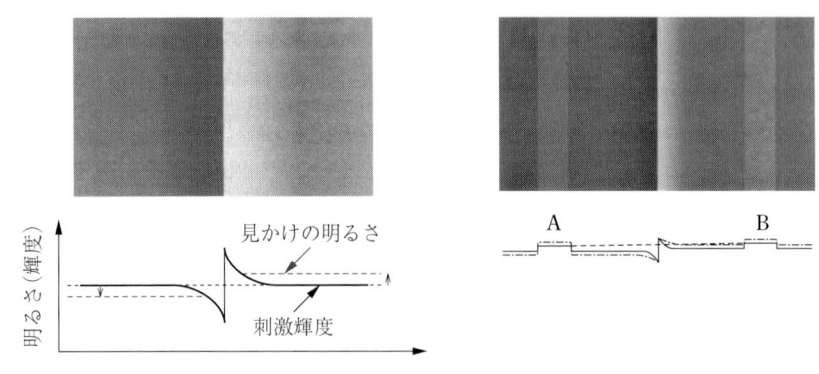

(a) 明暗に関する効果で，境界部の明暗変動が広がって見える。ただ，対比を引き起こすほどの見かけの明るさ変化は見られない。

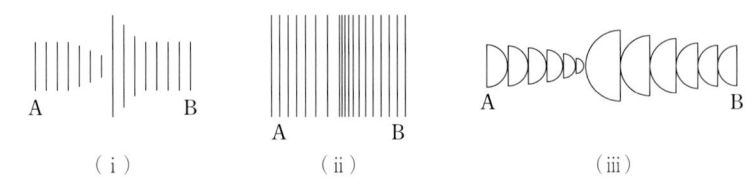

(b) 図形に関する効果で，（i）線の長さ，（ii）線分間隔，（iii）半円のサイズが，両端のA，Bで異なって見える。

図 2.17 クレイク-オブライエン効果

関しては，特定空間周波数成分だけを抽出・処理するマルチチャネル機構[†]に見られる高周波数チャネル成分による低周波数チャネル感度抑制効果に加えて，緩やかな刺激変動成分を平滑化する積分的作用機構の存在も想定され，大脳中枢でのパターン認識への前処理機構としても調べられている。

ディスプレイの適正な条件を評価するために，観察距離や観察画角などを変化させたときの視覚系全般のMTF（図 2.18）も測定されている。低コントラストの弁別限界（閾値）状態でのMTFは，全般的に特定周波数域で感度極大を持つバンドパス型の特性を示し，高コントラストでの見かけのコントラスト

[†] 応答空間周波数帯域幅が±1オクターブの狭帯域チャネルが複数存在する機構。通常刺激では各チャネルは独立して作動するが，特定周波数の強い縞刺激で選択的に順応すると，そのチャネル自体とそれより低周波数チャネルの感度特性が抑制され，MTF全体の感度バランスが変動する。その結果，見かけ上の縞間隔が変化して見える空間対比効果や，画像の鮮鋭度にも影響を与える。

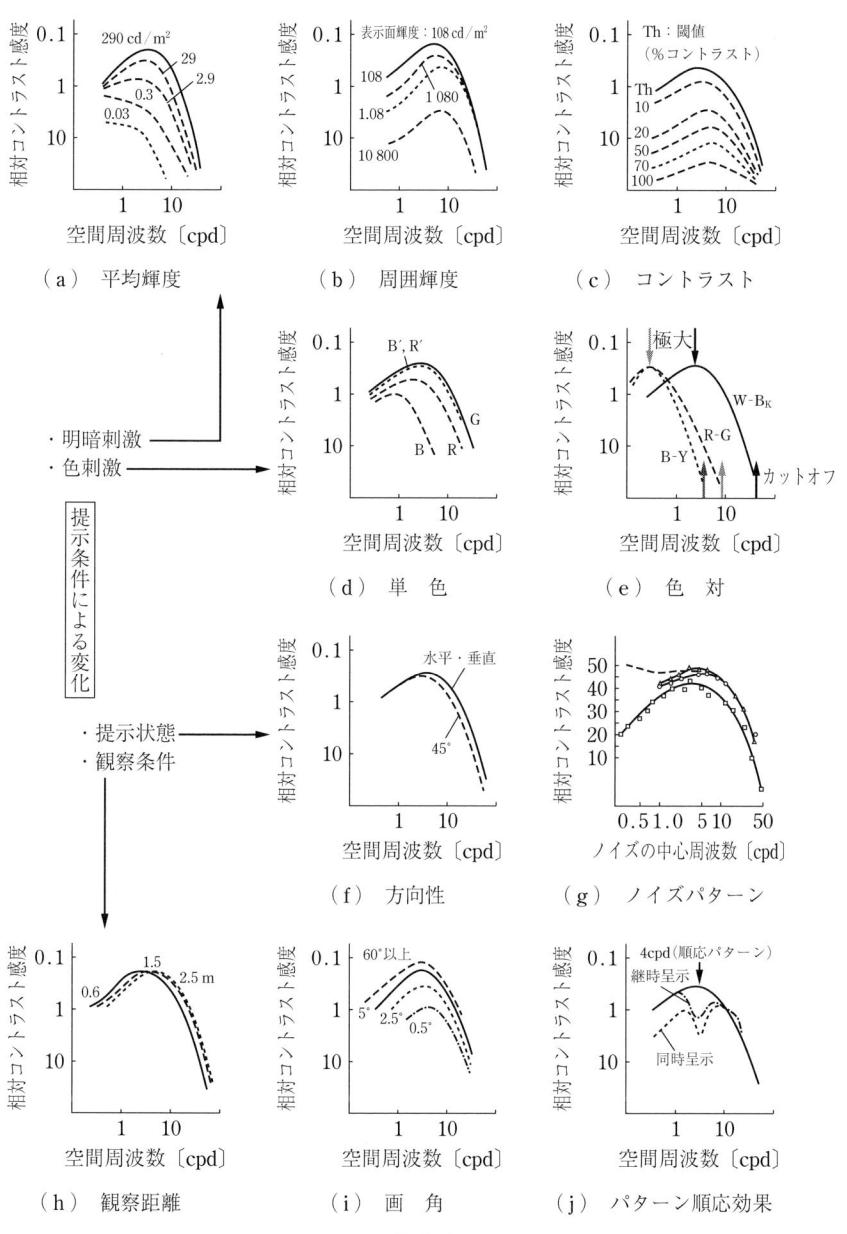

2.2 明暗情報処理に関する視知覚特性

(a) 平均輝度

(b) 周囲輝度

(c) コントラスト

・明暗刺激
・色刺激

(d) 単色

(e) 色対

提示条件による変化

・提示状態
・観察条件

(f) 方向性

(g) ノイズパターン

(h) 観察距離

(i) 画角

(j) パターン順応効果

図 2.18 視覚系の MTF

を求める閾上値状態ではローパス型に変化する。この傾向は，刺激差の少ない状態では，その差を強調して視認性を高め，刺激差が大きく容易に情報受容できる状態では，信号歪みを少なくする忠実な情報処理を行う特性を示している。

明暗と色対刺激でのMTFは異なり，視力値に対応するMTFのカットオフ周波数（明暗では60 cpd，色の組合せで異なり，緑-赤では20 cpd程度，青-黄で約5 cpdになる）と感度極大周波数（明暗：3〜5 cpd，色対：0.3〜0.5 cpd）から，画像情報の高域成分は明暗情報が，色情報は画像情報の低域成分の見え方に関係していることがわかる。これらの視覚特性をもとに，テレビのNTSC方式での明暗と色信号の配分比率や，ハイビジョンでの色信号軸などが決定されている。

画質を左右する要因に，解像度に加えて画像の細部，特にエッジ部分の再現状態（エッジ像の切れのよさなど）を示す鮮鋭度も重要である。それを評価する画像情報の物理量として，① エッジ像の明暗勾配の最大角度，② 理想的エッジを示す垂直勾配からの偏量，③ エッジ部での明暗勾配の2乗平均値（アキュータンス）で定量化が試みられている。

ただ，人間の見えに基づく主観的鮮鋭度と前述の物理量による鮮鋭度との対応は不確定である。そのため，アキュータンスでの明暗値を物理量（濃度など）から見かけの明るさを示す心理物理量（マッハ効果によるエッジ強調された値）に置き換えた修正アキュータンスや，空間周波数特性の積分値を用いた評価式（視覚系の空間周波数特性も考慮したMTFA（**図 2.19**））などが提案され，主観的鮮鋭度との高い相関が見られるようになった。特に，視覚系の空間周波数特性に見られる中域（3 cpd近辺）の感度向上を考慮した画像情報の強調処理が主観的鮮鋭度に寄与していることが示されている。

さらに，画像情報に及ぼす雑音成分の影響度も画質に影響を及ぼす。アナログ映像（写真など）では微小な濃度変動をRMS粒子度[†]（root mean square

---

[†] 測定点の濃度 D_i，平均濃度 D，測定点数 N のとき，2乗平均誤差の式より，$\{\sum(D_i-D)^2/N\}^{1/2}$ で濃度のばらつきを示すが，小さいため 10^3 倍した値を用いる。

2.2 明暗情報処理に関する視知覚特性

アキュータンス：A

$$A = \frac{B_B - B_A}{B - A} \int_A^B \left(\frac{dB}{dx}\right)^2 dx$$

$$= \frac{1}{(B_B - B_A)(B - A)} \int_A^B \left(\frac{dB}{dx}\right)^2 dx$$

$$= \frac{1}{B_B - B_A} \int_A^B \left(\frac{dB}{dx}\right)^2 dx$$

シャープネス：S

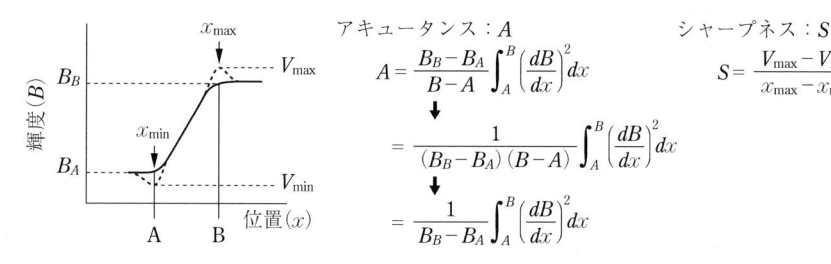

$$S = \frac{V_{max} - V_{min}}{x_{max} - x_{min}}$$

- エッジ部分の輝度分布 B_A, B_B から求めたアキュータンス A
- エッジ強調による見かけの明るさ V_{min}, V_{max}, 強調極大の位置 x_{min}, x_{max} から求める鮮鋭度（シャープネス）S
- → S のほうが主観的な評価とよく一致する．

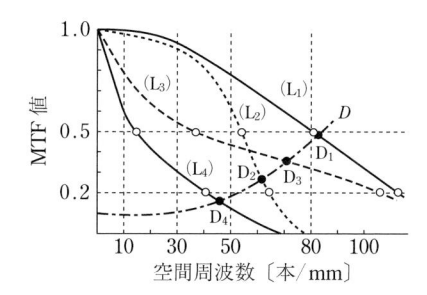

- 各種レンズ（$L_1 \sim L_4$）の空間周波数特性（MTF）を用いて画質評価する場合，視覚系のコントラスト弁別閾値曲線 D と MTF で囲まれる領域 MTFA と，それぞれの交点 $D_1 \sim D_4$ が示す解像量から鮮鋭さなどを評価する．

図 2.19 エッジ像と空間周波数特性に基づく主観的鮮鋭度

granularity）やノイズの自己相関関数をフーリエ変換したウィーナースペクトル（Wiener spectrum）などで，ノイズ量を表現していた．しかし，ディジタル画素映像では不規則なノイズの見え方に加えて，表示方式の標本化によるモアレパターンの発生[†]など規則的なパターンによる影響も現れる．また，画像情報を量子化する際に生じる量子化誤差が原因の量子化雑音（ノイズ）も発生する．量子化ノイズは量子化ステップ数の増加により減少し，4 ビット程度でランダムノイズが目立たなくなるため，階調再現の最低限とされているが，

---

† エリアシング（aliasing）：表示素子（標本）間隔（Δx）のディスプレイで最高空間周波数（w）を含む画像を歪みなく再現するには，$\Delta x < 1/2w$ が必要で，これより大きくなると折返し歪みとしてモアレ縞が出現する．

高画質映像では，暗部での弁別特性が厳しくなるため，10 ビットが要求される。ただ，単純な刺激の弁別特性だけではノイズの見え方の解析はできないため，複合刺激によるマスキング効果や帯域制限をしたノイズパターンでの見え方が調べられ，高コントラストの高域パターンによる低域パターンの見え方を抑制する効果，ランダムノイズによる線状ノイズのマスキング効果，ランダムノイズの積分平滑効果，ノイズパターンによる空間周波数特性（通常の視覚特性と同様のバンドパス型，図 2.18（g））などが見いだされ，ディスプレイでのノイズ軽減策として利用されている。

2.2.5 時間・時空間周波数特性

空間情報でのマッハ効果のように刺激の変動部分を強調する効果は，時間情報の処理特性でも見られ，ブロッカ-ザルツァー（Broca-Sulzer）効果と呼ばれる。時間的ステップ刺激に対する明るさ感覚が，刺激提示時より 30〜120 ms 遅れて，提示強度の 2 倍以上に見える極大値が生じる。刺激が強いほど遅れ時間は短くなり，色光刺激では赤，緑，青の順に極大値を示す時間（50〜150 ms）が遅れる。このような刺激と反応時間の関係から，標識や信号など瞬時的な情報処理が必要な表示での適正な刺激条件を見いだすことができる。

画面を構成する画素の情報が，時間とともに変動する動画像表示では，画像のちらつき（フリッカ），動きの滑らかさなどに見られる時間・時空間成分の不連続性が問題になる。

これらの見え方に関する視覚特性として，空間周波数特性と同様に，時間周波数特性（図 2.20）が調べられ，明暗刺激では感度極大が 10〜20 Hz 近辺にあるバンドパス型の特性を示すが，提示輝度レベルの低下で感度極大は 5 Hz 近辺に移行し，さらにはローパス型に変化する。また，単色での特性も同様の傾向を示すが，青色だけは感度極大が約 3 Hz になり全般的な感度も低下する。色の組合せによる特性は，単色と比べて感度極大が低域に移行するが，全体的な感度は大きな変動は見られない。

これまで述べた空間周波数特性と時間周波数特性から，空間情報の高域成分

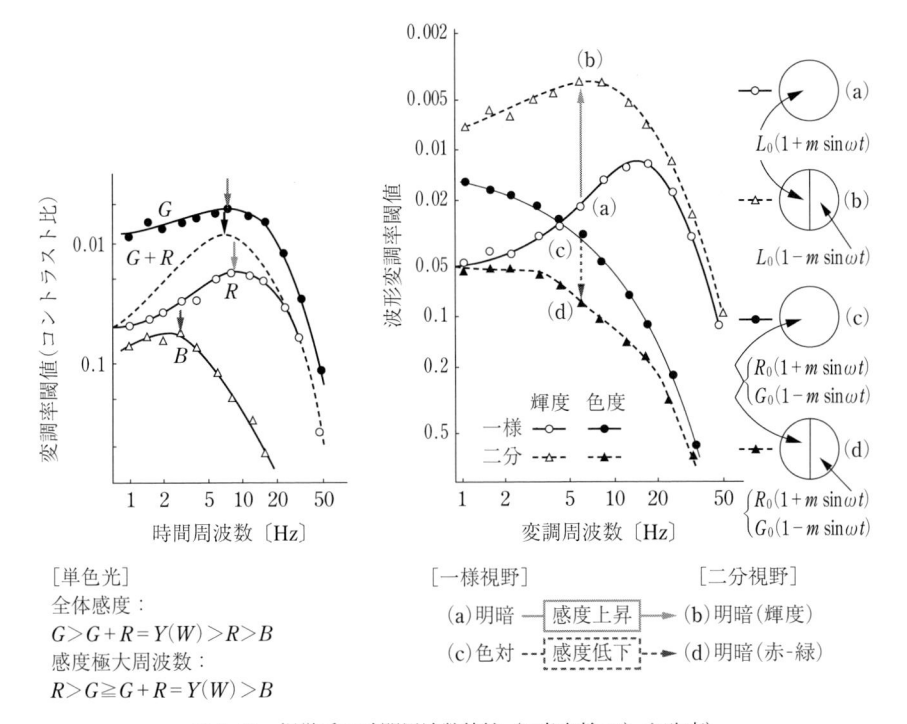

2.2 明暗情報処理に関する視知覚特性

図 2.20 視覚系の時間周波数特性（2章文献 15）を改変）

と時間情報の低域成分を処理する機構（小細胞系）と，空間情報の低域成分と時間情報の高域成分を処理する機構（大細胞系）の存在が推定され，生体での神経伝達系との対応も見いだされている（図 2.8）。

画像の不安定性の代表であるちらつきを検出する能力は，時間周波数特性のカットオフ周波数に対応し，臨界融合周波数（CFF：critical fusion (flicker) frequency）と呼ばれる点滅周波数の限界値で示される。刺激の提示条件によって，CFF もつぎのような変化がみられる。

① 刺激輝度の対数値に比例し CFF は高くなる（フェリー-ポーター (Ferry-Porter) 則）。通常の表示輝度（約 100 cd/m²）以下では 45〜50 Hz でもちらつきはそれほど目立たないが，高輝度（600 cd/m²）表示になると，現行テレビの画面切替え周波数 60 Hz でちらつきは検出される。逆に，暗い環境下では 15 Hz 程度でもちらつきに気づかない場合もある。

② 刺激面積の対数値に比例しCFFは高くなる（グラニット-ハーパー (Granit-Harper) 則）。この特性は刺激が提示される視野位置で変化し，小面積刺激では視野中心部で，大面積刺激では中心より10～20°周辺で最もちらつきが目立つ。

③ 明暗や単色刺激でのCFFに比べて，等輝度2色の交互刺激によるCFFは1/3～1/5の低周波数になる。

④ 高コントラストのエッジ部などの図形成分があると，CFFは高くなる。

⑤ 視線移動時には，CFFは上昇する。画面を注視する眼球運動が頻繁に生じるVDT用ディスプレイでは，通常のテレビモニタよりも安定した表示にするために，60 Hz以上は必要である。

⑥ ちらつき刺激の輝度変調度が低くなると，CFFも低くなる。

⑦ CFF以上の点滅刺激でも微妙な光覚閾への影響が見られ，70～90 Hz以上の高周波数の点滅表示（**図2.21**，安定融合周波数SFF (stable fusion frequency)）で，定常光と同等の見え方になり，生体への影響が少なくなる。

一方，滑らかな運動状態を再現する条件としては，つぎに示す人間側の運動知覚特性が関係する。

① 実際の運動物体を知覚する条件：点刺激の移動が線状軌跡に見えないで，形状が知覚できる最高速度（速度頂）は15°/s程度で，注視・追従状態では30°/sまでは知覚できる。移動に気づく最低速度（速度閾）と最小移動距離（運動距離閾）も提示条件で変動するが，目立ちやすい状態では速度閾は20″/s，距離閾は10～20″と非常に敏感である。運動している速度の変化に気づく割合も比較刺激の存在で変動するが，$\Delta V/V \fallingdotseq 0.1$ である。

② 周囲の動きによって誘導される運動の発生条件：枠や背景の移動によって，その移動方向とは逆方向に移動しているように見える状態で，大画面映像での誘導運動で感じられるように，視野の広さ（視野の参照）と速度が関係し，移動速度に関しては2.5°/s以上になると，枠だけが移

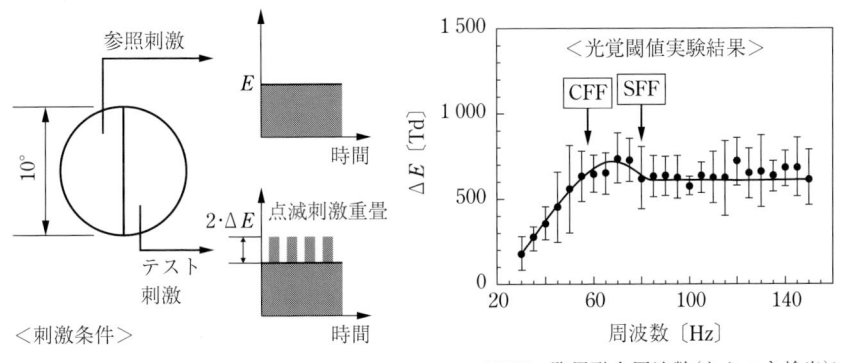

2.2 明暗情報処理に関する視知覚特性

(a) 点滅刺激と定常刺激での光覚閾の比較実験

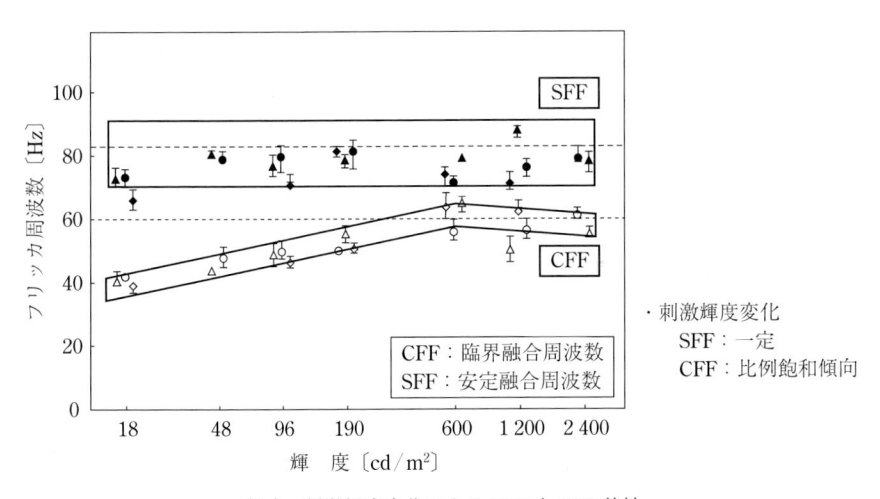

(b) 刺激輝度変化によるCFFとSFF特性

図 2.21 ちらつきを感じない点滅刺激の見え方への影響(2章文献18)を改変)

動しているように見える。

③ 静止刺激の継時点滅提示で,動いているように感じる仮現運動の発生条件:2光点(提示時間 T,強度 I)間の距離(S)と点滅状態(時間ズレ P)で生じる β 運動が滑らかな動きに感じられる条件が詳しく調べられている。S が視角5°以上になると運動感覚は発生しにくくなるが,連

続的な刺激配置により運動の発生条件は広がる。先行刺激より後に提示する刺激強度 I が高いと，後行刺激から先行刺激への逆方向運動（δ 運動）が生じる。

映画やテレビでの動画表現は高速時では仮現運動，低速時は実際運動として知覚しているが，このような運動物体の見え方に関しては，空間正弦波パターンを実際に移動させた場合と，パターン変調度を時間的に変化させた場合での刺激条件として時空間周波数特性（図 2.22）が調べられている。両条件とも

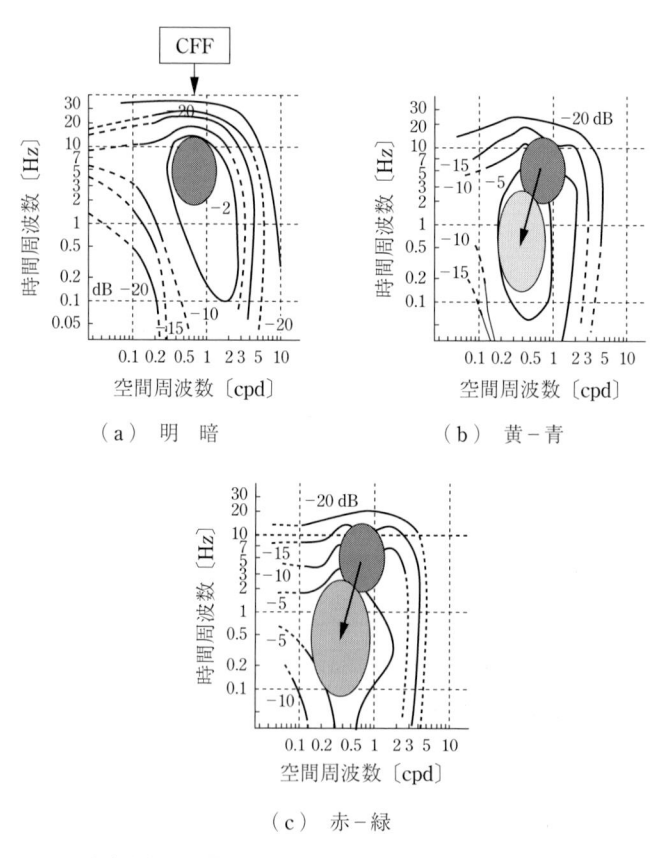

（a）明　暗

（b）黄－青

（c）赤－緑

$\begin{pmatrix}\text{明暗感度極大}\ \blacksquare\ \text{領域と各色対感度極大領域を比べると，}\\ \text{低周波数(矢印先端)領域に移行}\end{pmatrix}$

図 2.22　視覚系の時空間周波数特性（明暗・色対）
　　　　（2 章文献 15），3 章文献 14）を改変）

に感度極大を持つバンドパス型の特性を示し，時間的ならびに空間的な変動部分を強調して受容する特性になっている。ただ，移動速度が早くなってもバンドパス型のままであるが，変調周波数が高い場合や注視点移動が早い場合には空間周波数の高域感度の低下とローパス型への移行が見られる。

2.3　図形認識に関する視知覚特性（錯視）

物理的な視覚刺激がそのまま認識されるのではなく，刺激の空間的な配置や背景状態などで変化して見える現象を錯視と総称される。その発生状態は，末梢の神経回路特性によって解析できる場合と，高次中枢での心理的な要因が関与する場合とがある。ここでは，画像観察時に見られる錯視現象を中心に整理し，その発生機構に関して調べてみる。

〔1〕　幾何学的錯視

（1）　大きさ，長さ（図 2.23）

① Muller-Lyer 錯視：線分両端または近傍に付した補助図形成分（矢印など）の方向（内向きで線分が短く，外向きで長く見える）や大きさ（線分と補助成分との比較による見えの対比効果）により線分の見かけの長さが変化して見える。

② Helmholtz 錯視，Oppel 錯視：線分や図形成分を分割したとき，その分割数が多くなると長く見える。ただ，分割数が少ない場合は，垂直-水平錯視（L型線分図形では垂直成分のほうが長く見えるが，逆T字図形では水平の分割されたほうが短く見える）のように，分割成分の累積加算が十分成立せず，かえって分割された線分のほうが短く感じる。

③ Delboeuf 錯視，Ebbinghaus 錯視，Jastrow 錯視：周囲に配置した図形（円など）と対象図形とのサイズ比率によって，同化的（3：2以内のサイズ比が小さい場合）や対比的（5：1以上のサイズ比が大きい場合）に見える。空間的な配置（上下配置では錯視量は減少）や周囲図形との関係（周囲図形に一部として群化した場合は収縮）により，錯視量が変化

2. 視覚系と視知覚

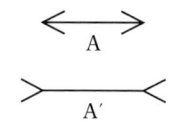

(a) Muller-Lyer 錯視

(b) Helmholtz 錯視
（横格子は縦長，縦格子は横長に見える）

(c) Oppel 錯視
（分割部分のほうが長く見える）

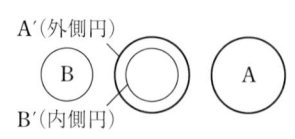

(d) Delboeuf 錯視
A′（外側円）
B′（内側円）

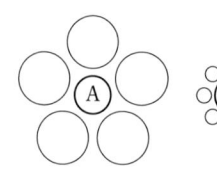

(e) Ebbinghaus 錯視

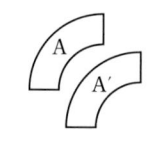

(f) Jastrow 錯視

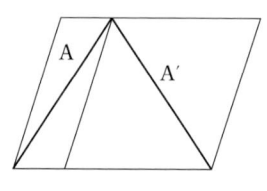

(g) Sander 錯視

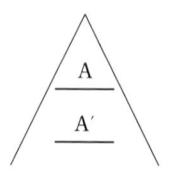

(h) Ponzo 錯視

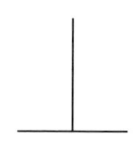

(i) 垂直-水平錯視
（水平の分割された線分のほうが短く見える）

（錯視例の要素図形の大きさ，長さが物理的には等しい（A＝A′, B＝B′）のに，周囲の図形配置により，変化して見える。）

図 2.23　錯視の例（大きさ，長さ）

する。

④ Sander錯視，Ponzo錯視：平行四辺形で囲まれた空間や透視図法で表現される空間的な広がりに応じて，等長線分の見かけの長さが変化して見える。

(2) 角度，方向（図2.24）

① Poggendorf錯視，Ebbinghaus錯視，Delboeuf錯視：角度や方向を示す線分の一部が他の図形成分（平行帯など）で遮られた場合，分断された線分が連続した線分として見えない。線分と図形成分との交わる角度が実際よりも大きく見えることが関係するが，この角度が75〜90°になると，錯視量も少なく逆方向に見える場合もあるが，20〜30°で錯視量が最も大きくなる。

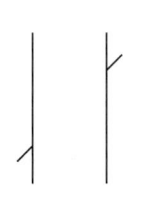

(a) Poggendorf錯視
（斜線が上下にずれて見える）

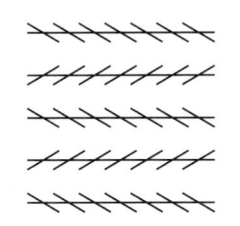

(b) Zöllner錯視
（横平行線が傾いて見える）

(c) Munsterberg錯視
（中央水平線が右上がりに見える）

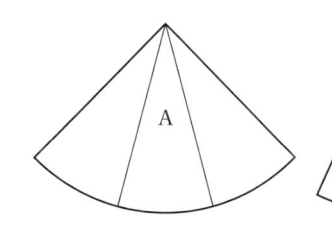

(d) Wundt錯視
（錯視例の角度∠A＝∠A′が，見かけは∠A＜∠A′に見える）

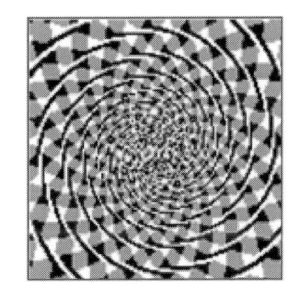

(e) Fraser錯視
（同心円模様が螺旋状に見える）

図2.24 錯視の例（角度，方向）

② Zöllner 錯視，Lipps 錯視：平行な線分ごとに向かい合う斜線を重ね付加することにより，平行線分の片端が対比的に広がり，平行から傾いているように見える。（2）①の錯視と同様，平行線と斜線との交差角が小さくなると，同化的な傾き方向になることから，斜線により描かれている面に空間的歪みを感じさせることも関係している。

③ Munsterberg 錯視：市松模様のタイルを横ずらしして配列させると，タイル列の平行線が傾いて見える。コーヒーショップの壁面で使用され，カフェウォール効果ともいう。図 2.24 （c）はその一部を表示してある。

④ Wundt 錯視：扇形の角度（円弧）を分割するとき，全体の角度に対する分割角度の比率で，同じ角度でも大きさが違って見える。他の錯視と同様，対比・同化的に作用する処理機構の存在が予測される。

⑤ Fraser 錯視：放射線状の背景模様に白黒のひねり縞の同心円が描かれているが，渦巻き状に中心部へ向かうように見える。

（3） 変形，湾曲（図 2.25）

Hering 錯視，Wundt 錯視，Orbison 錯視：背景の図形成分によって，直線分などが湾曲して見える例で，放射線図上の平行線が中心部で膨らみ歪む Hering 錯視，Wundt 錯視や，同心円の位置での正方形の歪みが見られる Orbison 錯視がある。背景図形成分の空間的な密度との対比的な見え方に加えて，背景面の見かけの凹凸感が歪みを引き起こしている。

（4） 立体反転・反転多義図形（図 2.26）

① 立体反転図形：Necker の立方体，マッハ（Mach）の本のように，描かれた図形線分の重なり状態が明確に表現されていないため，図形内の注目部分により，前後感や凹凸感が逆転して見える。一つの図形内に複数の概念が描かれている反転多義図形[†]（図 2.26 （d））の立体版である。人間が注視する領域が意外に狭いことを利用した不可能図形（Penrose

---

[†] 老婆と娘（老婆の鼻が娘のあごに対応），ルビンの杯（白い杯の輪郭が向き合う人の顔）のように，見る人がどこに注目するかで，全体像が変化して見え，両概念が同時に見えることはない。

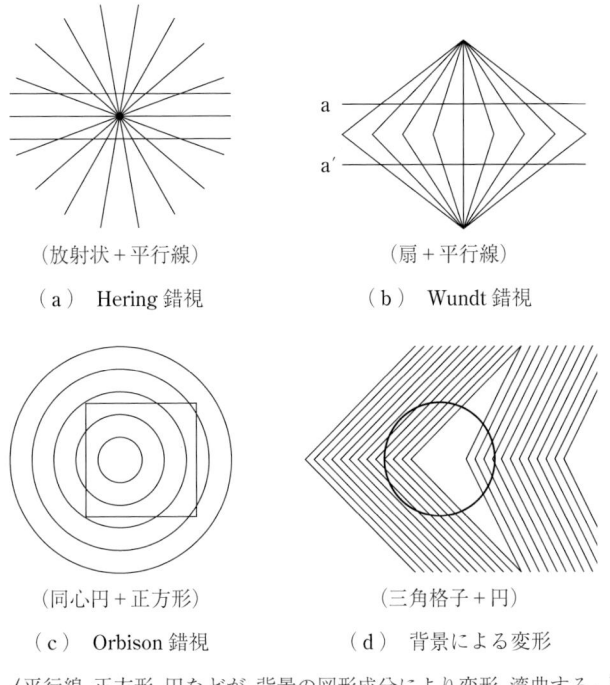

2.3 図形認識に関する視知覚特性（錯視）　　87

（放射状＋平行線）

（a）　Hering 錯視

（扇＋平行線）

（b）　Wundt 錯視

（同心円＋正方形）

（c）　Orbison 錯視

（三角格子＋円）

（d）　背景による変形

$\left(\begin{array}{l}\text{平行線，正方形，円などが，背景の図形成分により変形，湾曲する。}\\ \to\text{背景に描かれた図形成分により，背景が平面から立体的に見}\\ \text{え，補助線角度による変形も加わって，歪んで見える。}\end{array}\right)$

図 2.25　錯視の例（変形，湾曲）

の三角形）や無限階段（Penrose，Escher の応用例）なども立体表示に関する錯視効果と考えられる。

② 回廊錯視：透視図法で描かれた背景内に，同じ大きさの図形を配置したとき，その図形の見かけの奥行き距離により大きさが変化して見える。先に述べた大きさ錯視に含まれる現象ではあるが，図形の空間位置を示す情報を加えること（支持棒を見えなくして，壁に貼りつけられた図形として見た場合と，支持棒で床に立てられた図形と見た場合）で，錯視量が変化することから，空間認識特性が関与する錯視効果である。

③ 両眼光輝，視野闘争：通常の生活環境では，両眼にできる像は，奥行き距離による視差成分や遮蔽部以外はほとんど同じ情報が提示されること

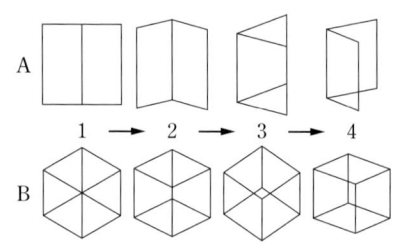

88   2. 視覚系と視知覚

観察方向によって，重なり部分が少なくなり，しかも不均斉な状態(1→4)のほうが立体感を強く感じる．前後位置を見誤った状態のままで，このようなワイヤフレーム図形を回転させると，歪んだ図形が逆回転するように見える．

(a) A(マッハの本) + B(Neckerの立方体)

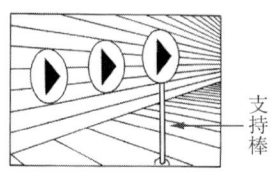

支持棒を隠して，廊下の壁に貼りつけられた円枠矢印として見た場合，奥にあると大きく見える．立て札に見ると，手前の円枠矢印と同じ大きさに見える．

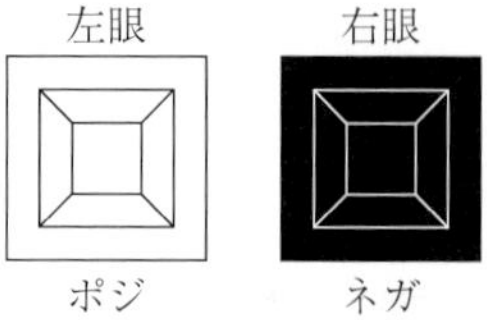

両眼に異なった図形を提示したとき，視野闘争が生じる．ネガ‐ポジ図形の場合は，面部分が金属面のように輝いて見える．

(b) 回廊錯視   (c) 両眼光輝

A → まつ毛(娘, 老婆)
B → 眼(老婆) 耳(娘)

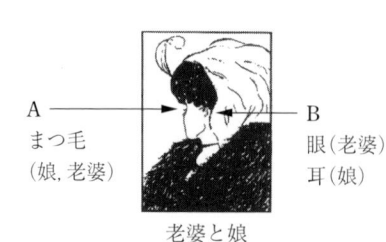

老婆と娘

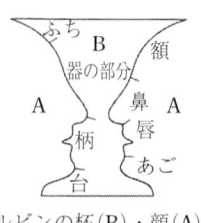

ルビンの杯(B)・顔(A)

(手前に見ると通常の階段) (手前に見ると階段の裏側)
シュレーダーの階段

背景(地)と図形成分，図形内の特徴部分(A, B)をどのようにまとめて解釈するかによって，描かれている図形全体の見え方が変化する．

(d) 反転多義図形

図 2.26 錯視の例（立体反転・反転多義図形）

が多い。そのため，異なった情報成分が提示されると，片眼だけで見える情報が他眼の情報を抑制し合って，あたかも両眼の情報が闘争しているかのように入れ替わって見える。このときに生じる抑制には，注目度や刺激の強さなどによって広い領域が抑制される場合と，両眼情報で異なった情報が重なり合っている近傍の狭い領域だけが抑制される場合とが見られる。後者のような狭い抑制領域が発生する現象は，両眼情報を高精度に処理しようとする機能との関係が想定される。

このような不安定な見え方に関連して，両眼へ提示される図形は同じであるが，ネガ（黒地に白）とポジ（白地に黒）などで提示すると，図形の面部分に金属的な輝きが見える。金属光沢や宝石の輝きなども，両眼から見た表面反射の差による視野闘争現象が関係している。

〔2〕 濃淡・色の錯視（図 2.27，図 2.28，図 2.29）

明暗や色情報の項でも述べるが，刺激周辺の条件によって，刺激の見え方が変化する現象として，対比[†1]と同化，輪郭強調（マッハ効果など）が見られ，錯視の一つとして整理する。

① Hermann 格子：背景より明るい格子模様を注視したとき，注視した格子の交差部以外の交差点が暗く見える。交差部に明るい円形模様を付加すると，注視以外の交差円形部に黒い点がきらめいて見えるような錯視図形も示されている。この発生理由は，網膜位置による受容野の広がりと側抑制による明暗の見えへの影響[†2]で説明されているが，不安定な見え方が眼球運動と中枢での処理機構がどの程度関与しているかはまだ明確ではない。

② Ehrenstein 格子：線分格子の交差部を欠落させると，その部分が背景部より明るい円形模様が重なっているように見える。この欠落部分に円形

[†1] 明暗・色対比の他に，空間情報である縞模様に関しても対比効果が見られる（図 2.27 (b)）。
[†2] 注視点近傍の受容野は狭く，格子線幅の中に含まれ，交差部と線状部での側抑制効果に差は生じないが，注視周辺の受容野は広く，交差部での側抑制が強くなり，暗く見える。

2. 視覚系と視知覚

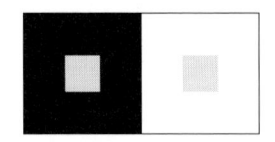

（ⅰ）対比（光渗）
（周囲との差を強調する）
→ 明暗（大きさ）

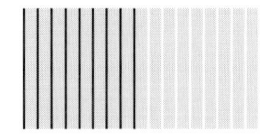

（ⅱ）同　化
（細かな模様の明暗・色刺激
が背景と融合する）

（ⅲ）Basarely 錯視
（角部の明暗が強調される）

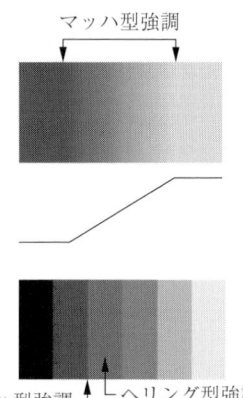

（ⅳ）マッハ効果（エッジ近傍
の狭い領域での強調）＋
ヘリング効果（広い領域
での緩やかな強調）

（a）濃淡，色

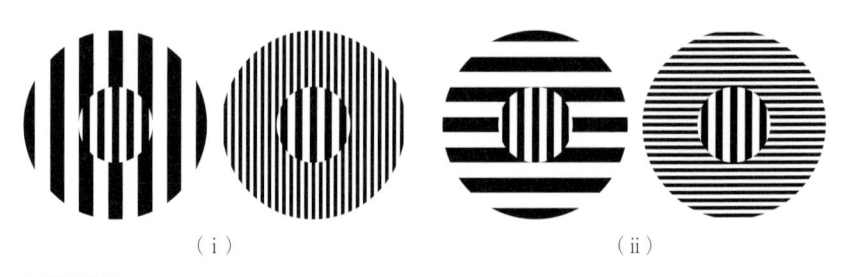

（ⅰ）　　　　　　　　　　　　（ⅱ）

空間縞対比
（ⅰ）中央の縞模様は，周囲の縞模様が粗いと，見掛けの間隔は細かく見え，周囲の縞模様
が細かいと，粗く見え，対比効果のように変化する．
→ 視覚系の空間周波数特性は，多数の狭帯域チャネルで構成され，特定周波数成分で
順応されて，局所的な感度低下が生じ，縞模様の見え方が変化する（図 2.18（ j ））．
（ⅱ）中央と周囲に提示する縞模様の方向が異なると，対比効果は発生しない．
→ 縞方向により，対比効果が生じないことから，中枢での図形方向成分検出機構よ
りも高次レベルが関与する現象である．

（b）縞図形

図 2.27　錯視の例（濃淡，色，縞図形）

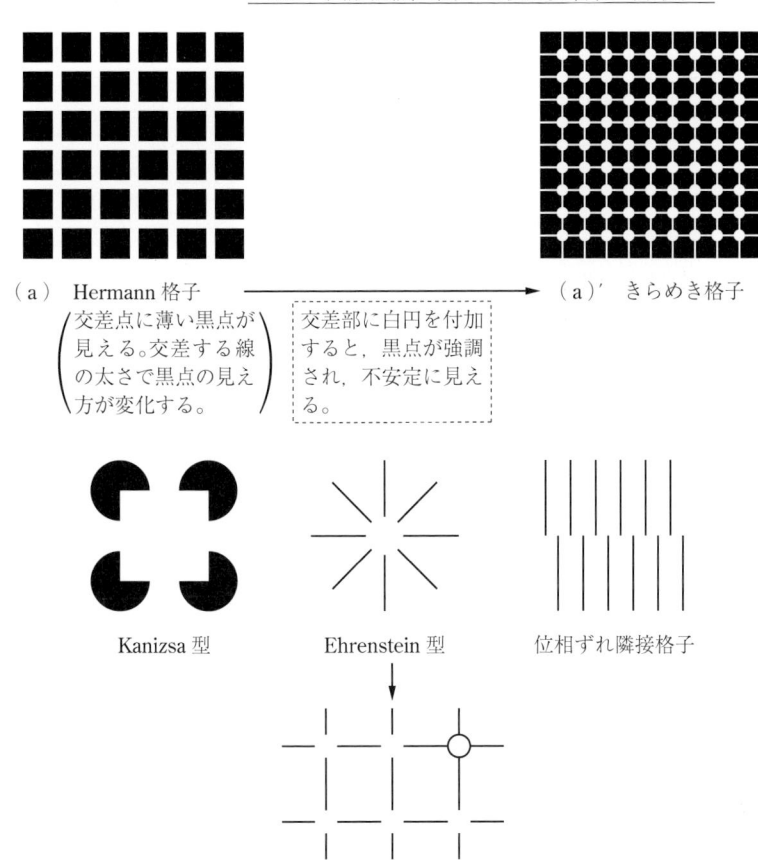

2.3 図形認識に関する視知覚特性（錯視） 91

(a) Hermann 格子
（交差点に薄い黒点が見える。交差する線の太さで黒点の見え方が変化する。）

交差部に白円を付加すると，黒点が強調され，不安定に見える。

(a)′ きらめき格子

Kanizsa 型   Ehrenstein 型   位相ずれ隣接格子

（主観的輪郭要因：重畳による遮蔽や位置ずれによる群化が生じ，描かれていない輪郭が見える。）

(b) Ehrenstein 格子

図 2.28 錯視の例（交差点効果，主観的輪郭）

を描くと強調効果は消失し，その部分を別の色の格子で描くとその色の円形が見えるネオンカラー現象も見られる。物理的には輝度差もなく，輪郭も描かれていないのに，あたかも図形が描かれているように見える主観的輪郭（Kanizsaの主観的四角形）が発生する。主観的輪郭が発生する部分の光覚閾が他の部分よりも異なった値を示すことから，線分の端点や図形の一部から内挿される機構の存在が予想される。Basarely

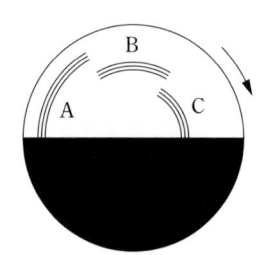

(a) ベンハムのこま:時計まわりに 0.5〜5 回転/s 程度の低速で回転させると,A に青,B に黄緑,C に淡い赤色が見える。

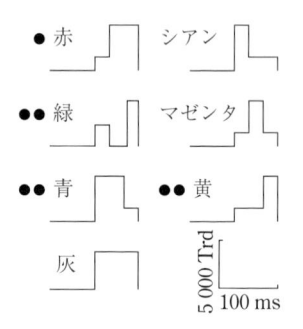

(b) 明暗の時系列刺激で見える色 (横軸:時間, 縦軸:相対輝度) → 黒点数は色の見えやすさの度合い

(0.5 回転/s 程度の低速で回転させると, 模様が立体的に見え,黄・紫色が見える。)

(c) 立体主観色こま (坂根厳夫:美の座標, みすず書房(1973))

図 2.29 錯視の例(主観色を発生させる刺激条件)

錯視と呼ばれる明るさの異なるひし形を重ね合わせた図形の角部を連ねた部分が他より明暗が強調されて見える現象も同様に解釈できる。

③ 光滲錯視:同じ大きさの図形が,背景の明るさによって,見かけの大きさが変化して見える。対比効果や色の場合に見られる膨張色-収縮色[†]と同様に,明るく感じる刺激が大きく,近くに見える現象と考えられるが,刺激光の物理的拡散状態に基づくフレア効果(暗い領域で知覚される)からも説明できる。

[†] 3.1節(3)項を参照。色収差も関与した見え方になる。

2.3 図形認識に関する視知覚特性（錯視）

④ 主観色：白黒の線模様を描いた円盤（ベンハムのこま）を低速度（0.5〜5 rps）で回転させると，模様部分（A，B，C）の近傍に赤から青までの淡い色が見える。円盤に描かれた明暗による強弱刺激がつくり出す時系列信号が主観色を生じさせると報告されているが，生体内における色信号との対応に関しては明確にはされていない。線模様の間隔なども色の見えに関係することから，単純な電気信号刺激だけではなく，図形性も関係する現象である。

〔3〕 **動 き の 錯 視**（図 2.30）

① Ohuchi 錯視：短冊状の白黒縞を逆位相で配列した模様を，背景と中央部に方向を変えて配置すると，中央部の模様が動いて見える。このような動きを生み出す図形を規則的に配列した静止図から動きを感じさせる錯視例がつくられている。

② 流動現象：放射状や同心円状の線図模様などを見ていると，同じ図形を重ね合わせたときに発生するモアレ状の模様が流動的に見える。その不安定な見え方が眼球運動の動きと連動しているように見えるので，視線移動が原因と想定された。ただ，固視状態では不安定さは少なくなるが，模様は観察されることから，パターン発生は網膜細胞の配列が，流動性

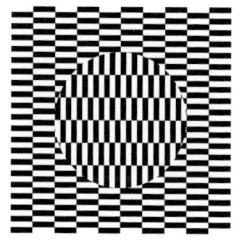

（中央部分の帯状縦格子模様が動いて見える。
→周辺背景部、中央部を構成する帯状格子の位相ずれによる不安定な見え方を引き起こす。）

（規則的な幾何模様が不安定な流動状態に見える。
両眼観察時のほうが発生しやすく，縞の方向性に誘導されることから，眼球運動の関与も想定される。）

（a） Ohuchi 錯視　　　　　（b） 流動現象を引き起こすパターン

図 2.30　錯視の例（動き）

は両眼の微妙な運動のバランスが関係していると考えられる。
③ 運動残効：動いている対象を10 s程度注視した後に，静止像を見ると，逆方向に動いているように見える。滝の流れを観察しているときに発生する現象として有名で，滝の錯視ともいわれる。渦巻き模様による拡大・収縮錯視や立体錯視などがつくられている。
④ 誘導運動：観察者の注目する静止対象が，その周囲状態の変化によって，あたかも動いているように見える。空間座標系の基準になる枠や背景などによる主観的な空間座標系に影響が見られ，視野内に占める範囲が広く，対象との距離感が近くなると，強い誘導運動が感じられる。その場にいるような臨場感効果を定量的に調べる尺度（2.4.2項）として利用される。
⑤ 仮現運動：静止した点や線の列の一つを順番に時間をずらしながら提示すると，あたかも点や線が列上を移動しているように見える。映画，テレビでの動画像表示の原理として利用されており，提示刺激の時間ずれや空間距離，観察者の注目度や補助図形によって，運動の見え方も変化する。
⑥ 自動運動：暗闇の中で，静止した光点を注視していると，その光点が不規則に動き出すように見える。観察者の視線が不安定状態になることが考えられるが，眼球運動との相関は弱く，心理状態による生体反応や中枢での処理系の関与も想定されている。

2.4 調節・運動系と視野

眼球の結像系と半球状の受光面（網膜）に加えて，高速で対象をとらえる眼球運動により，広い範囲からの情報が受容できる特性を持ち，視力や色弁別などの機能特性面から見た情報受容範囲，視線や頭部運動を用いた情報注視動作，情報提示状態から受ける心理的効果（迫力，立体感，臨場感など）に応じた視野内の情報利用の役割範囲が生じ，効果的な情報受容ができる機能をつく

り出している．このような眼球の運動系と視野の関係を調べ，視覚情報の提示条件との関係を整理しておく．

2.4.1 調節・運動制御系

視覚系に関係する行動系としては，対象の鮮明な像を網膜上に形成するピント調整と光量調整機構，注視動作を示す眼球運動がある．

（1）**眼球機構の反応中枢**　眼球結像系の特徴である自動ピント調節（水晶体の変形）や自動光量調節（瞳孔径変化），それに視線移動（網膜中心窩への対象捕捉のための眼球運動）を制御する機構が存在する（**図2.31**）．これらの反応を制御する中枢として，視覚系の主神経路での意識的制御を発生させる中枢と，外側膝状体の手前から中脳（上丘，視蓋など）や小脳（他の運動系への制御中枢）へ伝達されて反射的な運動を制御する中枢とがある（図2.1）．

このうち，ピント調節と瞳孔反応機構に関しては，眼球結像系のところで述べたが，水晶体を変形させるピント調節機構への負荷が少なく，安静状態で観察できる距離[†1]や，ピント調節による像のボケ量変動が少なくなる距離（約2m以上）などから，視覚情報の提示条件に応じた適正な観察位置が存在する．一般的に情報を注意深く見る場合は，近距離観察になるが，50 cm以内では調節への負荷も大きくなる．長時間の観察作業時では，調節機能の簡便な検査[†2]により，適正な観察距離を見いだすことが大切である．

（2）**眼球運動機構と注視動作反応とその種類**　網膜の不均一性から発生する眼球運動には，眼球を支える上下・左右方向の直筋4本と，上下・斜め方向の斜筋2本の動眼筋により，眼球を回旋させるつぎのような動きの種類がある（図2.31，図2.32）．

[†1] 拡大レンズの倍率計算上から，明視距離として25 cmを推奨されているが，生体機能からみると，ピント調節機構が安静位にある40～50 cm近傍が望ましい．
[†2] 自覚的に見える刺激提示距離範囲を応答する方法（アコモドポリレコーダ）や，眼底からの反帰光を利用して眼球結像系の屈折状態を他覚的に測定する方法（リフラクトメータ）などで，近点-遠点範囲（調節幅や応答状態）を求めること．

96   2. 視覚系と視知覚

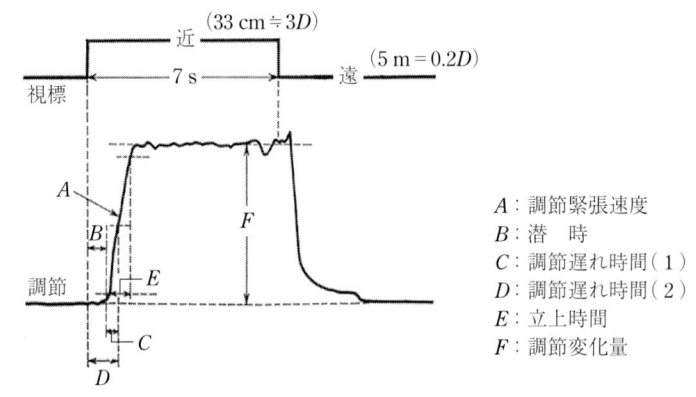

A：調節緊張速度
B：潜　時
C：調節遅れ時間（1）
D：調節遅れ時間（2）
E：立上時間
F：調節変化量

・水晶体の変形による網膜の共役面を光学的に求めて調節変化を定量計測する。
・調節遅れ時間，調節変化量，調節微動（Fレベルでの微小な変動）から眼への負荷（眼精疲労）を定量的に調べられている。

（a）　調節応答波形

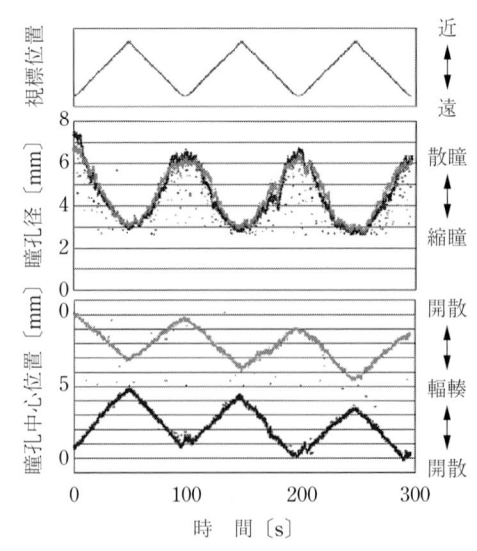

・両眼の前眼部をビデオ観察し，瞳孔径の変化，瞳孔中心間距離から輻輳変動が定量計測される。
・近見動作による縮瞳・輻輳反応が見られ，注視度や見やすさへの影響が調べられている。

（b）　瞳孔・輻輳応答波形

図 2.31　調節・瞳孔・輻輳反応

2.4 調節・運動系と視野

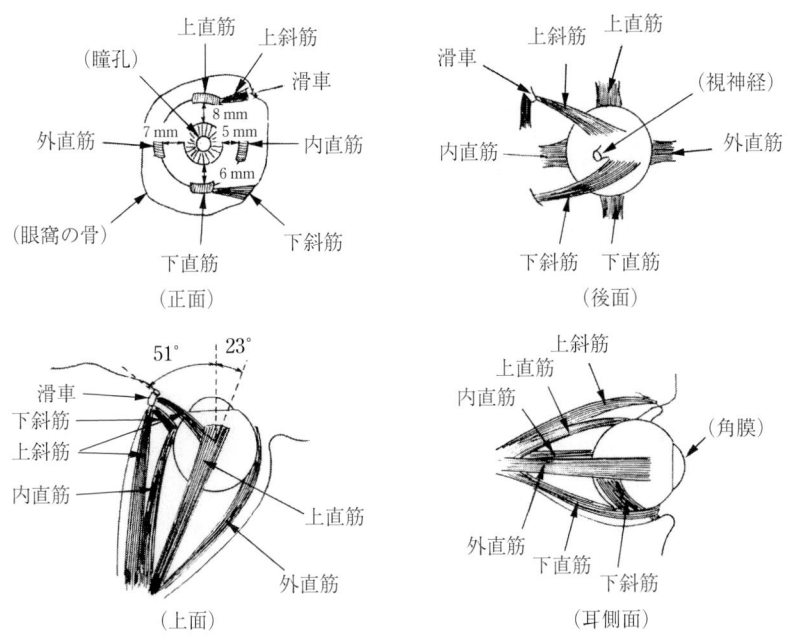

- 水平，垂直方向への運動は各方向の直筋がおもに働き，各外眼筋の眼球との接合角度により，滑らかに動く範囲が生じる。
- 微妙な方向補正や光軸中心の回旋運動には上下斜筋が働く。
- 角膜表面から約 14 mm 後方にある眼球回転の中心は，眼窩骨と直筋＋斜筋のバランスで保たれる。

（a） 眼球の外眼筋（右眼）（萩原　朗　編：眼の生理学，医学書院(1966)）

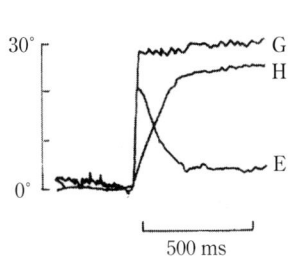

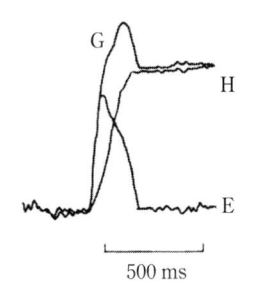

（ⅰ） 正常な状態では，$G = E + H$ を保持しながら，安定した注視ができる。

（ⅱ） 体性感覚系とのバランスが崩れると，E が優先して，注視動作の初期に位置ずれが生じる。

（b） 注視時の眼球・頭部運動応答（眼球（E）と頭部（H）の協調運動により，注視対象（G）を中心視に捕捉する）（P. Morasso et al.：IEEE Trans. SMC-7, p.639(1977)）

図 2.32　眼球運動の機構と注視動作反応，種類

98　　2. 視覚系と視知覚

正弦波 → 随従運動　　　　　　　ステップ → 跳躍性運動

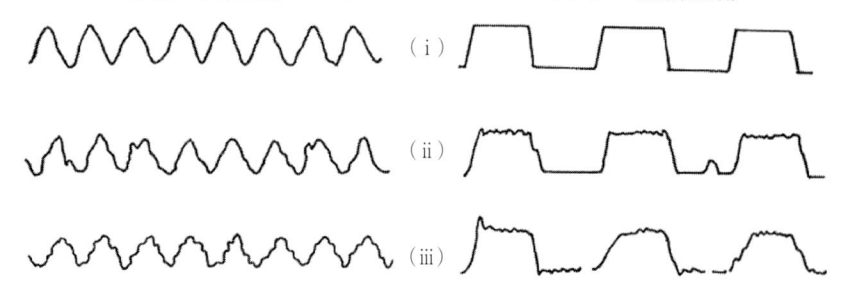

（ⅰ）

（ⅱ）

（ⅲ）

正弦波刺激には随従運動，ステップ刺激では跳躍性運動（サッカード）が発生する。
（ⅰ）は正常の眼球運動で，（ⅱ），（ⅲ）では制御系の異常が見られる。

（c）　移動視標注視時に発生する眼球運動

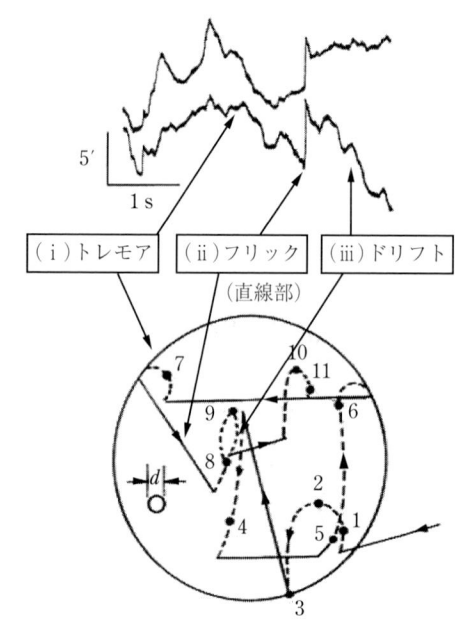

（ⅰ）トレモア　（ⅱ）フリック　（ⅲ）ドリフト
　　　　　　　　（直線部）

網膜面上の錐体サイズ d（15″ 視角）を示す。

（d）　固視微動（時間変化と網膜面上移動）
　　　（R. W. Ditchburn, et al.：Nature,
　　　170, p.36（1952））

図 2.32　眼球運動の機構と注視動作反応，種類（つづき）

① 両眼の回転方向が同じ共同運動として，視野内の対象に高速で視線を移動させる跳躍性運動（サッカード）：注視対象から他の情報を受容するために，300〜700°/sの高速度で跳躍移動する運動成分で，特徴情報の捕捉や追従時の位置ずれを補正する。刺激提示からの運動発生時間遅れは約200 ms，跳躍は30 msで完了し，一般的に300 ms停留して情報を受容する。読書時の行替え運動や運転時の注視点移動に見られるが，この跳躍移動時に外界像の流れを感じないことから，移動中の情報はサッカディック抑制で受容を停止し，運動前後の情報で補填（てん）する機能が存在する。
② 移動物体を追う低速で平滑な随従性運動：中心窩上に捕捉した移動対象をそのまま保持するための運動成分で，4〜5°/s以下の低速な動きに追従し，短時間では30°/s程度までは追従できる。運動成分を制御することは難しく，追従位置ずれは跳躍性運動で補正する。動画表示での解像度低下や色ずれ（カラーブレイクアップ）発生に関係する運動成分である。
③ 奥行き方向の物体を注視する際に生じる両眼が逆方向に回転する輻輳・開散運動：意図的な奥行き注視動作で発生する運動成分で，他の成分と比較して，低速で時間遅れも0.5 sと大きく，前後移動する物体の追従も10 Hzで最大幅の1/10近くに低下する。両眼の微妙なずれを補正する融像性の運動成分が見られる。
④ 注視状態でも不随意的に発生する不規則で非常に微小な固視微動：ランダムな動きにも，つぎのような成分が見られる。
　（ⅰ）トレモア：振動幅は視角15″程度，振動周波数は50 Hzを中心に30〜300 Hzで，やや周期性のある動きが見られる。
　（ⅱ）フリック：動き幅はステップ的で視角が約20′あり，0.03〜5 sの時間範囲で不規則に発生する。
　（ⅲ）ドリフト：移動幅は視角約5′以下でフリックの間で発生する。
　　これらの運動成分をコンタクトレンズなどを用いて低減し，網膜上の図形刺激の移動が生じない条件で観察すると，数秒後に図形の一部が消

失し始め，図形の特徴成分が最後まで残るが，十数秒で完全に見えなくなる。これを静止網膜像の消失現象と呼ばれ，視覚系が微分情報を敏感に検出する例として有名であるが，固定刺激部分を充塡補充する積分機能の存在を示す現象でもある（**図 2.33**）。

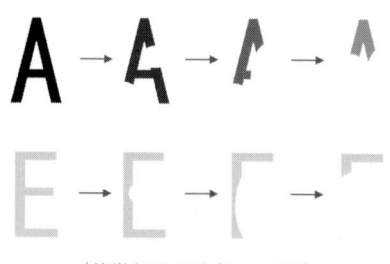

(a) 文字パターンの網膜像による消失過程
（特徴部分が残存し，中枢での処理が推定される。）

(b) 縞パターン固視によるコントラスト変化
（中央点を固視し続けると，縞模様のコントラストが低下し，消失する場合もある。）

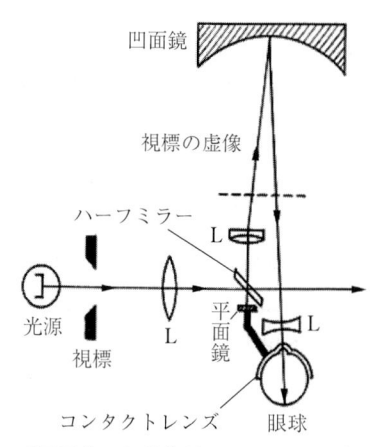

(c) 静止網膜像観察装置
（平面鏡つき吸着型コンタクトレンズを装用して，眼球運動を平面鏡により外部視標投射光学系（凹面鏡）に導入して，網膜上の特定位置に視標を固定提示する。同様の光学系は視機能同時計測装置にも用いられている。）

図 2.33 静止網膜像による消失現象（L. A. Riggs, et al.：J. Opt. Soc. An., **43**, p.495 (1953)，R. M. Pritchard：Sci. Am., **204**, p.72 (1961) を改変）

⑤ 頭部運動や身体の傾きなどを補正する姿勢反射運動：眼球回旋運動による傾き補正や体性感覚系とのバランスを保つ動きにより，空間動作などを安定した状態にする働きがある（図 2.32）。

　これらの運動成分は，パターン認識や注目情報の受容，空間内での情報を安定状態で観察するためには欠かせない機能である。また，情報受

容特性を調べるためにも,光学的と電気的な測定法[†]で計測され,生体の客観的反応の一つとして重要視されているが,測定精度の向上や自然状態での安定した計測法が要求される。

2.4.2 視野での情報受容特性

視力特性などの機能面と情報探索特性から,つぎのような機能を持つ視野に分類できる(図 2.34)。

(1) 弁別(discriminatory)視野:視力や情報差を弁別する特性などの視機能が優れている非常に狭い中心視領域(約 5°以内)

(2) 有効(effective)視野:眼球運動だけで注視し,瞬時に情報受容ができる領域(水平約 30°,垂直約 20°以内)

(3) 安定(stable)注視野:眼球と頭部運動が協調的に働き,無理なく注視動作ができ,効果的な情報受容ができる領域(水平 60〜90°,垂直 45〜70°以内)

(4) 誘導(inducing)視野:識別能力は低下するが,視覚情報に基づく主観的な空間座標系に影響を及ぼし,臨場感などの心理的な効果が引き起こされる領域(水平 30〜100°,垂直 20〜85°の範囲で座標系への誘導効果が顕著に生じる)

(5) 補助(supplementary)視野:暗闇などで刺激の存在が知覚できる程度の情報受容できる領域(水平 100〜200°,垂直 85〜130°)

このような視野特性から,つぎのような視覚情報の観察条件が見いだせる。

---

† ① 光学的測定法:眼球屈折面からの反射像(プルキンエ像),例えば角膜表面からの反射像と,水晶体からの反射像との比較から眼球の動きを検出する。虹彩(黒目)-強膜(白目)境界部の反射率の差,眼底部の網膜像の移動状態からも計測できる。角膜吸着型コンタクトレンズに反射鏡を付設して微小な動きを高精度に計測する方法もあるが,装用上から,静止網膜像の消失実験などに用いられただけである。
② 電気的測定法:眼球前後部の電位差を利用し,皮膚電極で眼球運動による電位変動(EOG)を計測する。コイルつきコンタクトレンズを用いた電磁誘導計測法などもある。

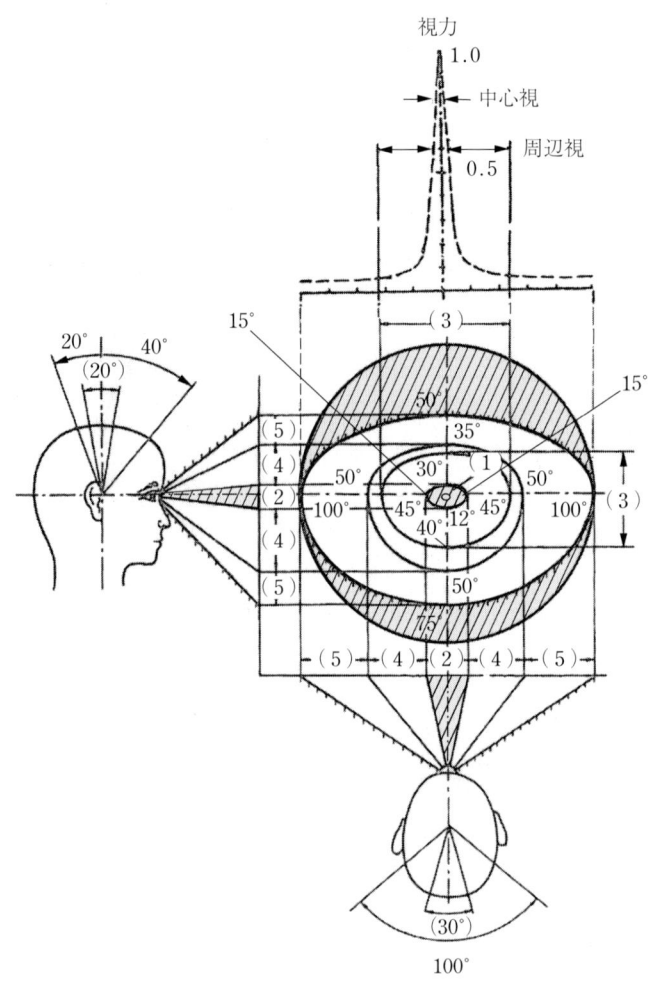

- 視力などの視機能と情報受容特性から見た視野の役割分担
  ［中心視］
  （1） 弁別視野
  ［中心視＋眼球運動］
  （2） 有効視野 → 効率的情報受容範囲
  ［周辺視］
  （3） 安定注視野（有効視野＋頭部運動）→ 生活利用視野
  （4） 誘導視野 → 広視野（臨場感）効果
  （5） 補助視野

図 2.34 視 野 特 性

① 高密度な情報を生体への負荷が少ない安定した状態で受容する場合は，50 cm 程度の視距離で 20° 程度の有効視野内に情報を提示する．視線方向は水平より 5° 下方で安定し，注目度に応じて 25～35° 下方を中心に注視点が分布する．

② 映像により臨場感を体験するには，1 m 以上の視距離で 30° 以上の大画面に広い空間を再現する．また，視野全体の形状（横長の楕円状）や情報探索動作（注視点分布や移動は水平・下方向が垂直方向より頻繁に発生する状態）から，情報提示画面の縦横比率（aspect ratio，アスペクト比）は，一般的に横長のほうが自然な空間状態をつくり出す．

2.5 空間知覚

2 次元画像から 3 次元空間を再現する表示方式を考えるとき，観察者であるヒトの空間を知覚するさまざまな機能と特性を整理して，それに整合するような表示方式を検討することが必要である．

2.5.1 立体視機構

対象物体までの距離や対象相互の奥行き情報を知覚する立体視機構を整理すると，図 2.35 のような処理機構を持っている．

① 情報受容範囲と空間座標軸に関係する観察条件：眼球・頭部運動に制約のない視野の広がりや観察位置の自由度は，日常生活に似た自然な状態であるとともに，臨場感のある空間再現に不可欠な条件である（図 2.34）．

② 対象物体までの絶対距離を検出する粗情報比較機構：ピント調節によるボケ量（2 m 以内の距離判別には有効，ボケ具合や見えの鮮鋭さによる奥行き感は絵画での遠近を表現する空気透視などで利用されている）や網膜上の像状態（像の大きさ変化が規則的に示された線透視効果，陰影による凹凸感，重なり合いによる前後位置，明暗・色による進出-後退し

104   2. 視覚系と視知覚

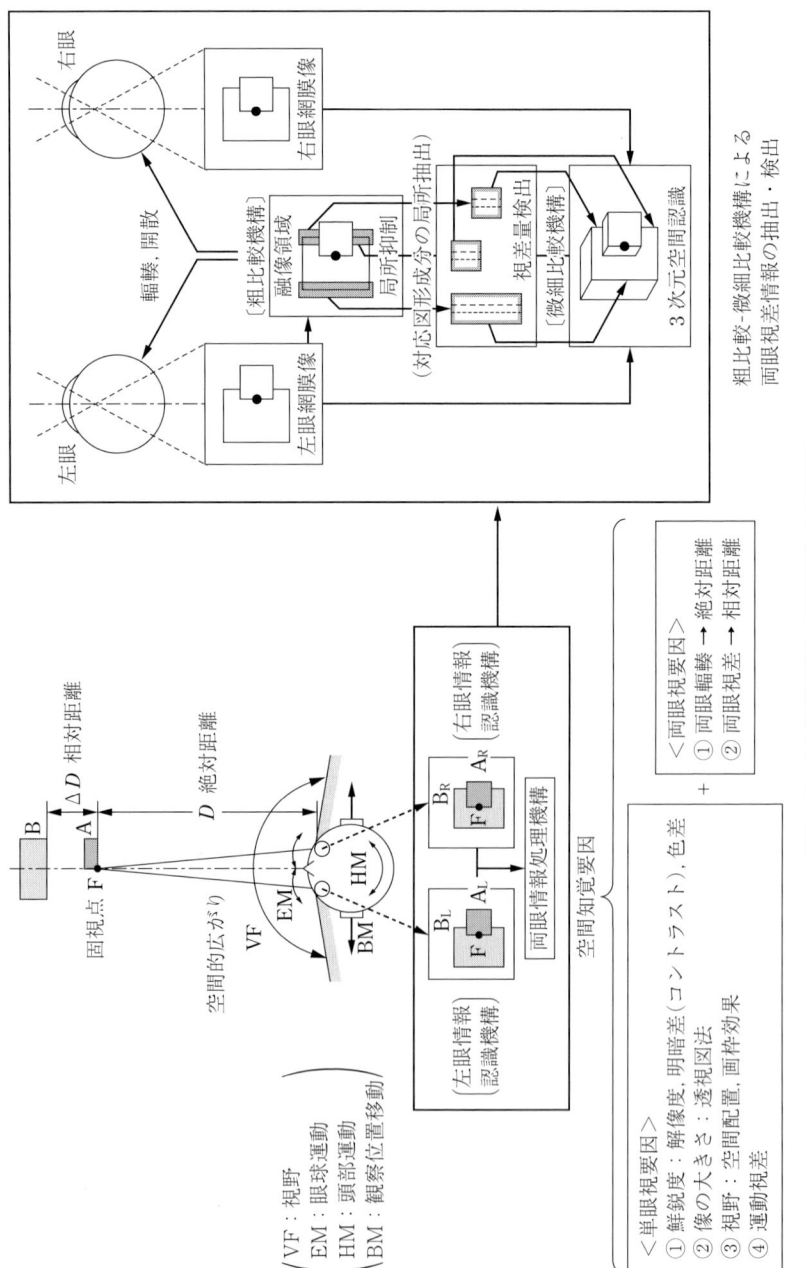

図 2.35 空間知覚要因と両眼情報の処理機構

<単眼視要因>
① 鮮鋭度：解像度, 明暗差(コントラスト), 色差
② 像の大きさ：透視図法
③ 視野：空間配置, 画枠効果
④ 運動視差

<両眼視要因>
① 両眼輻輳 → 絶対距離
② 両眼視差 → 相対距離

(VF：視野
EM：眼球運動
HM：頭部運動
BM：観察位置移動)

粗比較・微細比較機構による
両眼視差情報の抽出・検出

て見える効果など），両眼中心窩に物体像を持ってくる輻輳運動（ピント調節と連動し，数十 m 以内では有効）などから，検出精度は低いが，空間の絶対距離が知覚できる．
③ 対象物体間の相対距離を検出する微細情報比較機構：観察位置の移動による運動視差（物体相互の動きや重なり合いの変化から前後差弁別でき，特に水平方向の運動による変化は継時的な両眼視差と同様に働き，数百 m まで有効）と，左右眼にできる両眼の網膜像差から，注視物体を基準とした物体間の相対奥行き距離を高精度で検出し，遠距離（数百 m）まで効果的に働く．両眼網膜像差は一般には両眼視差といい，両眼位置から水平方向の網膜像差だけでなく，垂直方向の網膜像差も広い範囲の空間奥行き感を生み出す．網膜像差の検出能力（秒視角単位）は副尺視力に相当し，数十 m でも m 単位で識別できる．ただ，網膜像差量が大きくなると，両眼情報は融合せず，二重像に見える．両眼像が単一像として処理できる範囲を融像領域といい，注視点近傍では 20′ 視角の狭い範囲であるが，周辺部では数°まで広がり，日常生活では不自然な二重像は目立ちにくい．

このうちの両眼視差検出機構をモデル化すると，粗-微細情報比較機構の 2 段階処理を組み合わせて，図 2.35 のようになる．両眼網膜像の対応関係をつくり出すための輻輳運動に加えて，中枢には両眼の注視点（視差量なし）を決定する注視細胞や，注視対象を基準として，その前後位置と視差量を検出する遠近距離検出型の両眼性細胞（**図 2.36**）などが存在する．中枢への両眼情報に関する特異な処理機能（両眼に異なった情報が提示されたときの局所的に抑制が発生する視野闘争や両眼情報の非線形加算性など）により，微細な視差検出も効果的に処理できる機構をつくり出している．

2.5.2 両眼立体視機能

両眼視による空間情報の検出機能を調べることは立体表示の安定した表示条件を見いだすためにも重要な要件である．この検査用パターンを**図 2.37** に示す．

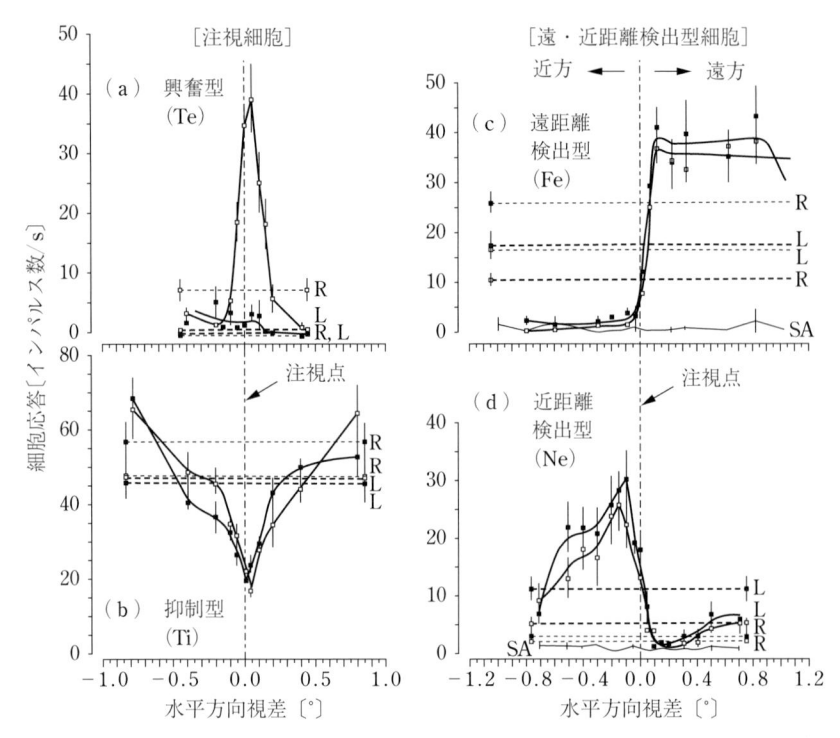

横軸は視差量を示し，視差＝0は刺激提示面(100 cm)で，視差±0.1°は手前90 cm，奥113 cmになる（両眼幅30 mmのサルのデータ）。測定点の縦線はばらつき，水平線は単眼刺激時の反応レベルを示し，各細胞反応は両眼刺激特有の反応になる。

大脳中枢の複雑細胞での両眼刺激に対する反応には，つぎのような特徴が見られる。
1) 興奮・抑制型の注視細胞(Te, Ti)により両眼基準点を検出する。
2) 注視基準点から見て，遠・近距離検出型細胞(Fe, Ne)により前後方向を判定する。
3) 両眼の特定視差量を検出する細胞により基準点からの前後距離差を弁別する。

図 2.36 両眼性細胞の反応（T. Poggio, et al.：Ann. Rev. Neurosci., 7 (1984)）

① 優位眼：左右眼の視力などの機能差から，照準を合わせたりするときに無意識的に用いる眼（利き眼）をいい，両眼を開いた状態での指さし法（前方の物体を指先で指し示したとき，指先と物体とが一致して見えるほうの眼）や，穴透視法（紙の穴や指でつくった輪を通して前方の物体を見たとき，穴や輪から見えるほうの眼）で判定できる。

② 眼位：両眼の視線方向で，無刺激での位置を安静眼位という。眼瞼と黒

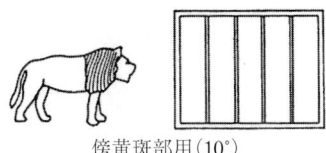

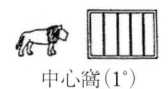

2.5 空間知覚

(a) 同時視用(片眼にライオン,他眼に檻を提示して,両眼視すると,檻の中にライオンが安定して見える)

傍黄斑部用(10°)
黄斑部用(3°)
中心窩(1°)

(b) 単一視用(左右眼の一部が欠落しているが,両眼融像すると,補充して安定して見える)

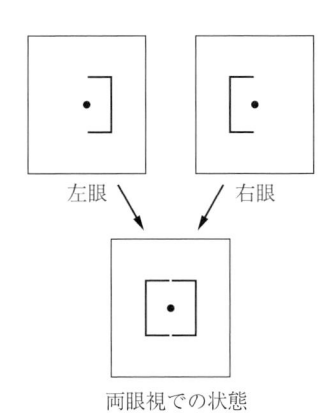

左眼　右眼
両眼

(c) 両眼不等像視用(左右眼での像の大きさが異なると,両眼では正方形に見えない)

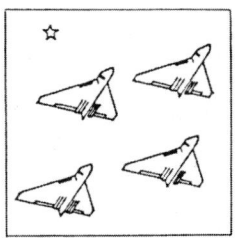

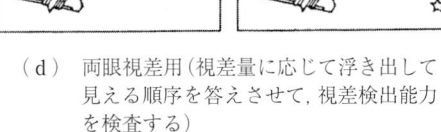

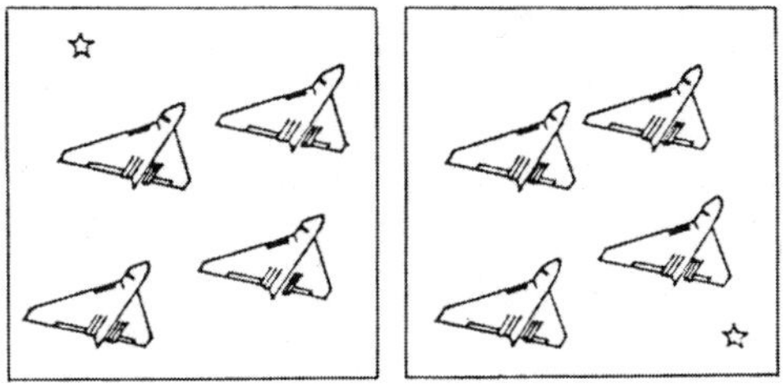

左眼　右眼
両眼視での状態

(d) 両眼視差用(視差量に応じて浮き出して見える順序を答えさせ,視差検出能力を検査する)

図 2.37　両眼視機能検査用パターン

目の位置からも判断できるが，立体画像観察装置（ステレオビューア，立体視鏡など）を用いて，片眼にスケール（水平に配置された椅子列など）を，他眼に視標（座っている像など）を提示し，視標がスケール上のどの位置（座って見える椅子の順番）に見えるかによって両眼の眼位のずれ量が判定できる。実物を見るときに，正常な眼位に戻る場合は斜位（座って見える椅子が椅子列の中央からのずれ状態で内斜位・外斜位）と呼ばれ，ずれた状態のままを斜視という。この差は片眼を遮蔽するカバーテスト法（片眼を遮蔽して遠方を観察させ，急に遮蔽を取り去ったときに，遮蔽眼の視線が移動するかどうか）でも判断できる。斜視の場合は，両眼視を安定させるために，眼位のずれをプリズムで補正するか，輻輳角や提示時間などの提示条件が変化できる両眼刺激装置による矯正が必要となる。外斜位の場合は，近距離作業が続くと眼精疲労を感じやすくなる。

③ 瞳孔間距離：遠方を観察している状態での左右眼の瞳孔中心の距離をいい，注視する距離に応じて変化し，両眼網膜像差量の算出にも関係する。日本人の平均は約 65 mm であるが，人種や性別で ±10 mm 程度変化するため，両眼で観察する光学系（HMD，双眼顕微鏡など）の接眼部には調節できる機構が要求される。

④ 同時視：左右眼への刺激が同時に処理できる状態をいい，片眼からの刺激が優位になり，他眼の刺激を抑制すると，両眼立体視が困難になる。実際に両眼への提示時間ずれが 50 ms 以上になると立体視が不安定になり，交互に両眼へ刺激提示する継時式立体映像の場合は，少なくとも 15～20 Hz 以上の切替え周波数が要求される。

⑤ 単一視（融像）：両眼への視覚刺激が単一刺激に見える状態をいい，輻輳により左右眼の対応位置近傍に提示された刺激が融像し，わずかなずれである網膜像差の検出が可能な状態をつくり出す。両眼情報が融像する範囲は，網膜位置や提示条件で変化するが，平均 30′ 視角程度の狭い領域で，Panum（パヌム）の融像領域（図 2.38（a））といわれる。これ

2.5 空間知覚   109

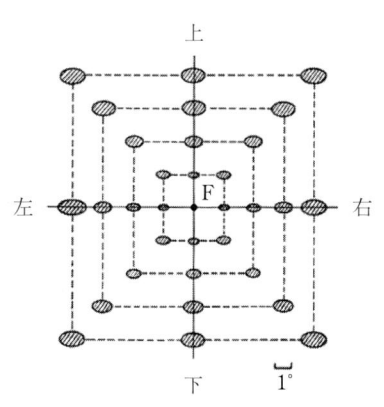

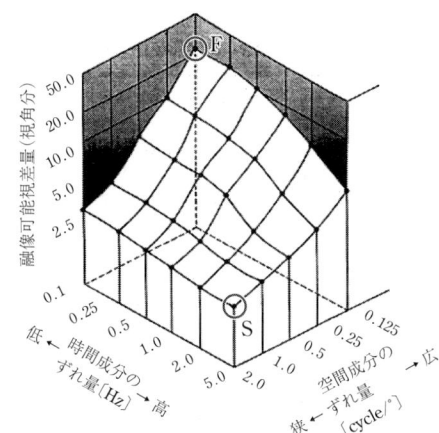

(a) 注視点(F)から離れた網膜位置での融像領域〔融像領域は全体的に楕円状(水平：垂直＝2.5：1)になるが，注視点近傍や提示時間が短くなると，円形になる〕

(b) 提示条件による融像領域(水平)の変化〔融像領域は，粗いパターンを緩やかに提示するとき(F)は広くなるが，細かなパターンを急激に移動させる(S)と狭くなる〕(C. M. Schor, et al.：Vision Res., **21**, p.683(1981))

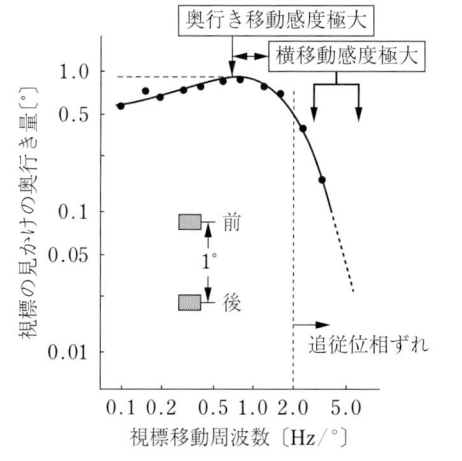

・正弦波状の前後移動では，移動速度が約 2°/s 以上になると，急激に奥行き知覚が低下する
  → 平面での運動知覚特性(感度極大 3 ～5 Hz)と比べて，約 1/3 になる。
・ステップ状移動では，低速部で変化しないローパス型を示す。
  → 動画立体表示における移動速度の低速化

(c) 奥行き方向での時間特性(W. Richards：J. Opt. Soc. Am., **62**, p.907(1972), **64**, p.1703(1974))を改変)

図 2.38　両眼視差検出機能 (融像・時間特性)

に対して，両眼の同一位置に異なった刺激が提示されると，片眼への刺激が交互に入れ替わって見える視野闘争が発生する．このとき，両眼の見えに差が生じる不同視や不等像視†があると，立体視が成立しにくくなる場合が見られる．

⑥ 視差検出能：両眼の対応融像領域に提示された刺激から，単眼での副尺視力に相当する高精度で約 5″ 視角の網膜像差が検出できる．正弦波状の凹凸パターンを用いた 3 次元空間周波数特性は，2 次元パターンの場合と比べて，低周波数域 0.3～1 cpd にピークを持つバンドパス型で，時間特性のほうも 0.5～2 Hz 域で奥行き感度がよくなるバンドパス型になる．ただ，前後移動視標の見かけ上の奥行き距離は，2 Hz 以上になると実際の移動距離の 1/2 程度しか知覚できず，視線追従にも遅れが発生する．融像範囲とこのような時間特性から，立体映像での画面切替えや物体移動速度は，2 次元映像より緩やかにすることが要求される（図 2.38 (b)，(c)）．

以上の両眼立体視能力を検査する図形として，臨床ではさまざまな刺激図形が利用されているが，単眼情報だけでは単なるランダムドット模様にしか見えない図形（図 2.39 上側）を用いた視差検出用や運動視用チャートが，立体視機能でも使用されている．特に，単眼では視差対応成分がドットパターン内に埋もれて認識できない状態でも，両眼では視差成分の検出が可能な刺激であることから，点対点や線対線の対応関係で両眼視差成分を抽出する両眼立体視機構を否定する議論も出た．ただ，ランダムドットステレオ（RDS）パターンを提示する枠の回転提示や消失で，立体認知時間に遅れが生じることから，両眼対応が提示刺激の構成成分単位だけではなく，相関領域や基準枠による補助的対応機構の存在を示唆している．また，RDS を用いて，視覚による錯視現

---

† 両眼の屈折度に 1～2 D 以上の差がある状態を不同視といい，立体視が不安定になり，眼精疲労が発生しやすくなる．両眼への提示刺激の差に関しても，大きさ 3 %，明暗差 30 %，色差は波長域で異なるが約 15 nm，回転 6° 以内でないと，立体視に負担がかかる．両眼の結像特性の差や網膜面の歪みなどで，左右眼での見えに違いが生じ，各眼に提示した固視点と左右逆転コの字（図 2.37（c））を融像しても，各眼へのコの字サイズ差から正方形に見えない状態を不等像視という．

2.5 空間知覚　　111

左眼用　　　　　　　　　　右眼用

RDSパターンによる八つ橋型視標

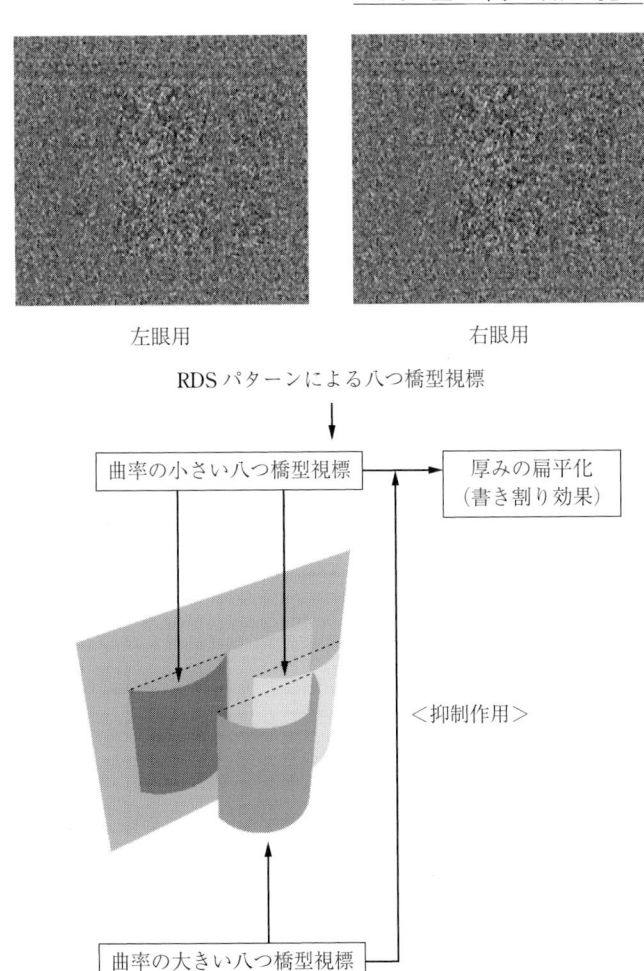

曲率の小さい八つ橋型視標　　厚みの扁平化
　　　　　　　　　　　　　（書き割り効果）

＜抑制作用＞

曲率の大きい八つ橋型視標

図 2.39　RDSパターンによる立体再現評価チャート

象の発生機序が末梢か高次レベルにあるかを検証する実験手法（矢印と線分による長さ錯視である Muller-Lyer 錯視は高次過程で発生することを裏づける実験など）としても利用されている。

3 色と画像システム

　2章の視覚系の構造で示したように，色情報の処理機構は，視覚系の受容（網膜視細胞）・信号伝達（網膜神経回路＋神経路）・認知（大脳中枢）レベルで，特徴ある信号形成と処理を行っている（図3.1）。

　網膜の視細胞レベルでは，色覚を司る錐体（図2.9）が3種類存在し，感度極大が570 nm，535 nm，445 nm にあり，それぞれ100〜150 nm の広帯域に感度特性を持ち，可視域を長（L），中（M），短（S）波長域の3色（赤（R），緑（G），青（B）に対応する）成分に分解して，色信号化している。

　これら錐体と桿体に含まれる感光色素（視物質）の分光感度特性は，それぞれの感度波長域に対応しており，その視物質はタンパク質とビタミンA系の発色団（レチナール（図2.9））で構成され，これらの組合せで分光感度特性が変化している。桿体に含まれるロドプシンが，光刺激により立体構造を変化させて，タンパク質から分離する際に電気的信号を発生させる様子などは詳しく解析されている。錐体にも，結合酵素の働きにより，分光特性の異なる視物質（アイオドプシンなど）が抽出されている。

　視細胞に続く水平細胞以降の網膜神経回路から伝達部での色信号（図3.2）は，反対色（赤（R）-緑（G），黄（Y）-青（B））に相当する信号に変換される。特に，水平細胞から測定される S 電位（L_o, M_o, S_o），網膜受容野での色反応，外側膝状体のスパイク電位などでは，反対色信号と明暗信号が形成されている。

　大脳中枢では，狭波長域に反応する色選択細胞（図2.13（c））や色名に反応する中枢領域（図3.1）などが見いだされ，他の視覚情報と統合されて色情報を知覚・認識している。

　このような生体での色信号処理機構は，これまでに提唱されている色覚機構のモデル，Young-Helmholtz による3色説（色は見る人間の感覚現象には，赤，緑，紫（青）の3原色を感覚する基本系が関与することを提唱）と，ヘリングの反対色説（黄色は混色から生じるのではなく，その純色性から独立色として，4色の色対である赤-緑，黄-青，白-黒の基本反応系の存在を想定）をもとに，Ladd-Franklin の発達説（周辺視では色覚が欠如することから，進化とともに色覚機構が発達・成立することを提唱），Adams，Müller，Hurvich-Jameson の段階説（3色機構から反対色機構に変換されて色知覚が成立），Hartridge の多色説（3色説と反対色説の原色から，赤，橙，黄，緑，青緑，青，青紫の7基本色を想定）などが提唱され，それらが組み合わされた色信号処理機構になっている。

　これに加えて，中枢での記憶や体験などの心理的要因が関与して，複雑な色知覚特性を示す。3.1節より，色知覚に影響をもたらす刺激提示条件に応じた基本的な特性について整理する。

3. 色と画像システム　　113

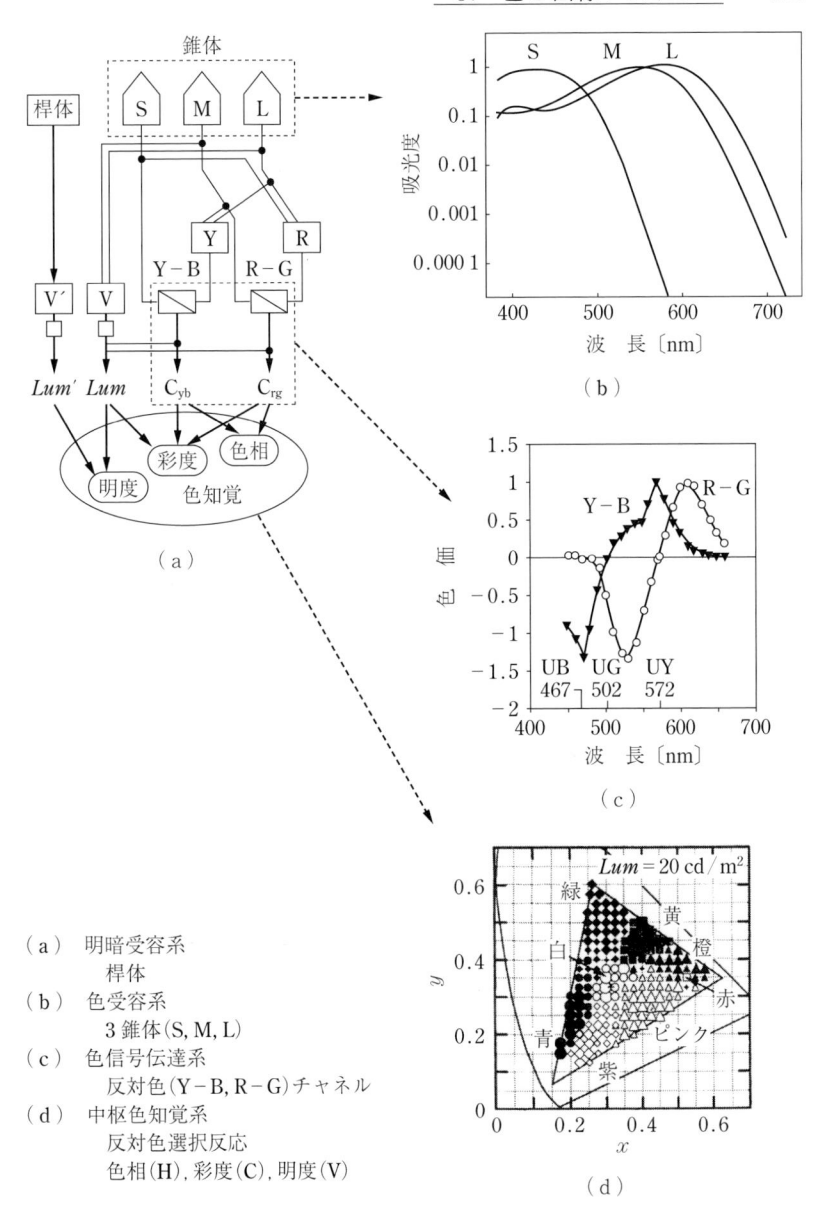

(a)
(b)
(c)
(d)

(a) 明暗受容系
　　 桿体
(b) 色受容系
　　 3錐体(S, M, L)
(c) 色信号伝達系
　　 反対色(Y−B, R−G)チャネル
(d) 中枢色知覚系
　　 反対色選択反応
　　 色相(H), 彩度(C), 明度(V)

図 3.1　視覚系での色信号情報処理機構（3章文献1)〜3), 2章文献1) を改変)

114   3. 色と画像システム

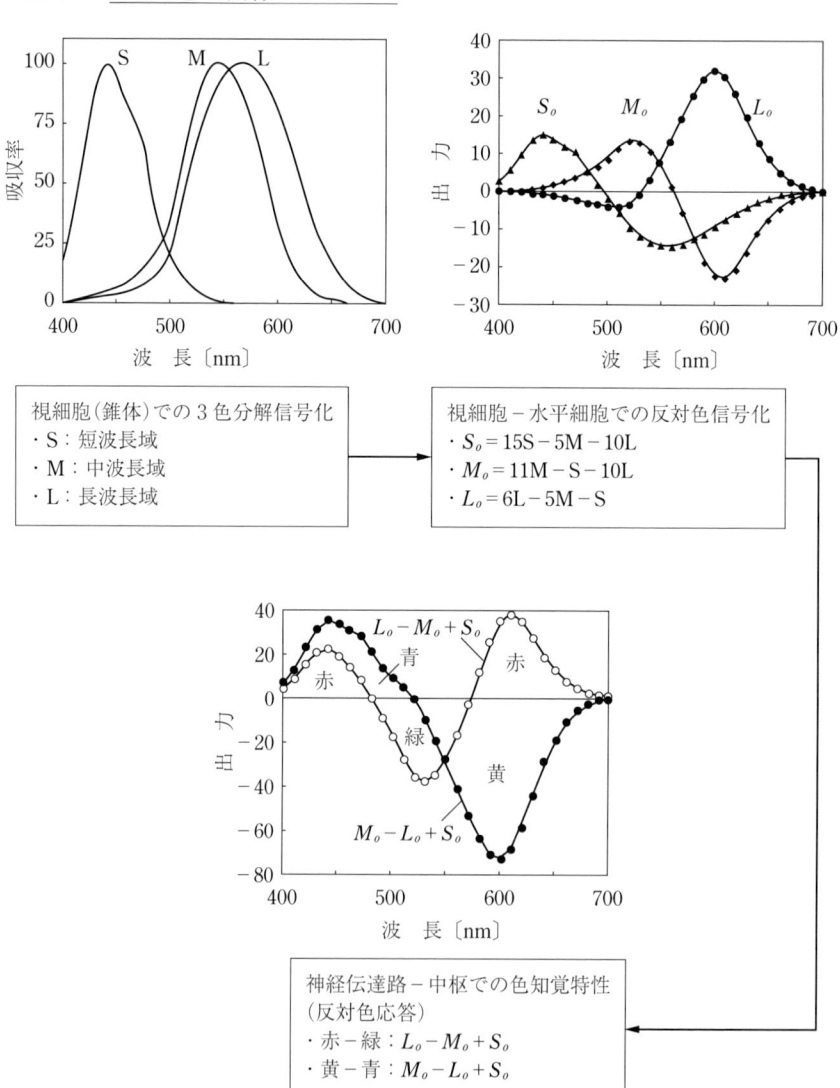

視細胞(錐体)での3色分解信号化
・S：短波長域
・M：中波長域
・L：長波長域

視細胞−水平細胞での反対色信号化
・$S_o = 15S - 5M - 10L$
・$M_o = 11M - S - 10L$
・$L_o = 6L - 5M - S$

神経伝達路−中枢での色知覚特性
(反対色応答)
・赤−緑：$L_o - M_o + S_o$
・黄−青：$M_o - L_o + S_o$

図 3.2 視覚系の各レベルでの色信号化特性（3章文献9），R. L. DeValois：Vision Res., **36**, p.833 (1963)，2章文献1) を改変）

3.1 色知覚特性

望ましいディスプレイに要求される色再現にかかわる色知覚特性として，提示条件に応じて，色の見え方に影響を及ぼすつぎのような現象が見られる．

(1) 色の面積効果 色の見えは，提示面積の大きさによって異なり，大面積では小面積より明度や彩度が高く見えるが，暗い色は大面積でより暗さが強く感じることもある．一般に，提示面積の減少とともに，黄・青がまず見え難くなり，微小面積（10′視角）以下になると，明るい黄や黄緑，灰色は白っぽく，暗い青や青紫などは黒に，明るい青や青緑は緑に，橙や赤紫はピンクに見え，知覚色から黄と青のカテゴリーがなくなる．さらに小面積になると，赤・緑が見えなくなって灰色に見え，色覚が消失する．このような色の見えの変化は，視細胞の分布による色視野と似た傾向を示し，中心小窩でS錐体が欠落する状態（微小視野第3色覚異常）も示している（図3.3）．この特性を利用して，カラーテレビNTSC方式では，輝度信号に比べ色信号の帯域を狭くしても，色画質の低下が目立たない画像を伝送している．

(2) 色の見えと明るさ効果 知覚される色には色相，彩度，明度の属性があり，それぞれが独立して表現されるが，実際の色の見えでは相互作用が見られ，明るさによる影響として，つぎのような現象が見られる（図3.4）．

① ベゾルト-ブリュッケ（Bezold-Brücke）現象：明所視において，光の強さが変わると，物理的に同じ色であっても変化して見える現象．光の強さ（輝度）が増すと，橙と黄緑は黄みを帯び，青緑と青紫は青みを帯びる．ただ，青（450〜480 nm），緑（490〜510 nm），黄（580〜590 nm），赤（紫）（500〜550 nmの補色）の4色はユニーク色といわれ，輝度が変化しても色相は変わらない．

② ヘルムホルツ-コールラウシュ（Helmholtz-Kohlrausch）現象：明所視レベルで，輝度を一定に保ちながら，彩度を増加させると明るく見える．高彩度の黄領域では明るさ変化は少ないが，青から赤紫領域では彩度変

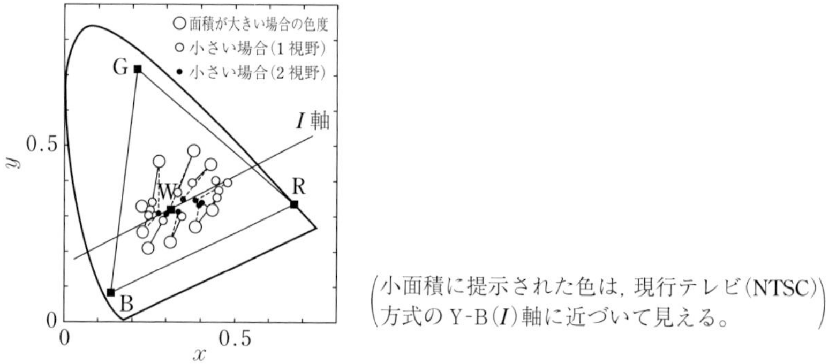

116   3. 色と画像システム

(a) 提示面積による色の見え（W.E.K. Middleton, et al.：J. Opt. Soc. Am., **39**, p.582(1949)）

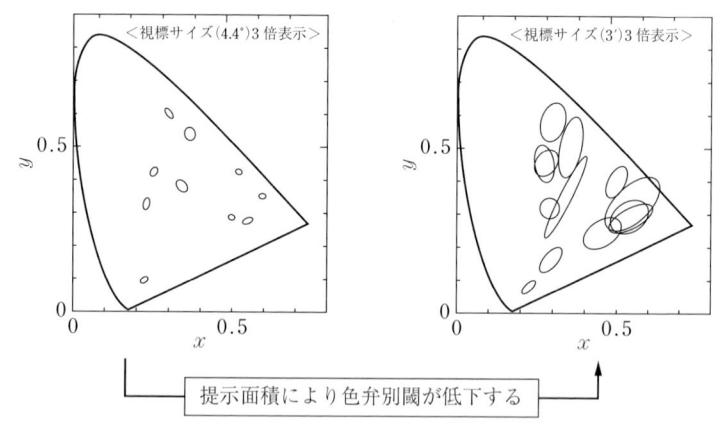

小面積に提示された色は，現行テレビ（NTSC）方式のY-B(I)軸に近づいて見える。

(b) 提示面積によるMacAdam弁別楕円の変化（D.L. MacAdam：J. Opt. Soc. Am., **49**, p.1143(1959)）

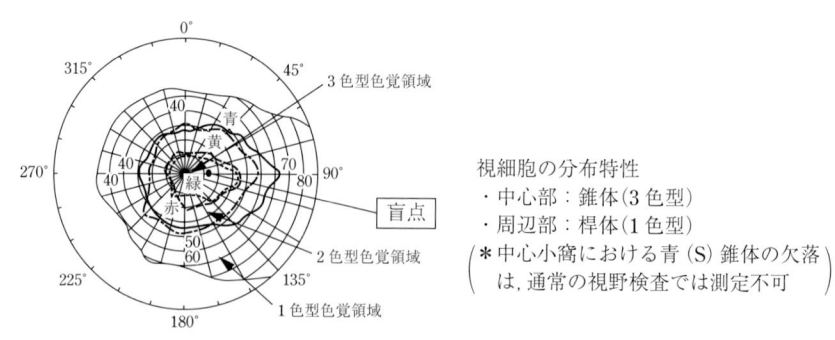

提示面積により色弁別閾が低下する

視細胞の分布特性
・中心部：錐体（3色型）
・周辺部：桿体（1色型）
(＊中心小窩における青(S)錐体の欠落は，通常の視野検査では測定不可)

(c) 視細胞分布と色視野（D.L. MacAdam：J. Opt. Soc. Am., **53**(1963)）

図3.3 色刺激条件（面積，位置）による色の見え方の変化[1]

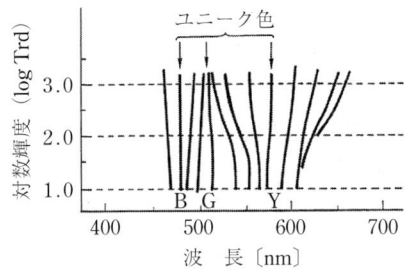

3.1 色知覚特性　　117

・輝度変化によって色相が変化して見えるが，不変（ユニーク）色［黄，緑，青，紫（黄緑の補色）］は明るさに影響されず安定して見える色である。

（a）ベゾルド－ブリュッケ現象

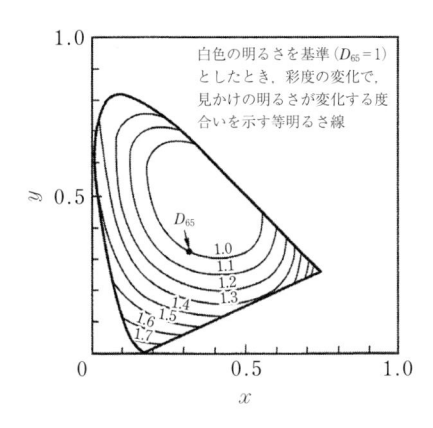

（b）ヘルムホルツ－コールラウシュ現象
　　（P.K. Kaiser：CIEJ, **5**, p.57(1986)）

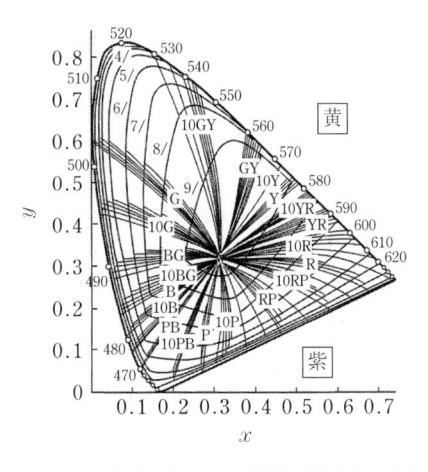

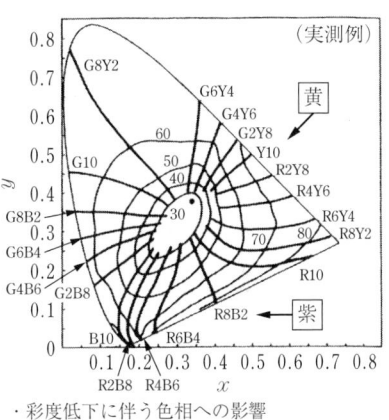

・彩度低下に伴う色相への影響
→黄(10Y)，紫(RP−PB)で変化少

（c）アブニー現象（阿山みよしほか：色彩学会誌, **18**, p.186(1994)）

図 3.4　刺激の明るさによる色の見え方の変化

動で明るさへの影響が大きい。

③ アブニー（Abney）現象：同一明度で彩度だけが変化すると，色相も変化し，基準白色点から主波長に向く等色相線が曲線となる。ユニーク色でも黄ではほとんど変化しないが，青や紫ではやや変化する。他の色領域では，彩度の低下とともに，ユニーク色のほうに変化して見える。

④ ハント効果：照明によってカラフルネス知覚（彩度に近い概念で，色の鮮やかさを示す知覚量）が変化することをいい，照度を上げるとカラフルネスが高まり，色の鮮やかさが強く感じられる．色票を観察する場合，観察面の照度が色の見え方に関係し，標準観察条件として 1 000 lx が推奨されている．

（3） 色の見えによる図形効果　明暗とともに，色の見えが図形の見えに影響し，見かけの奥行き表現などに利用される．

① 膨張-収縮色：おもに明るさが影響し，明るい図形は大きく，暗い図形は小さく見えるが，それに色の効果が加わり，黄から長波長色では膨張して見え，青緑から短波長色では収縮して見える．

② 進出-後退色：膨張-収縮色と同様の色により，近くに見える進出色や後に後退する色に見える．ただ，背景の明るさで逆に見える．

これらの効果は，色の波長差による眼球結像系の色収差から，両眼に微妙な視差を発生させることが原因と考えられているが，生活経験などが関係する暖色-寒色のような温度感，明暗による軽重の感覚も同様の波長特性を示す．

（4） 色の順応効果　提示された色刺激の分光分布によって網膜視細胞での受容感度が変化し，その後に観察する刺激の見え方が変化する．強い色刺激の場合には，この効果がしばらく残存し，残像などの残効が認められる（図 3.5）．

① 残像色：白紙に描かれた赤い円を固視し，視線を何も描かれていない白紙部に移すと，赤い円の視野に相当する部分に薄く青緑の円が見える．この例での残像色はもとの色と明暗や色相が反対の関係にあり，陰性残像（補色残像）という．色の輝度が低いと，先行提示色と同じ明度や色相の残像（陽性残像）が見えることもある．補色残像の場合は，特定色に順応することで，特定色近傍だけに感度低下が生じ，他の領域の色感度が相対的に高くなるためである．

② ヘルソン-ジャッド（Helson-Judd）効果：物体の影は照明光と背景の状態によって変化して見える現象．無彩色の背景の上に無彩色の色票を重

3.1 色知覚特性

ねて，有彩色光で照射すると，背景が暗い場合には色票は色光と同じ色相に見え，背景のほうが明るいと色票は色光と反対色に見える。このように，背景が明るい状態での影は照明光の補色に見える。

③ マッカロー（McCollough）効果：赤と黒の縦縞図形，緑と黒の横縞図形を数秒ごと交互に繰り返し数分間観察させた後，白黒の縦横縞が描かれた図形を見せると，縦縞の白い部分が薄い緑に，横縞には薄い赤に色

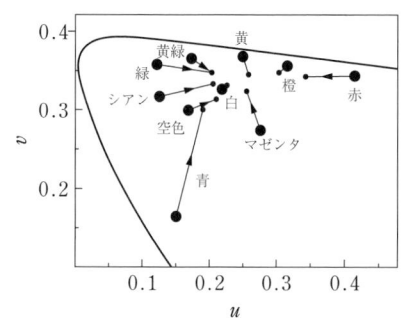

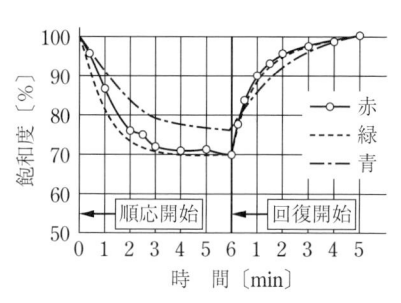

（ⅰ）順応光（太陽光（大点）から白熱球（小点））による見かけの色変化

（ⅱ）色光を注視し続けたときの彩度低下と回復状態→青での時間反応が遅い

（a）順応特性

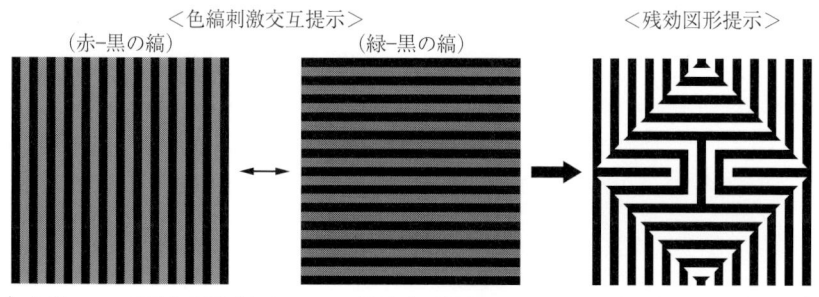

＜色縞刺激交互提示＞　　　　　　　　　　＜残効図形提示＞
（赤－黒の縞）　　（緑－黒の縞）

・左側二つの平行格子図形を交互に10秒間ずつ提示し，5～10分間程繰り返して見せる。その後，右端の黒白模様に視線を移すと，縦縞部分（背景と中央の菱形）には緑色が，横縞部分（中抜けの菱形）には赤色が淡く見える。この色の残効は数時間から数週間も続くことがある。
→ 大脳レベルでの図形成分検出細胞と色検出細胞が連動反応することが関係している。

（b）マッカロー効果（図形方向成分随伴型色残効）(C. McCollough : Science, **149** (1965))

図 3.5　色知覚にかかわる順応・対比・同化効果

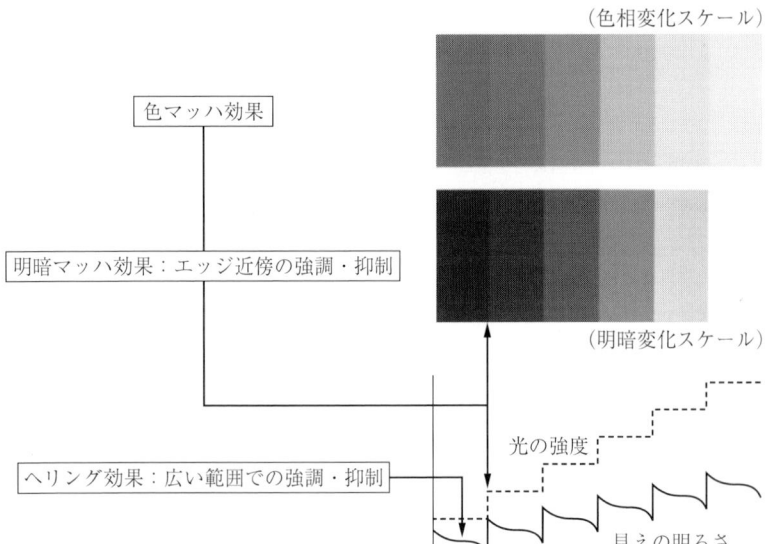

120   3. 色と画像システム

色マッハ効果

明暗マッハ効果：エッジ近傍の強調・抑制

ヘリング効果：広い範囲での強調・抑制

（色相変化スケール）

（明暗変化スケール）

光の強度

見えの明るさ

（c） 対比効果

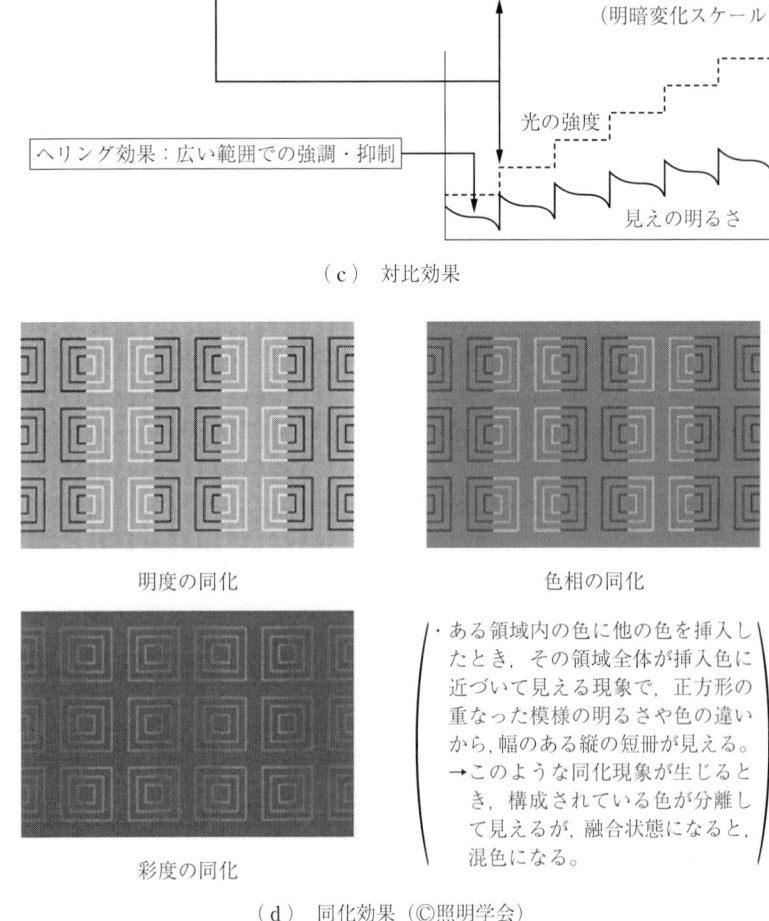

明度の同化

色相の同化

彩度の同化

・ある領域内の色に他の色を挿入したとき，その領域全体が挿入色に近づいて見える現象で，正方形の重なった模様の明るさや色の違いから，幅のある縦の短冊が見える。
→このような同化現象が生じるとき，構成されている色が分離して見えるが，融合状態になると，混色になる。

（d） 同化効果（©照明学会）

図 3.5　色知覚にかかわる順応・対比・同化効果（つづき）

づいて見える反対色対と図形成分（縞）による選択的な残効現象。ただ，網膜位置への刺激はそれほど強くないが，残効が数時間から数日も続くとの報告もあり，通常の特定色の感度低下による残像現象とは異なり，中枢での図形認識機構も関与した相乗的残効現象である（図3.5（b））。

（5）**色対比**　対象刺激の周囲に提示された色刺激や，先行提示された色刺激によって，対象刺激の色の見えが反対色方向に変化して見える現象。前者を同時対比，後者を継時対比という。色の色相，明度，彩度に応じて対比が生じる。一般に異なる色の領域が隣接すると，その境界部で辺縁対比（明暗情報でのマッハ現象と同じ網膜神経回路内での側抑制が原因（図3.5（c））が生じるが，対比効果は広い範囲に均一に広がり，クレイク-オブライエン効果（図2.17）に見られる平滑化機構の関与が想定される。

このような対比現象に対して，対象色の間に異なった色を空間的に配置挿入する状態（細かな格子模様など）では，対象色が挿入された色に近づいて見える同化現象（図3.5（d））が発生する。

（6）**色恒常性**　物理的な色刺激の状態よりも，物体に付随した色の特徴（物体に対する概念や固定色など）が優先して見える現象。照明光を変化させた場合でも，物体の色がそれほど変化して感じない。前述のヘルソン-ジャッド効果では，恒常性は保たれないが，Landが提案した2色法†や記憶色などはこのような特性が関与している。

（7）**主観色**　色光が存在しなくても色が見える現象で，白黒模様のベンハムのこま（2.3節〔2〕，図2.29）による主観色（フェヒナー色）が有名である。高速回転時の灰色混色から，低速時に模様帯部分に低彩度な色が見える。主観色の発生機構は明確ではないが，繰り返し明暗パターン刺激が色感覚を発生させる機構での信号に同調して色を誘発すると想定されている。

---

† 赤と緑のフィルタで撮影した濃淡画像を，赤濃淡画像は赤色光で，緑濃淡画像は白色光で投射・重畳すると，赤と白色の混色以外の色も低彩度ではあるが色再現される。物体に固定した色が再現されやすい（ミカンの黄色など）。

3.2 色識別特性

色覚機能に基づき,色刺激を識別する能力には,つぎのような特性が見られる。

(1) 波長による見かけの明るさ 受光素子である視細胞の分光感度特性から,人間が知覚できる可視波長域は380〜780 nm に制限され,この波長域での単波長光に対する感度(これまで比視感度曲線で表現されていたが,IEC/CIE 1987 の国際用語集に従い分光視感効率と呼ぶ)も異なる。その結果,**図3.6**のように,明順応(数 $cd/m^2 ≒ 10$ lx 以上の明所視状態)では黄緑(555 nm),暗順応(約 0.05 $cd/m^2 ≒ 0.01$ lx 以下の暗所視状態)では緑(505 nm)が最も明るく感じ,順応状態での単色光の見かけの明るさも変化する。この順応状態による感度変動をプルキンエ現象(図3.6(a))といい,測光システムでも適用されている。分光視感効率(比視感度)の測定には,つぎのような方法(図3.6(b))で行われる。

① 直接・段階比較法:異なる色光を直接比較してその明るさが等しく感じる状態を求める方法。色の違いから実際には非常に難しく再現性も悪い。そのため,波長差の小さい似た色を併置提示し,一方の光量を変化させて同じ明るさに見える状態を求め,順次似た色の組合せを変化させて,可視域内の基準単色光の明るさとの比率で各色の感度を示す方法。

② 最小輪郭検出法:2色で分割した観察領域の境界線が,一方の光量を変化させて最も見えにくくなる状態を求める方法。

③ 交照(フリッカ)法:2色を交互に提示し,色は融合するが明るさのちらつきが残る10〜15 Hz 程度の周波数で,一方の色の光量を変化させ,ちらつきが最小になる光量比から相対感度を求める方法。

④ 閾値法:見えるか見えないかの検出閾を各波長光について求める方法で,単独提示の絶対光覚閾か背景からの弁別閾によって測定する場合がある。

⑤ 図形認識(視力)法:視機能,特に視力などの弁別能力が提示刺激の強

3.2 色識別特性

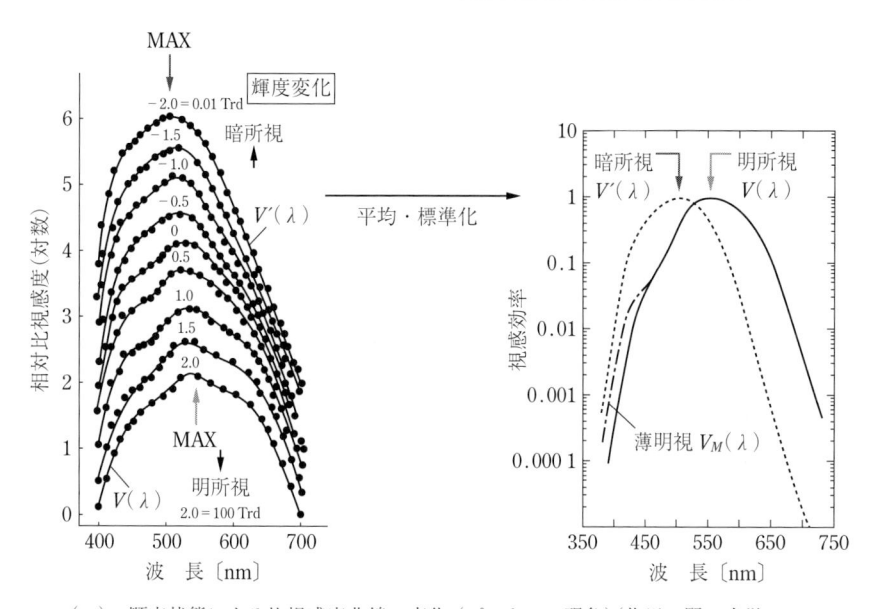

(a) 順応状態による比視感度曲線の変化（プルキンエ現象）（佐川 賢：光学, **13**, p.262(1984)を改変）

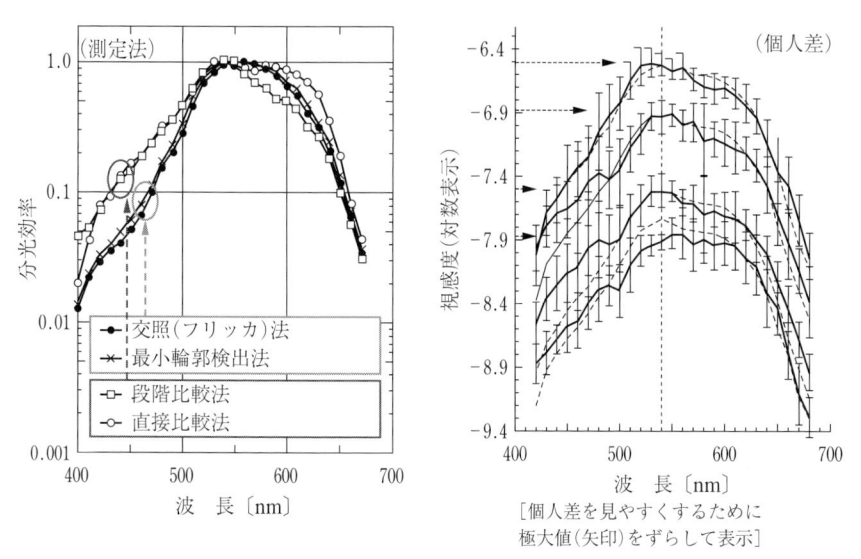

(b) 波長による見かけの明るさ（比視感度曲線）(M.Ikeda, et al.：J. Opt. Soc. Am., **72**, p.1660(1982), M. Ikeda, et al.：CIE(1988))

図 3.6 色識別特性

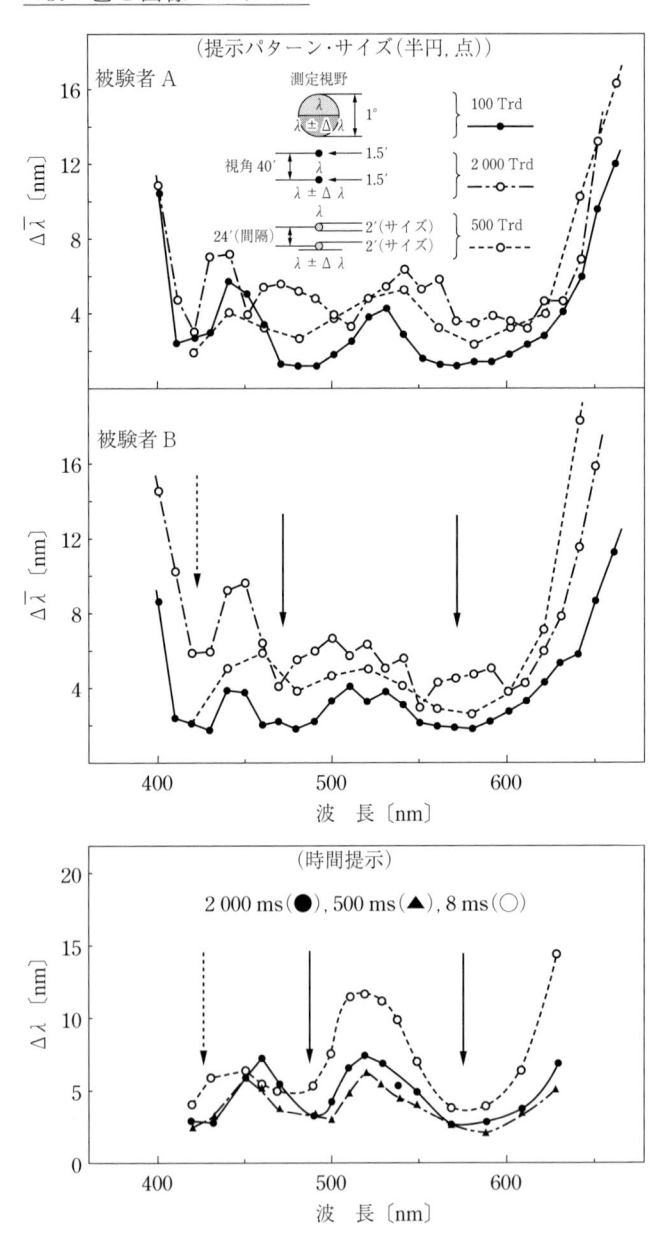

124　3. 色と画像システム

(c) 波長弁別特性(提示条件による影響)(W.D. Wright, et al.：Proc. Phys. Soc., **46**, p.459(1934), K. Uchikawa, et al.：J. Opt. Soc. Am., **A4**, p.1097(1987))

図 3.6　色識別特性（つづき）

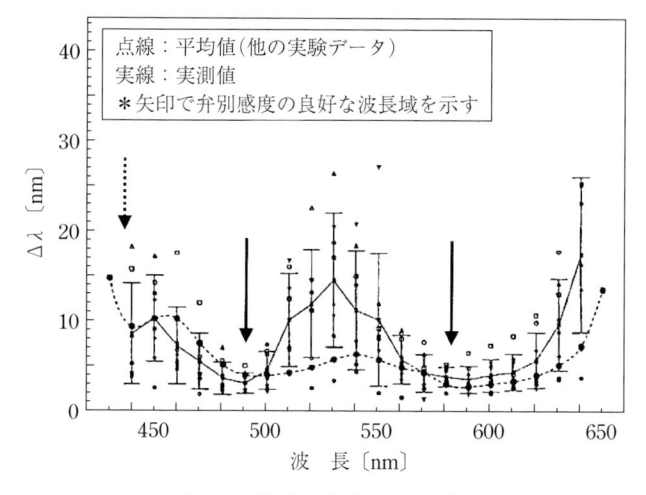

3.2 色識別特性

点線：平均値（他の実験データ）
実線：実測値
＊矢印で弁別感度の良好な波長域を示す

（d） 波長弁別特性（個人変動）

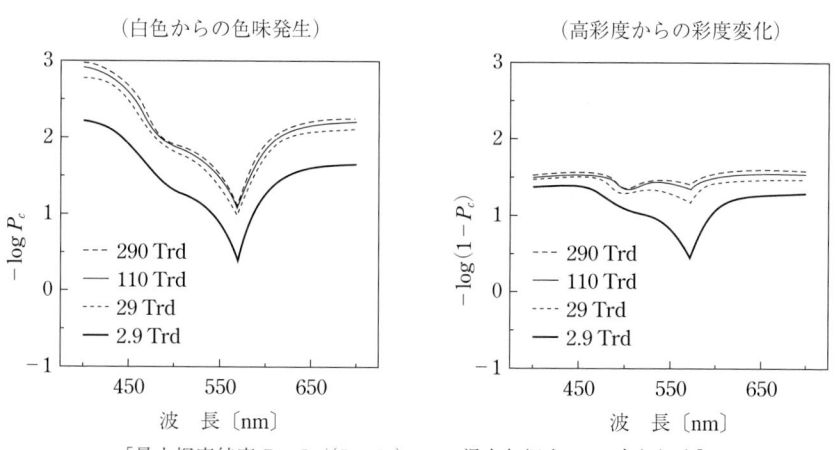

（白色からの色味発生）　　　　　（高彩度からの彩度変化）

--- 290 Trd
— 110 Trd
--- 29 Trd
— 2.9 Trd

[最小輝度純度 $P_c = L_c/(L_c+L_w)$ L_c：混合色輝度, L_w：白色輝度]

（e） 彩度弁別特性（W.D. Wright, et al.：Proc. Phys. Soc., **46**, p.459 (1934), K. Uchikawa, et al.：J. Opt. Soc. Am., **A4**, p.1097 (1987)）

図3.6　色識別特性（つづき）

さで変化することを利用し，単色光で提示された視力用視標によって一定の視力が得られる光量から求める方法．

測光システムで用いられている明所視状態の国際基準 CIE 1924 の標準分光

視感効率関数 $V(\lambda)$ は，本節の（3）で測定領域 2°，555 nm で規格された結果が採用されている．その後，暗所視状態の $V'(\lambda)$，10°視野 $V_{10}(\lambda)$，450 nm 以下の波長域での感度過小を修正するジャッド修正 $V_M(\lambda)$，見かけの明るさ評価法で求めた $V_b(\lambda)$，明所視から暗所視へ移行する薄明視での $V(\lambda)$ の変化などが詳しく測定されている（図3.6（a））．

各波長に対する視感度を示す関数としての分光視感効率関数の明所視と暗所視での相対感度比（683：1 700）なども示されているが，測光量で眼に感じる輝度（L）と見かけの明るさ（B）が必ずしも一致しないため，B/L を安定させる $V_M(\lambda)$，$V_b(\lambda)$ の採用，補正関数の導入などが試みられている．

（2） 波長によるピント調節や視力への影響 白色光に比べ単色光でのピント調節は不安定で，レーザや LED などの単色表示が見にくい要因にもなっている．これに対して，像のぼけ検出やピントを合わせる場合には，黄緑近傍の色光が最も敏感に反応する傾向が見られる．また，小面積（2°以下）の色刺激では青色の認識が低下するため，小文字[†1]などの青色表示は不適切といわれてきたが，暗い周囲条件では，青色記号の視認性が優れているという報告も見られる．

（3） 色差弁別能力 MacAdam（マクアダム）による色弁別楕円の実験結果[†2]などから，色の物理量（波長，分光分布，強度など）と色の見えとは完全に一致せず，物理量を視覚特性で補正した心理物理量（色相-波長，彩度-分光分布，明度-比視感度補正輝度）を用いて弁別能力も調べられている（図3.3（b））．

① 色相にかかわる波長差の弁別は，可視域全体でも平均約 5 nm の波長差を検出するが，青（440 nm），青緑（490 nm），橙（590 nm）近傍では 2 nm の差でも気がつく高精度な能力を持っている（図3.6（c），（d））．

[†1] 文字の視認性は，英数字では "I"，"1"，"l"，"T"，"F"，"V"，"7"，"9" など混同しやすい文字，漢字の場合は「慣」，「環」，「森」などの正答率や見え方で評価している．

[†2] 実験結果には信頼性はあるが，特定な明るさレベルでの被験者1名のデータ（後述の図3.11（b））である．その後，測定条件を変化させた結果（図3.3（b））の報告も見られ，全体的な傾向は大きく変化しないが，赤領域などで微妙な変化が見られる．

② 彩度に関しては，黄（570 nm）近傍で白色との弁別や鮮やかさの変化が極端に悪く，500 nm 以下の短波長域や 600 nm 以上の長波長域では色味の変化に敏感である（図 3.6（e））。

（4）**提示輝度条件などによる影響**　提示輝度の変化に影響されず安定して見える色（ユニーク色，青（460 nm），緑（510 nm），黄（585 nm），赤紫（緑系 500〜550 nm の補色）が存在し，実際環境条件での使用色として推奨されている。これらの色光で誘目性の高い表示色としては，ネガ表示（黒背景）では黄＞橙＞赤＞黄緑＞赤紫の順に，ポジ表示（白または灰色背景）では赤＞黄＞橙＞青＞赤紫の順になる。

（5）**色残効**　高輝度，高彩度な色を長時間観察すると，可視域内に局所的色順応効果が生じる。特に，比視感度の高い鮮やかな緑色による残効は顕著である。単色ネガ表示の VDT（ビデオディスプレイターミナル）作業後に見られた色の見えの違和感[†1]は，色と文字・図形の組合せ刺激によるマッカロー効果（図 3.5（b））が原因と推定されている。

（6）**不安定な見え方と調和する配色**　赤-緑の補色や可視域両端の色（青背景に赤字など）のように，色差の大きい配色の境界部では，眼球の色収差なども絡んで不安定な見え方になる。これに対して，同色系や類似の色（青-緑，橙-赤など）や，対比色（黄-青のように補色関係にあるが安定して見える組合せ）による配色が調和のある刺激になるといわれている。また，色の好み[†2]に関しては，時代や年齢，性別などで変化するため，確定したものではないが，好ましい色再現の評価対象としては考慮すべき要因である。

（7）**連想色**　長波長色（赤紫-赤-橙-黄の範囲）により形の膨張と進出感，温度感の暖かさ，誘目性を強く感じ，短波長色（緑-青の範囲）からは形の収縮と後退感，温度感の涼しさ，誘目性が低く感じられる。また，肌色，芝

---

†1　暗い背景にアンバー色文字のネガ表示で，データ入力作業後に，入力紙などがピンクに色づいて見える状態が長時間継続した事例が報告され，VDT 作業と表示条件による眼精疲労が社会問題になった。

†2　好ましい単色の例として，「青，水色，白，緑，赤，黒」，好ましくない色は「赤紫，橙，灰色」，中間的な色は「すみれ色，黄緑」が見られる。

生の緑など見慣れている物体色は記憶色として実際より明るく鮮やかな色として記憶されている。色収差などが関係する網膜像による効果や，生活環境での体験などから色特有の心理的な効果も見られ，複雑な色の見え方を示す例でもある。

これらの特性から，「黒地に緑-橙」，「白地に青-緑」，「緑地や青地に白，緑-橙」が識別しやすい配色で，道路標識や医用画像などの特徴表示として用いられている。

3.3 色再現評価と表色系

〔1〕 色 再 現 評 価

画像などの色再現状態を評価する場合，つぎに示すような状態で行われている。
① 物理分光的に等しい状態（spectral color reproduction）
② 測色的な色度と相対輝度が等しい状態（colorimetric color reproduction）
③ 色度と絶対輝度が等しい正確な再現状態（exact color reproduction）
④ 異なった照明条件でも色の見え方が等しいことを保証する色度と輝度による等価な再現状態（equivalent color reproduction）
⑤ 相対的な輝度レベルが等しい場合も色の見え方が等しいことを保証する色度による対応的な再現状態（corresponding color reproduction）
⑥ 青空や肌色など既知の被写体の色について心理的に好ましい再現状態（preferred color reproduction）

これらのうち，①～③は客観的な測度で決定され，観察者の心理的な判断が関係するのが④～⑥，また，観察条件に影響されないのは①と④になる。このような状態に加えて，一般画像の色再現を評価する際には，つぎに述べる混色実験から求めた表色系（色度図など）での再現色度点の変動などで評価するのが簡便なため，よく用いられる。ただ，厳密で忠実な色再現状態を評価する場合は①に近い条件を，一般的な色彩画像の評価では④での再現状態を目標としているが，⑥のように，見る人の心理効果を重視する評価も大切

である．

〔2〕表　色　系

　人間による色再現状態を評価する場合，観察者の心理物理的な色情報処理特性を考慮した基準状態を示すためにも，色を定量的に表現する表色システムが必要で，これまでにもさまざまな表色系が提案されている（**図3.7**）．色受容レベルの3色システムに基づく混色から導かれるXYZ表色系，色信号レベルでの反対色システムや色差を重視したUCS（uniform chromaticity scale）表色系，色の見えに基づくカラーオーダーシステムなどが代表的なものである．

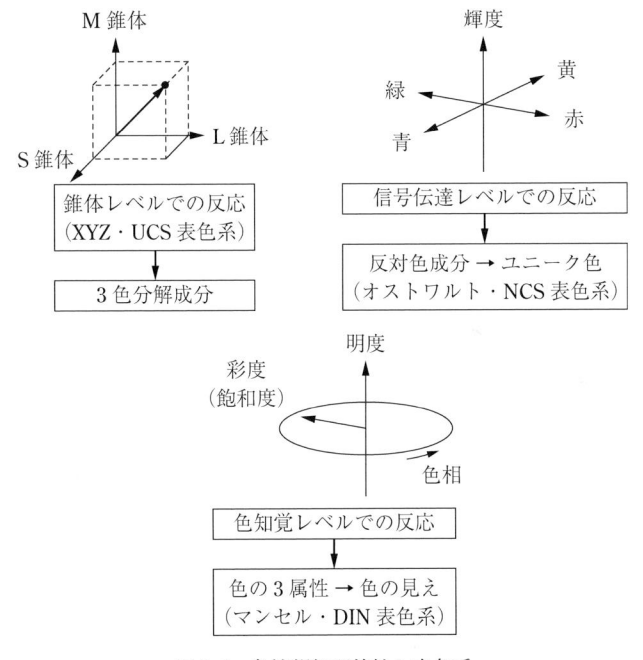

図3.7　色情報処理特性と表色系

　これらは混色系と顕色系に分類され，前者は光刺激の物理量で取り扱うことができ，混色による色再現分野での利用が多く，後者は表面色の見えを明るさ（明度）・鮮やかさ（彩度）・種類（色相）などの主観的な色成分3軸を用いて表現するため，実用面での色管理などに用いられる．これら表色系の基礎にな

る色の3属性や新しい色をつくり出す混色法について整理する。

（1）知覚色の3属性　色刺激の分光放射特性だけで色の知覚は決定できず，提示される条件により，光刺激の属性から物体色（光を反射または透過する物体からの光の色）と光源色（光源から出る光の色），知覚された色の属性から表面色（光を拡散反射する物体の表面に属しているように知覚される色）と開口色（開口を通して見るように，光を発する物体が何か判別できない条件で知覚される色）などに分類される。さらに，色に含まれる属性として，色相（赤，緑，青などのように色の種類を示す（ヒュー，H）），明度（色の相対的な明暗感覚を示す（バリュー，V）），彩度（純度や飽和度という表現もあり，色の鮮やかさの度合いを示す（クロマ，C））があり，この色の3属性に基づいた表色系の代表としてマンセル表色系（図 3.8）がある。

マンセル表色系は，画家マンセルによって考案された後，米国光学会（OSA）によって修正され，現在は修正マンセル表色系が多用されている。この修正マンセル表色系は，3属性の頭文字をとった HV/C 表記で，図 3.7 の

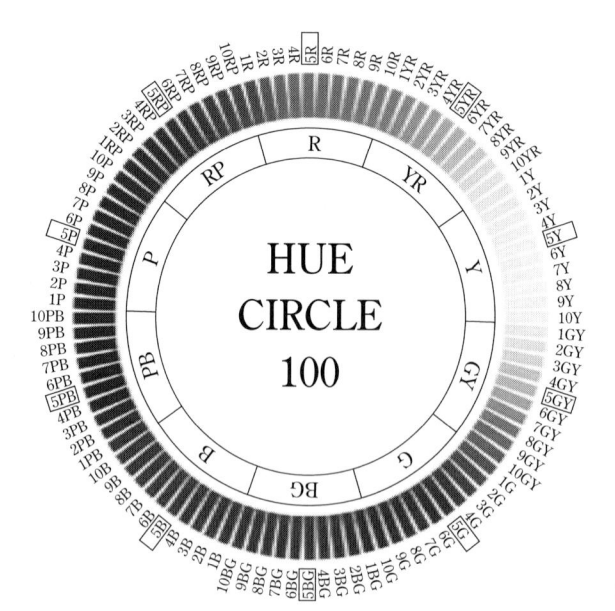

・基本5色相
　赤(R)，黄(Y)，緑(G)，
　青(B)，紫(P)
・中間5色相
　黄赤(YR)，黄緑(GY)，
　青緑(BG)，青紫(PB)，
　赤紫(RP)
各色相を10等分して
1〜10で表し，5の色
相が代表色になる。

図 3.8　マンセル表色系（色相）（©照明学会）

ように明度を縦軸，色相を円周，彩度を半径とした円筒座標で空間表示する。

① **色相（H）**：基本色相（赤R，黄Y，緑G，青B，紫P）を円周の5分割位置に配置し，これらの中間色相（YR，GY，BG，PB，RP）を基本色相の中間に配置する。Pを基本色相に選んだ理由は，RとBの色差が他の基本色相間より大きいためである。基本色相と中間色相の10色相の各間隔を知覚的に10分割して円周上を100等分割し，基本色相と中間色相には数字5を付して各色相の代表色とする。

② **明度（V）**：完全黒＝0，最も明るい白＝10とし，その間を感覚的に10等分して表す。色味のある有彩色の明度は，明るさが等しく感じる無彩色の明度で表し，無彩色の場合は，Nを頭に付して表す。

③ **彩度（C）**：無彩色＝0とし，色味の増加を等尺度で中心からの距離で示す。ただ，彩度の最大値は色相によって異なる。

この表色系では，明度の単位差 $\Delta V=1$ に対して，純度での等しい知覚差は $\Delta C=2$，色相差は $\Delta H=3$（純度 $C=5$ の色）に相当することから，知覚的には等しい色差で配列されているとみなされ，実用面での有効性が現在も続いている。また，明度 V と視感反射率 Y（完全拡散反射面の輝度を100に正規化したときの輝度値相当）との関係は，次式で近似できる。

$$Y = 1.219\,V - 0.231\,11\,V^2 + 0.239\,5\,V^3 - 0.021\,009\,V^4 + 0.000\,840\,4\,V^5$$

$$V = 11.6\left(\frac{Y}{100}\right)^{1/3} - 1.6$$

（2）混色と等色関数　混色表色系では，加法混色の原理（グラスマンの法則）[†]に基づき，すべての色は原刺激色の混色によって合成できることを基本特性としている。CIEにより，赤（$R=700$ nm），緑（$G=546.1$ nm），青（$B=435.8$ nm）を3原刺激色とした標準RGB表色系が示された。混色の基準刺激としては等エネルギースペクトルの白色光を用い，その明度係数と輝度

[†] 分光反射率分布の異なる二つの色が，同一の観察条件のもとで等しい色に見えることを条件等色（メタメリズム）といい，同時に，グラスマンの法則（等色状態にある両色光の強度を一定倍しても等色は保たれる比例則。等色の色光どうしを加えて得られる色光も等色状態にある加法則。等色関係の一方の色光を他の等色条件を満たす色光に置き換えても等色は成立する結合則）による，混色が成立する状態でもある。

(L_V) は，つぎのように表される。

$$L_R : L_G : L_B = 1.000\ 0 : 4.590\ 7 : 0.060\ 1$$

$$L_V = R + 4.590\ 7G + 0.060\ 1B$$

3原刺激色で混色した色と可視域の単色光とが等しく見える混色量を，各波長について測定した等色関数†（図3.9）が調べられ，その平均値を標準観測者が見た各波長色の混色条件であると定められている。この混色条件で，短波長域の色には，混色では再現できない鮮やかな単色光が存在するため，その鮮やかさを［R］や［G］の混色で低下させる必要があり，その領域の等色関数 $r(\lambda)$, $g(\lambda)$ は負値になる。

（3） 混色表色系から均等色空間　RGB表色系に見られる問題点（等色関数に見られる負値，測光値と測色値との関係）を改良するために，実存しない原色（虚色）［X］，［Y］，［Z］を仮定する。

［X］: $r = 1.275\ 0$,　　$g = -0.277\ 8$,　$b = 0.002\ 8$

［Y］: $r = -1.739\ 2$,　$g = 2.767\ 1$,　　$b = -0.027\ 9$

［Z］: $r = -0.743\ 1$,　$g = 0.140\ 9$,　　$b = 1.602\ 2$

さらに，等色関数 $y(\lambda)$ を比視感度 $V(\lambda)$ で近似して，他の原色［X］と［Z］の間には輝度成分を含まない無輝面 $L_V = 0$ を設定し，原色［X］と［Y］を結ぶ線を長波長域のスペクトル軌跡に接するように設定することによって，可能な限り広い色度表示ができるXYZ表色系が提案された。RGB表色系からXYZ表色系への変換で等色関数も，**図3.10**（a）のように，負値のないものに変換されている。

また，3変数による空間表示では，色相互の位置関係がわかりにくいため，XYZ 平面から xy 平面へ投射した xy 色度図（図3.10（b），**図3.11**（a））が提案され，色を数量的に取り扱える特徴を生かして，多用されている。た

---

† 任意色［C］は原刺激色［R］，［G］，［B］による混色量が R, G, B のとき，等色式［C］＝R［R］＋G［G］＋B［B］で表される。基準白色と等色した原刺激色の測光量 L_R, L_G, L_B を明度係数といい，任意色［C］と等色した測光量が P_R, P_G, P_B のとき，$P_R/L_R = R$, $P_G/L_G = G$, $P_B/L_B = B$ を3刺激値，単色光に対する混合量を等色係数，波長の関数で表したものを等色関数という。

3.3 色再現評価と表色系

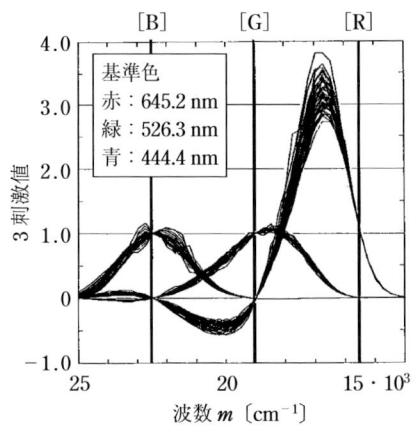

[B]　　[G]　　[R]

基準色
赤：645.2 nm
緑：526.3 nm
青：444.4 nm

・国際照明委員会（CIE）では，原刺激は700 nm，546.1 nm，435.8 nm の 3 単波長光、基準刺激は等エネルギースペクトルの白色光を用いる。

（a）　RGB 表色系の等色関数（W. S. Stiles, et al.：Optica, Acta, **6**, p.1(1959)）

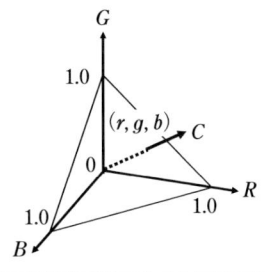

・色は 3 刺激値で表現でき，それぞれを直交軸にとり，ベクトル表示できる。
　→ 色の違い：方向
　　　強さ：長さ
・色の違いだけを，3 刺激値と単位平面との交点で表し，それを色度座標という。

$[C] = R[R] + G[G] + B[B]$

$r = \dfrac{R}{R+G+B}$　$g = \dfrac{G}{R+G+B}$

$b = \dfrac{B}{R+G+B}$　$(r+g+b=1)$

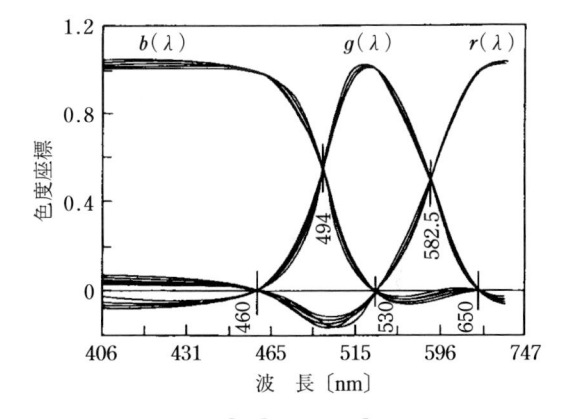

$[G：530 \text{ nm}] + [B：460 \text{ nm}] = 494 \text{ nm}$,
$[R：650 \text{ nm}] + [G] = 582.5 \text{ nm}$
になる等色条件での 10 人の結果

（b）　RGB 表色系のスペクトル色度座標（W.D. Wright：Trans. Opt. Soc., **30**, p.141(1928-1929)）

図 3.9　等色関数に基づく表色系[5]

だ，この色度図では，前に述べた色弁別楕円を重ねて表示すると，色領域によって，弁別楕円形状が大きく変化する。これは，見かけ上の色差と色度図上の距離が比例しないことを示している（図 3.11（b））。

このため，人間が感じる色差がどの色の領域においても等しく表示でき，色

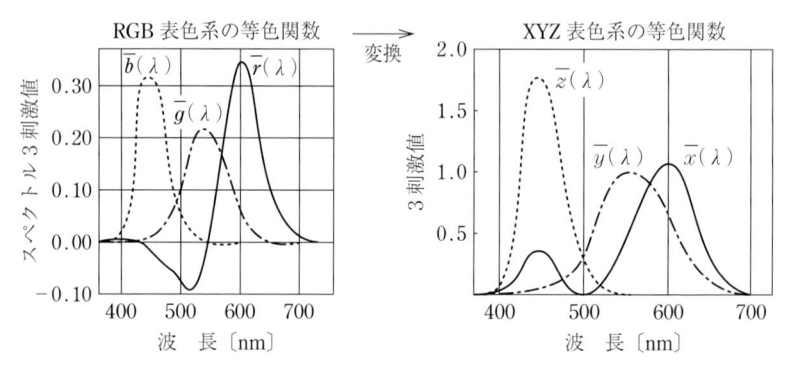

(a) RGB 表色系から XYZ 表色系への変換（等色関数の変換）(CIE (1931))

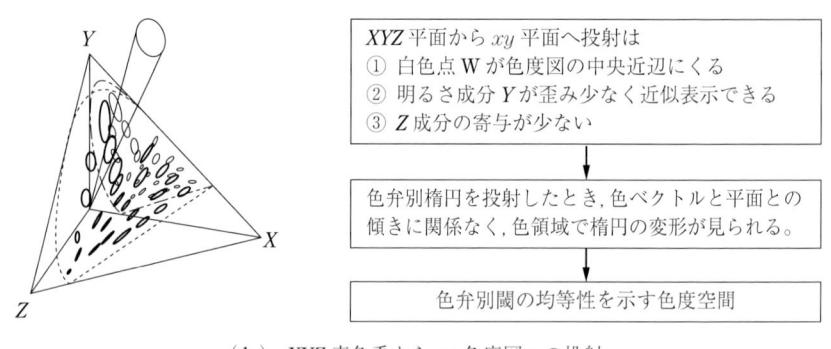

XYZ 平面から xy 平面へ投射は
① 白色点 W が色度図の中央近辺にくる
② 明るさ成分 Y が歪み少なく近似表示できる
③ Z 成分の寄与が少ない

色弁別楕円を投射したとき，色ベクトルと平面との傾きに関係なく，色領域で楕円の変形が見られる。

色弁別閾の均等性を示す色度空間

(b) XYZ 表色系から xy 色度図への投射

図 3.10 RGB 表色系から XYZ 表色系さらに xy 色度図への変換（1）[5]

の違いを定量的に取り扱える色表示法が要求され，色差の均等性を重視した均等色度図(UCS 表色系)の検討が始められた。xy 色度図の緑領域での色弁別楕円の伸長を補正した uv 色度図（図 3.12（a）），さらに，縦横比を変化させた $u'v'$ 色度図（図（b））への変換が提案されたが，修正は不十分で，しかも明度に関しては無補正のままである。

明度に関する補正（明度指数）も含めた均等な色表示を検討したのが均等色空間（uniform color space）で，明度を $Y^{1/3}$ 値の関数で近似し，uv 色度図を用いた $U^*V^*W^*$ 色空間が提案された。その後，3 刺激色間の軸を設定して照明光の影響が少なく物体色表現に適した $L^*a^*b^*$ 表色系による CIELAB 色空間（図 3.13）や，uv 色度図を用いて光混色が扱いやすい光源色表現に適し

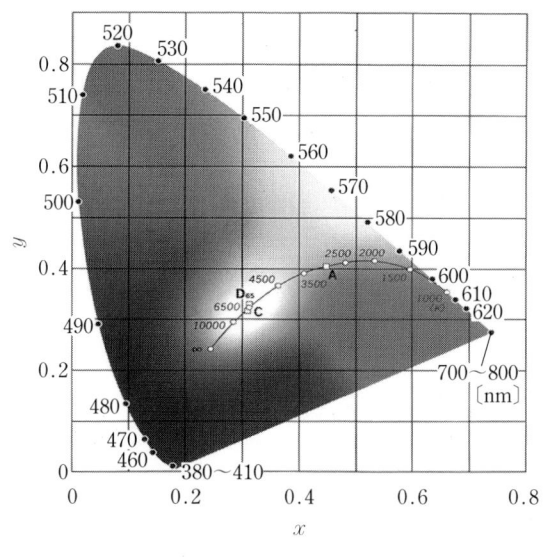

- 主波長は，W（標準光源）と色度点 F を結ぶ線とスペクトル軌跡との交点 S の波長。ただ紫域では，純紫軌跡との交点 N に波長が対応しないので，逆方向の交点 O での波長に C（補色波長）を付して表す。
- 純度は，$FW : SW$（$MW : NW$）のパーセントで表示。

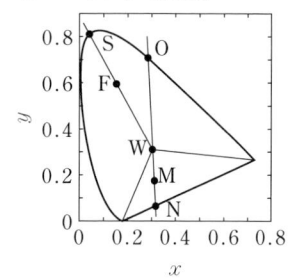

（a） xy 色度図での色の特性表示

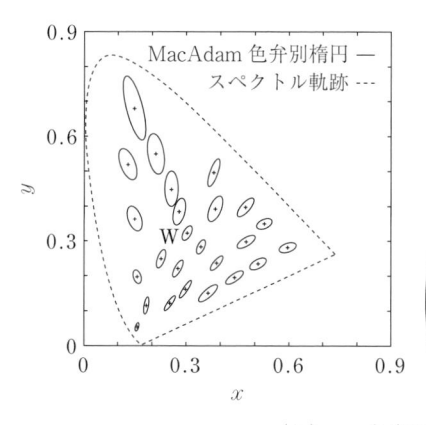

xy 色度図は，色を定量的数値で表す点では優れているが，色度図上の色差（距離）が感覚上の色差量と対応していない。
↓
均等色空間への変換

（b） xy 色度図での等色差楕円[10]

図 3.11　RGB 表色系から XYZ 表色系さらに xy 色度図への変換（2）

た $L^*u^*v^*$ 表色系による CIELUV 色空間（図 3.14）が提案されている。

マンセル色票と色弁別楕円によって両色空間の均等性を比べると，マンセル色票は CIELAB 色空間，一方，色弁別楕円は CIELUV 色空間のほうが優れていることがわかる（図 3.15）。ただし色空間全体にわたる均等性はまだ不完

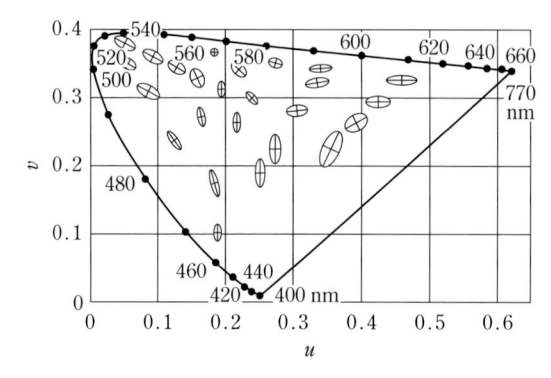

136　3. 色と画像システム

(a) uv 色度図での色弁別楕円（G.Wyszecki, et al.：Color Science, John Wiley & Sons.(1982)）

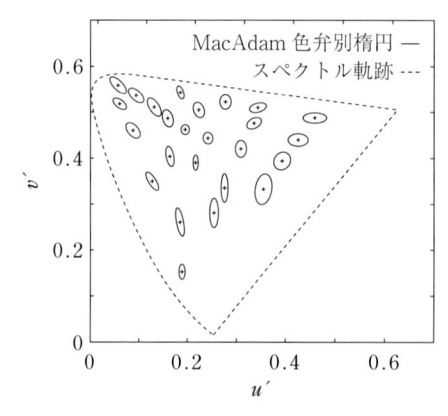

xy 色度図から uv 色度図への変換

$$u = \frac{4x}{-2x+12y+3}$$

$$v = \frac{6y}{-2x+12y+3}$$

(b) $u'v'$ 色度図での色弁別楕円（富永　守（照明学会　編）：ライティングハンドブック，オーム社(1987)）

uv 色度図から $u'v'$ 色度図への変換

$$u' = u, \quad v' = 1.5v$$

図 3.12　均等色度図への変換

全であるが，その基本になる色差測定結果（弁別楕円の被験者数ならびに明るさレベル）に関しても，広く適用できる条件での特性の再確認も必要である。

　このように色差を重視した色表示法である CIELUV 色空間での色差 ΔE^*uv を用いて，その許容値が示される場合が多い。原刺激と直接比較の場合は $\Delta E^*uv \leq 2$ が要求されるが，継時比較では $\Delta E^*uv \leq 5$ まで許容される。ただ，この色差値が 10 以上になると，見かけの色差と一致しない場合が多く，大きな色差に関する定量的な比較はできないが，明確に識別する配色では

3.3 色再現評価と表色系

・明度指数：$L^* = 116\left(\dfrac{Y}{Y_n}\right)^{1/3} - 16$

・色度指数：$a^* = 500\left[\left(\dfrac{X}{X_n}\right)^{1/3} - \left(\dfrac{Y}{Y_n}\right)^{1/3}\right]$

$b^* = 200\left[\left(\dfrac{Y}{Y_n}\right)^{1/3} - \left(\dfrac{Z}{Z_n}\right)^{1/3}\right]$

(X, Y, Z：対象の色刺激の3刺激値, X_n, Y_n, Z_n：照明光源の3刺激値)

$Y_n = 100$, $\dfrac{X}{X_n}$, $\dfrac{Y}{Y_n}$, $\dfrac{Z}{Z_n} > 0.01$

◎ 2色 (L_1^*, a_1^*, b_1^*) と (L_2^*, a_2^*, b_2^*) の色差
$\Delta E^*ab = [(L_2^* - L_1^*)^2 + (a_2^* - a_1^*)^2 + (b_2^* - b_1^*)^2]^{1/2}$

特徴
・小さな色差を扱うのに適している（Adams-Nickerson の色差式）
・物体色の表現に適している
・照明光の分光分布にあまり依存しない
・色彩恒常の特性を反映している
・色の管理では広く用いられている

（a） CIELAB（$L^*a^*b^*$）表色系

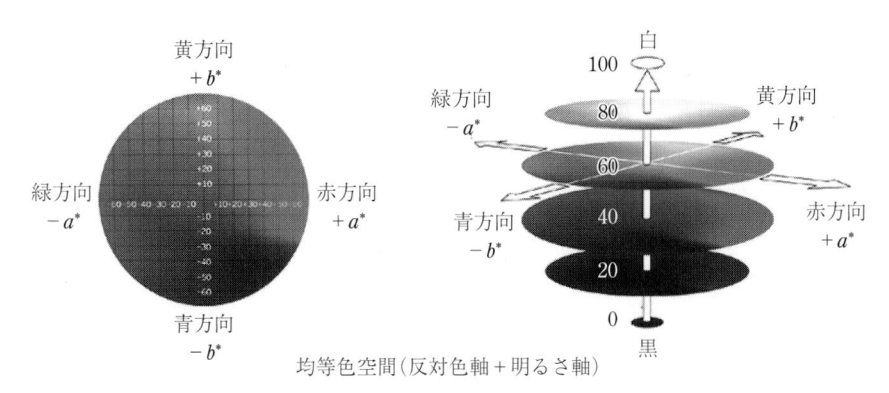

（b） MacAdam 弁別楕円, マンセル色票分布（色差, 色の見え均等化）（富永 守（照明学会編）：ライティングハンドブック, オーム社（1987））

図 3.13 CIELAB 色空間（$L^*a^*b^*$ 表色系）

$\Delta E^* > 40$ の色差が要求される。

（4）標準光と色温度　表示色の基準となる白色は，表色系での色味を持たない色として，色の色相（主波長）や彩度（刺激純度）を決める白色点であ

- 明度指数: $L^* = 116\left(\dfrac{Y}{Y_n}\right)^{1/3} - 16 \quad \left(\dfrac{Y}{Y_n} > 0.008\,856\right)$

  $L^* = 903.25\left(\dfrac{Y}{Y_n}\right) \quad \left(\dfrac{Y}{Y_n} \leq 0.008\,856\right)$

  $u^* = 13L^*(u' - u_n'),\ v^* = 13L^*(v' - v_n')$

- 色度指数: $u' = \dfrac{4X}{X + 15Y + 3Z},\ v' = \dfrac{9Y}{X + 15Y + 3Z}$

  $u_n' = \dfrac{4X_n}{X_n + 15Y_n + 3Z_n},\ v_n' = \dfrac{9Y_n}{X_n + 15Y_n + 3Z_n}$

  (X, Y, Z: 対象の色刺激の3刺激値, X_n, Y_n, Z_n: 照明光源の3刺激値, $Y_n = 100$)

◎ 2色 (L_1^*, a_1^*, b_1^*) と (L_2^*, a_2^*, b_2^*) の色差

$\Delta E^* ab = [(L_2^* - L_1^*)^2 + (a_2^* - a_1^*)^2 + (b_2^* - b_1^*)^2]^{1/2}$

特徴
- 大きな色差を扱うのに適している
- 光源色の表現に(光の混合を扱うのに)適している
- 加法混色が直線の軌跡で表される特徴を存続
- 照明やカラーテレビなどの関係で使用

図 3.14　CIELUV 色空間 ($L^* u^* v^*$ 表色系)

るとともに，生活環境における照明光下での白色基準[†1]を想定する場合にも重要な役割を果たしている．物体色は照明条件(光源)によって変化するため，定量的な色表現や測色用の標準光[†2]を定めて，その分光分布を規定し，さまざまな照明環境下での基準色が表色できるようにしてある．

　白熱電球に対応する標準光A，昼光を代表するのものとして相関色温度 6 500 K の標準光 D_{65} と相関色温度 6 774 K の標準光 C が採用されている．ただ，実際には，理想的な黒体放射を示す光源は存在しないため，白熱電球や他

[†1] 反射率1.0の完全拡散反射面は現実には存在しないので，それに近い分光反射特性を示す酸化マグネシウム (MgO)，硫酸バリウム ($BaSO_4$)，白色ガラスなどの白色比較標準が定められている．

[†2] 黒体の絶対温度により放射分光分布(色度)が変化する様子(黒体軌跡)から，同様の放射分布を持つ発光体をその絶対温度で表現したのが色温度(相関色温度は近似値)である．物体色の3刺激値が求められる標準光と標準光源が定められ，その分光分布を(相関)色温度で示されている．標準光 A (2 856 K，透明ガラスのタングステン電球)，C (6 774 K，A光源+変換フィルタ装着で昼光用→D_{65}代用)，D_{65} (6 500 K，キセノンランプで昼光近似)，補助標準光として B (4 874 K，A光源+変換フィルタ装着で直射太陽光近似→D_{50}代用)，D_{50} (5 000 K)，D_{55} (5 500 K)，D_{75} (7 500 K) が規定されている．

3.3 色再現評価と表色系　　139

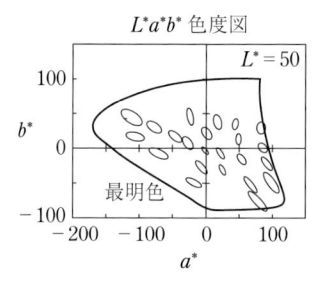

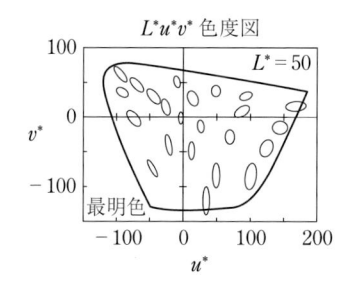

（xy 色度図上での不均一性は少し改善されているが，青領域での歪みが残されている。
→楕円の均等性：$L^*u^*v^* > L^*a^*b^*$）

（a）CIELAB と CIELUV 色度図上での色弁別楕円

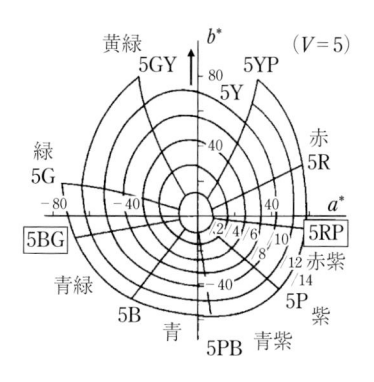

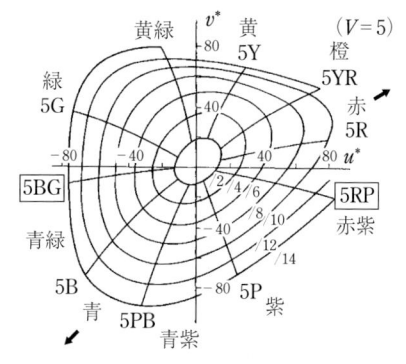

色相，彩度の均等性：$L^*a^*b^* > L^*u^*v^*$

（b）CIELAB と CIELUV 色度図上でのマンセル色票による等ヒュー・クロマ曲線

図 3.15 均等色空間での色弁別楕円と等ヒュー・クロマ曲線
（A.R. Robertson：Color Res., **2**, p.7(1977)）

の光源にフィルタを用いて分光分布を近似し，使用している。

　テレビモニタの標準白色も各方式で定められ，NTSC 方式では標準光 C，ハイビジョン方式では標準光 D_{65} が設定されており，3 原色の発光条件も同時に定められている（**図 3.16**）。ただし，ディスプレイでの好みの白色光は，普段の生活での白熱灯と蛍光灯の使用頻度に応じて影響され，蛍光灯を多用する場合は色温度の高い白色を好む傾向（照明光より 3 000〜4 000 K 高い色温度）が見られる。

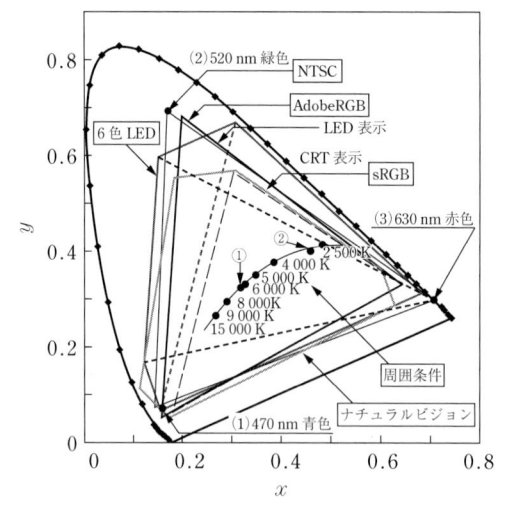

図 3.16 各種原色による色再現域と色温度による標準白色

周囲条件(照明光)
① 標準光 D_{65},　② 標準光 A

CRT, LED + LCD の原色による色再現域の比較
＜3 色型＞
　CRT, LED
・NTSC 3 原色(1)〜(3)
・sRGB
・AdobeRGB
＜6 色型＞
　投射型, LED + LCD
・ナチュラルビジョン
・フィールドシーケンシャル 3 色バックライト型

4 画像の評価

　画像の評価は，使用目的に応じて種々の面からなされる．赤外画像のような不可視画像や工業分野における検査画像，ロボット用視覚画像などと，テレビジョンに代表される人間が直接見ることを目的とする画像とでは，その評価法は異なるであろう．しかし，検査画像もロボット用画像も，最終的には人間がその適否の判断を行う必要がある．したがって，広い意味では，人間の画像に対する評価が基本となると考えられる．
　画像の人間による評価は，主観評価と呼ばれる．主観評価の対象となる項目は種々ある．なかでも画像の品質を示す画質は，システムや機器の総合性能を示す指標として重要である．しかし，現時点では主観評価以外に適当な評価手法がない．MPEG-2の規格策定も，国際的な画質主観評価の結果に基づいて行われており，主観評価の重要性を示す例である．
　主観評価法は，心理学で蓄積されてきた心理学的測定法に，対象となる画像システムに特有の条件を加味して種々の手法が提案されている．本章では，動画像のみならず静止画像も扱い，電子画像システムの代表と考えられるテレビジョン画像を対象に，人間特性の観点から行う画像の評価，すなわち主観評価について，その基本的な性質を述べる．本章の記述は，この意味で，他の画像システムの評価にも，大部分適用可能である．
　主観評価は，1章の視覚系の性質を背景としていることはいうまでもない．また，MPEG-2の例に見られるように，国内外における評価手法の統一化が進められており，これについても併せて紹介する．なお，主観評価の全体にかかわる基本的な文献を，文献1)〜7)に，個々の事項にかかわるものについては文献欄に個々に示した．

4.1 画質とその要因

4.1.1 画像システムと視覚特性[1〜7]

　図4.1に機能的に見たテレビのシステム構成を示す．
　被写体の光情報はまず光電変換機能（テレビカメラ）により電気信号として電子情報に変換される．CGのように，最近では，最初から電子的に生成される情報も多く使われる．これらの電子情報は，必要に応じて種々の処理を受

142   4. 画 像 の 評 価

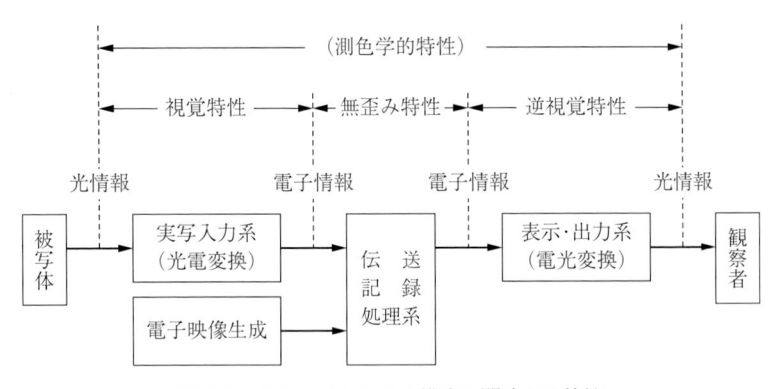

```
┌─────────────── (測色学的特性) ───────────────┐
├── 視覚特性 ──┼── 無歪み特性 ──┼── 逆視覚特性 ──┤
 光情報       電子情報    電子情報        光情報
```

```
┌───┐   ┌─────────┐                    ┌─────────┐   ┌───┐
│被 │   │実写入力系│   ┌─────────┐      │表示・出力系│   │観 │
│写 │──→│(光電変換)│──→│伝 送   │─────→│(電光変換) │──→│察 │
│体 │   └─────────┘   │記 録   │      └─────────┘   │者 │
└───┘                  │処理系  │                    └───┘
       ┌─────────┐    └─────────┘
       │電子映像生成│──→
       └─────────┘
```

図 4.1 テレビのシステム構成と関連する特性

け，DVD や VTR などに記録したり，テレビや CATV などの無線や有線手段により，視聴者まで送られる。

　被写体の光情報は，色相，彩度，明度を基本とする測色値として表される。したがって，テレビ系は得られたこの測色値を忠実に伝えること，すなわち測色的忠実さを基本原理として構成されている。しかし，実際の機器は明暗や色の範囲など，すべての面にわたって物理的限界を有している。また，1章に見られるように，視覚の特性のため，測色的に忠実であっても，観察者が必ずしも満足の行く再現画像が得られるとは限らず，視覚特性に合致した変換が必要となる。視覚特性は，図に示したように，入力系と表示・出力系で補われる。画質要因と視覚特性の関係の一例を**表 4.1** に示す[8]。

　一般に，被写体の情報は図 4.1 の系を通ることにより，何らかの変化を受ける。その適否は，再現画像の良さを表す画質を観察者が判断すること，すなわち主観評価により行われる。したがって，主観評価は

① 系を構成する各機能で生じる変化が妨害を生じていないかどうかを評価する妨害評価（impairment assessment）

② 最終的に表示された映像（情報）が十分な画質（品質）を有しているかを評価する画質評価（quality assessment）

とに大別される。

　① は，特に系の構成要素の適否，特性を具体的に記述，検討するために必

4.1 画質とその要因

表 4.1 画質要因と視覚特性の関係（文献 8）を改変）

	画像要素	感 覚	認 識	感 性	知 覚	画質要因
時間要因	ちらつき 点 滅	光 覚 明暗差 色 覚 色 差 明暗順応 色順応	認識率	色と感情，好み	CFF バートレー効果 時間周波数特性 継時対比	ちらつき (フリッカ)
空間要因	線-形 明暗（周囲光の影響） 面-色 大きさ		可読率 読みやすさ 恒常性 形，大きさ， 明るさ，色	臨場感 迫 力 自然さ 疲 労	視 力 マッハ効果 空間周波数特性 同時（空間）対比(明暗，色) コントラスト 錯 視	鮮鋭度 調子再現 色調再現
時空間要因	形の変化 運 動		記憶色	美しさ	運動視（実際運動，仮現運動） 運動視差による奥行き知覚 図形残効 主観色	ノイズ 運動の連続性

要であり，雑音や量子化誤差など，具体的な名称が付された多くの要因が検討されており，②を決める要素となっている（表 4.1，図 4.2，表 4.2 参照）。しかし，②は①以外の現在必ずしも関連が明らかでない「感性」と呼ばれる心理的要素も含んでおり，詳細については，後述する。

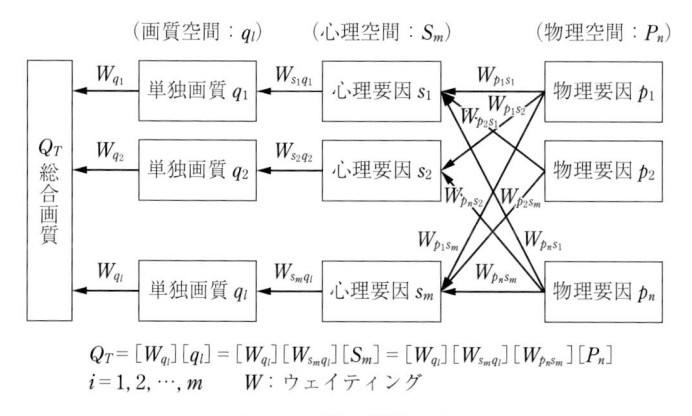

$$Q_T = [W_{q_l}][q_l] = [W_{q_l}][W_{s_m q_l}][S_m] = [W_{q_l}][W_{s_m q_l}][W_{p_n s_m}][P_n]$$
$$i = 1, 2, \cdots, m \quad W: ウェイティング$$

図 4.2 画質の階層モデル

4. 画像の評価

表4.2 テレビの画質要因（三橋哲雄：テレビ会誌，44-8 (1990)）

視覚心理特性				テレビ方式	
名　称	測　度	心理階層[*1]		パラメータ名	サブシステム方式名
美しさ，質感 臨場感 立体感 色の好み まぶしさ 最適視距離 疲　労 動きの滑らかさ	心理量	情緒・認識 (認知)階層		画面サイズ，アスペクト比	画面方式
				色再現，白バランス，最高輝度，コントラスト	表示方式／観視条件
				観視距離	
				観視時間	
				毎秒像数	
仮現運動 CFF[*2] 走査線妨害 雑音妨害 波形歪み妨害 偽輪郭妨害 むら（色，輝度） 誘導角 対比(空間,明暗,色) 階　調 MTF[*3] 鮮鋭度	心理物理量	知覚階層		毎秒像数	走査方式
				毎秒像数，インタレース	
				走査線数，インタレース	
				S/N，C/N，粒状性，誤り率	伝送・記録処理方式
				遅延・振幅周波数特性	
				量子化数	
				シェーディング	表示方式／観視条件
				画　角	
				コントラスト，最低輝度	
				ガンマ特性	信号方式
				輝度・色信号帯域	
				周波数振幅特性	
色感覚（X,Y,Z) 明暗感覚 順　応	心理量心理 物理量	感覚階層		色再現，3原色，色信号形式 コントラスト，階調 明るさ	観視条件

*1：本書4.7節参照
*2：critical flicker (fusion) frequency（臨界融合周波数）
*3：modulation transfer function（空間周波数特性）

4.1.2 画質とその要因

　具体的テレビ画像の画質要因の観点から表4.1を整理し直すと，表4.2のように表される[9]。表4.2には，画質要因のかかわる図4.1の機能ブロックに対応するサブシステム方式名も併せて示してある。

　物理要因は，いわゆる物理特性で，物理的次元を持つ要因である。したがって，電気的あるいは測光・測色などの物理的手段により量的測定が可能である。これに対し，心理要因は美しさや見やすさといった心理反応に対応し，物

4.1 画質とその要因

理的次元を持たない。したがって，量的測定のためには，観察者の心理反応を直接数量化する手法を用いる必要がある。これを，心理学的（心理物理学的，精神物理学的）測定法と呼ぶ。

物理要因との量的関係が明らかになった心理要因は心理物理要因と呼ばれる。シャープネスやランダム雑音妨害，色再現など，種々の心理要因が心理物理要因化されている。これらの心理物理要因は，歴史的，経験的に総合画質に大きく寄与することが知られているところから，評価の重要な項目となっている。システムやデバイス設計の実際的見地からいえば，すべての心理要因が心理物理要因化されることが望ましい。

最終的な画質はこれらの要因の効果の総合となり，総合画質と呼ばれる。総合画質と要因の関係は図4.2の階層構造で示される。特定の物理要因に着目し，心理要因または総合画質との関係を求めることがこれまで多く行われている。

このような特定の物理要因との関係からみた画質を単独画質，評価を単独評価と呼ぶ。心理物理要因と総合画質の間でも同様に呼ばれる。これに対し，総合画質による評価は総合評価と呼ぶ。工学的には，システムやメディアの特性の効果を知ることが重要であるので，単独評価がこれまでよく行われてきた。しかし，最終的には総合画質を知る必要があり，各階層間の定量的な関係の解明が課題である。

画質階層モデルの解析法は，つぎの2種類が考えられる。

① アップストリーム：物理要因主導で，まず物理要因を求め，つぎに心理要因とのウェイティングを求め，同様の過程を図の右側から左側へと順次繰り返して解析を進めるもので

$$[W_{qi}] \cdot [W_{smqi}] \cdot [W_{pnsm}] \cdot [P_n] \Rightarrow [W_{qi}] \cdot [q_i] \Rightarrow Q_T$$

で示される。ポイントは，物理要因の解明，ウェイティングの大きさを求めるところにあり，代表的手法としてimps (subjective impairment units：主観的劣化単位) 法がある[10]。

② ダウンストリーム：①と反対に，総合画質と単独画質との関係からはじめ，以下，図4.2の左から右へと解析を進めるもので，心理要因主導と

いえる。隠れた心理要因の解明を含めた心理要因の解明がポイントとなり

$$Q_T \Rightarrow [W_{ql}] \cdot [q_l] \Rightarrow [W_{ql}] \cdot [W_{smql}] \cdot [W_{pnsm}] \cdot [P_n]$$

で示される。心理要因検討の代表的手法としてSD法があり，詳細は別途感性画質の項で述べる。重線形回帰モデルと組み合わせた例もあり[2),11),12)]，文献11)ではつぎの関係が報告されている。

　　総合画質：$Q = 0.097D_1 + 0.104D_2 + 0.240D_3 - 0.142$

が主観的明るさ重視グループを表し

　　総合画質：$Q = 0.332D_1 + 0.149D_2 - 0.038D_3 + 0.090$

が鮮鋭さ重視グループを表す。ただし，D_1：鮮鋭さ，D_2：飽和度，D_3：主観的明るさを表す。

4.2　画 質 評 価 法

4.2.1　客観評価と主観評価―工学的測定法と心理学的測定法―

　画質を物理要因の量的測定に基づいて行う場合を客観評価と呼び，通常の工学的（物理的）測定と見かけ上異なるところはない。心理物理要因に関する評価作業は，実際には対応する物理量の測定だけであり，見かけ上は客観評価とみなせる。一方，人間による評価は，人間の心理的反応を測定するため心理学的測定法が用いられ，主観評価と呼ばれる（図4.3）。

　客観評価法は主観評価法に比べ再現性や費用の点で優れており，標準化も進められている。前節で紹介したimps法をはじめとして種々の測定用信号がテレビジョン回線や機器の評価に用いられている[2)]。また最近では，MPEGをはじめとするディジタル符号化におけるクリティカリティや，原画像（参照画像）との差分や動き，エッジなどの特徴量などに対する主観評価結果や視覚特性などを採り入れた図4.4に示すような客観評価モデルに基づく測定器が提案，開発されている[13),14)]。これらは，いずれも心理要因の心理物理要因化とみなされる。

4.2 画質評価法

① 客観評価（工学的測定）

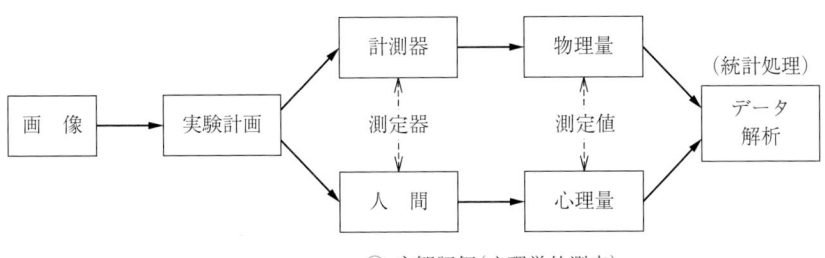

```
画像 → 実験計画 → 計測器 → 物理量 → (統計処理) データ解析
              → 人間  → 心理量 →
              測定器   測定値
```

② 主観評価（心理学的測定）

図 4.3 工学的測定法と心理学的測定法

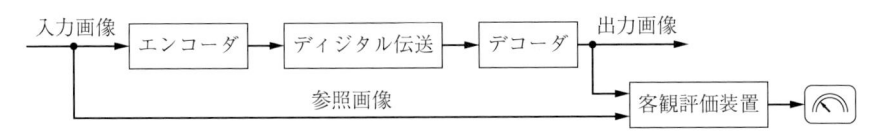

（a） 基準画像を使用する方法（double-ended）

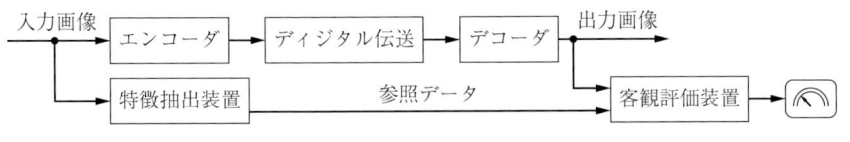

（b） 基準画像の一部の情報を使用する方法

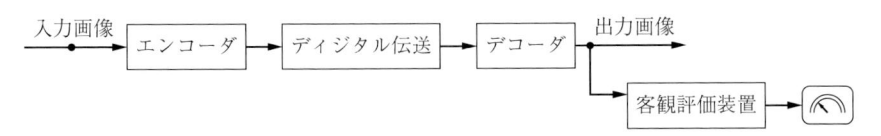

（c） 基準画像を使用しない方法（single-ended）

図 4.4 客観評価法の分類 （中須英輔：映情学誌，**54**-3（2000））

しかし，人間の肌色が実物よりもやや赤みがかっているほうが好まれる「記憶色」で代表されるように，忠実な再現が必ずしも好まれない場合があるなど，画質の心理物理要因の多くはその性質が十分明らかになっているとはいえない。画像の利用範囲は今後さらに広がるものと思われるが，それに伴い心理物理要因のみならず，基本となる心理要因もまた，今後変化してくる可能性がある。したがって，画質の最終的な評価として主観評価は今後とも重要であ

り，心理物理要因の検討により，より精度，信頼度の高い客観的測定法が種々の画像分野において確立されることが望まれる。

4.2.2 その他の評価法—生体計測と客観的評価法—[15]

心理反応は種々の生体機能へ影響を及ぼす。したがって，種々の生体信号を測定し，その変化から心理反応を定量的に測定（推定）しようとする試みもなされている。生体信号は物理量であるから，客観評価法の一種と考えられる。しかし，人間の画像に対する心理反応を，直接測定対象としているわけではないところから，主観評価と客観評価の中間として，客観的評価法と呼ばれることもある。

眼球運動や調節，輻輳などの機能は画像との関連が深く種々の検討が行われている[16]~[18]。嘘発見器へ応用されているGSR（garvanic skin reflex：皮膚電気反射），心拍や脳波なども適用が試みられている。特に脳波は高次の感性情報処理との関係から注目されている。CT（computer tomography）やMRI（magnetic resonance imaging）など，より直接的に大脳における高次情報処理過程の測定が可能な手法による検討も，今後期待されている。

脳波，特にα波を用いて，近年，画像のみならず音楽や芸術作品やマルチメディアも含めた種々の情報に対する反応の測定が盛んになっている[19],[20]。今後の画像の応用範囲の広がりや高度化を考えた場合，疲労など独自の測定対象項目以外に，心理要因の解明の手段としても，画質の生理要因は検討すべき重要な課題である。

また，画像を用いる作業の効率は画質の影響を受ける。さらに，生体機能同様，作業効率は心理反応によって影響される。したがって，画質を評価するために，作業の量や効率もまた用いられ，特に疲労に関しては深い関係があると考えられている。

以上をまとめると，画質評価法は**図4.5**のようになる。実際の評価に際しては，これらの中から，目的に対して最も適した手法を選んで使うことが必要かつ重要である。しかし，画像を用いる目的が特定されている場合を除き，表

```
                    ┌─ 客観評価法 ─── 物理測定 ─── 測光・測色・電気
画質評価法 ─────────┼─ 客観的評価法 ──────────── 生体計測
                    └─ 主観評価法 ─── 心理測定 ─── 心理物理測定
```

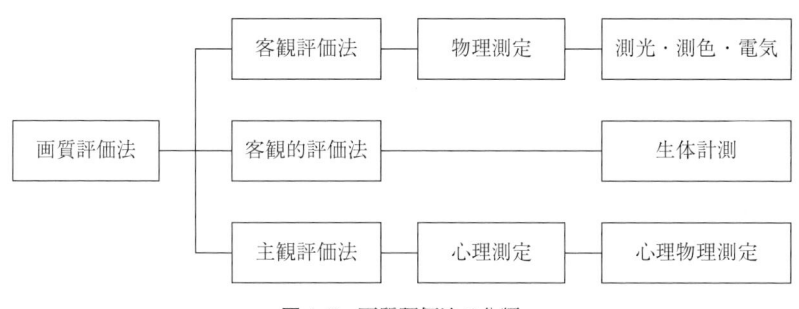

図 4.5　画質評価法の分類

4.2 の画質要因と前述の生理反応や作業効率との関係はよくわかっておらず，今後の検討に待つところが多い．表 4.3 に，代表的な測定対象，測定量と測定法およびそれにかかわる代表的な規定を示す．

表 4.3　工学的測定法と心理学的測定法

測定対象	測定量	測定法	規　定
物理要因，心理物理要因 MTF，ガンマ特性，輝度， コントラスト，色再現性ほか	物理量	工学的測定法 測光，測色， 電気・電子計測	JIS ANSI, IEC ほか
心理要因 美しさ，質感，キメの細かさ， 迫力，臨場感ほか	心理量	心理学的測定法	ITU-R, ARIB ほか

4.3　主 観 評 価 法[21),22)]

4.3.1　主観評価の特徴と望ましい条件

どのような心理的効果があるのか，重視するのは何かなどが不明な新しいシステムの開発，設計やデバイス開発においては，画質要因の解明やシステムパラメータ，物理特性の単独評価および心理要因の心理物理量化が必要である．これらのための手法としては，現在のところ，主観評価が唯一の手法である．特に，見やすさや美しさ，臨場感などの画質にとって重要な心理要因に関しては，主観評価しか有効な評価法はない．

マルチメディアは映像，音声，文字・データの統合効果により，より多彩で

高度な表現を得ようとするものであるから，このような新しいシステムと考えられる。したがって，その評価に際して，主観評価はきわめて重要となる。

物理的測定において信頼度の高い再現性のあるデータを得るためには，測定器，測定法に十分な注意を払う必要がある。主観評価においても，測定器に相当する評定者の統制や測定法としての評価法について，同様に十分な注意を払う必要がある。具体的には

① 評定者が容易に的確な判断ができ，誤差が少ないこと
② 結果の処理が容易でわかりやすいこと
③ 専門家でなくても容易に実施できること

などが，評価法として基本的に重要である。また，新しいシステムの検討を行う場合には

④ パラメータが独立に制御できない場合でも測定が可能
⑤ 心理尺度構成ができること

も重要となる。さらに，マルチメディアやカラーマネジメントに見られるように，メディアミックスの進展を考えた場合は

⑥ 異種メディア間にわたる評価が可能なこと

も重要となる。

4.3.2 主観評価の構成要素と実験の流れ

主観評価法を構成するおもな要素を図 4.6 に示す。これらの要素は，提示法

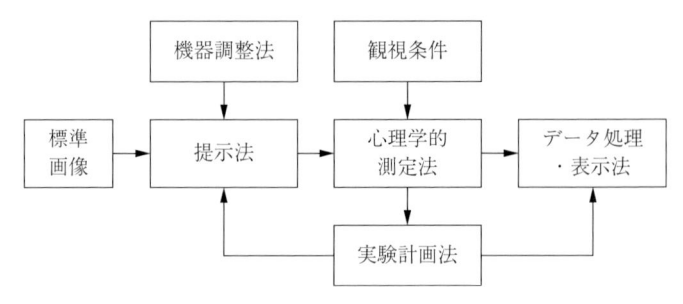

図 4.6 主観評価法の構成

4.3 主観評価法

を含むデータ化のための心理学的測定法とデータ分析のための統計処理を行うデータ処理・表示法の2大要素と，それらの基礎となる実験全体のデザインにかかわる実験計画法の三つに大別される．

統計処理および実験計画は，物理測定含め実験の種類いかんにかかわらず必要となる一般的手続きである．さらに，心理学的測定法によっては，固有の計画・処理手続きを持つものがあり，それらは主観評価法の一部と考えられる．したがって，主観評価法の特徴は心理学的測定法にあるといえるので，まずそれについて述べる．また，提示法については，心理学的測定法と対になっていることが多いので，測定法の記述と併せて行う．

主観評価実験のフローチャートを図 4.7 に示す[2]．予備実験は本実験に先立っ

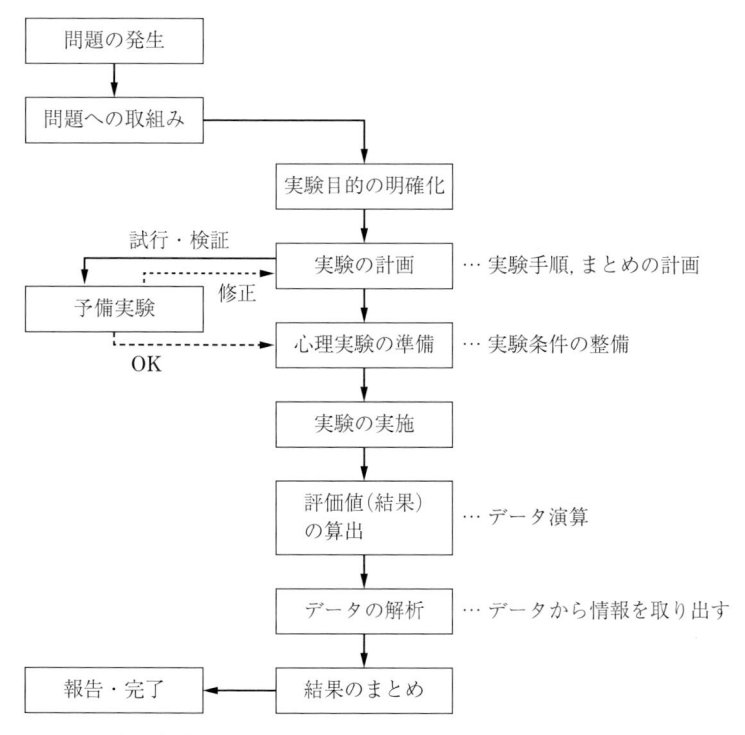

図 4.7 主観評価実験のフローチャート（宮川 洋監修，テレビジョン学会編：テレビジョン画像の評価技術，コロナ社（1986））

て少人数で行う実験である。実験における問題点を洗い出し，本実験を施行させるために不可欠であり，十分な配慮を払う必要がある。

4.3.3 心理学的測定法[23)~26)]

人間の心理反応を測定するため，心理学において極限法，恒常法，PSE法，カテゴリー法など，多くの手法が提案されている。画質評価では評定尺度法，系列範疇(ちゅう)法，一対比較法などがよく用いられる。おもな手法とその性質を**表4.4**に示す。

表4.4　おもな心理学的測定法とその性質（文献24）を改変）

名　称	手続き	特　徴
調整法	評定者が自分で調整	評定者自身が対象を変えるので満足度が比較的高い。
単一刺激法	つねに対象一つだけを提示しカテゴリーで判断	所要時間が短く，実施が容易。評価は評定尺度で行う。
評定尺度法	評点や言語で評価の点数を回答，端数可	カテゴリーに付された点数を回答，回答即尺度（連続尺度）。
系列範疇法	評点，言語のカテゴリーを選んで回答	心理尺度構成法の一つ。応用範囲広い。
一対比較法	一対の対象に対しYes，Noを回答	すべての組合せにつき順序を入れ替えて判断必要。判断容易。回数大，評定者負担大
シェッフェの法則	Yes，Noだけではなく程度を加える	違いの程度を知る固有のデータ処理法を用いる

〔1〕 評定尺度法

評定尺度法とは，数値を付与した一連のカテゴリー（例えば，①ややよい，②よい，③非常によい，など）から，対象が位置するカテゴリーを選択させる測定法である。結果は，カテゴリーの数値を用いた平均や標準偏差などで表され，平均をMOS（mean opinion score：平均評点）と呼ぶ。

評定尺度法は，実験やデータ処理の容易さから，しばしば用いられている。結果の安定性がよくなるところから，判定時に基準を明示することもある（4.4.1項参照）。前提として，カテゴリー間の心理的な差（心理的距離）は等

しいとされているので，その保証がない場合は，系列範疇法などで心理尺度を構成し，カテゴリー間の間隔を求める必要がある．よく用いられる評価カテゴリー例を表4.5に示す．

表4.5 よく用いられる評価カテゴリー例

評点	カテゴリー				限界の名称
	品質		妨害		
5	非常によい	Excellent	わからない	Imperceptible	検知限
4	よい	Good	わかるが気にならない	Perceptible, but not annoying	
3	普通	Fair	気になるが邪魔にならない	Slightly Annoying	許容限
2	悪い	Poor	邪魔になる	Annoying	我慢限
1	非常に悪い	Bad	非常に邪魔になる	Very Annoying	

〔2〕 系列範疇法

系列範疇法とは，輝度やコントラストなど，画質の要因を実験者が自由に設定・制御できる場合でも，美しさのようにできない場合でも適用可能な，最も広い一般性を持つ測定法である．標準偏差を単位とする心理尺度を構成し，その上に対象を位置づける．計算がやや煩雑であることからあまり用いられないが，評定尺度を用いてよいかどうかわからない場合には，有効な方法である．具体的処理手続きは文献26）などを参照されたい．

〔3〕 一対比較法

一対比較法とは，対象すべての対をつくり比較する測定法である．その結果，評価回数は多くなるが，心理尺度が構成でき，対象の尺度値も求められる．一対の刺激のいずれかが大きいか，よいかなどを，Yes，Noで答えるサーストンの方法，Yes，Noの代わりに多段階のカテゴリーを用いるシェッフェの方法がよく用いられる．

以上の他，評価画像のみを提示して判定を求める単一刺激法もしばしば用いられる．単一刺激法は所要時間が短いが評定者によるばらつきが大きくなることがあり，目的に合わせて適切な手法を選ぶことが必要である．比較的よく用

いられる手法は表4.4を参照されたい。

4.3.4 観視条件と標準画像

主観評価の信頼性を高めデータの交流を図るためには，観視条件，標準画像の内容，表示法，評定者などの標準化が望ましい。表示法は，基本的には評価法に含まれるので，本項ではそれ以外の項目について述べる。

〔1〕観視条件[27),28)]

観視条件は，システム設計の資料を得るなど，画質の微小変化も判別しやすい研究用の条件と，家庭を含めた実際の使用条件とを分けて考える必要がある。テレビジョン放送画像を対象にITU-R（International Telecommunication Union-R：国際電気通信連合無線通信部門）において勧告されている基本的項目を**表4.6**に示す[6)]。なお，コントラストや輝度，視距離など，個々のテレビ方式ごとに詳細が別個に規定されているので，使用に際してはそちらも併せて参照されたい。

表4.6 標準観視条件（RECOMMENDATION ITU-R BT. 500-11 Methodology for the subjective assessment of the quality of television pictures, ITU-R Recommendations and Reports, ITU, GENEVA（2004））

項目	値	
	研究用	家庭用
a ピーク輝度に対する非発光時の画面輝度の比	≦0.02	
b ピーク白の輝度に対する暗室中の黒レベルの輝度比	≒0.01	規定なし
c 輝度，コントラスト	ITU勧告 BT. 814, 815参照	
d 最大観察画角（CRT時）	30°	
e ピーク輝度に対するモニタ背面輝度の比	≒0.15	規定なし
f モニタ背面の色度	D 65	規定なし
g その他の室内照明	低	画面照度 200 lx
h スクリーンサイズ（4/3, 16/9時）	PVD*による	
i 信号処理	ディジタル信号処理がないこと	
j 解像度	報告書記載要	
k ピーク輝度	200 cd/m^2	

* preferred viewing distance（最適視距離）

〔2〕標 準 画 像

標準画像の望ましい条件としては

① テレビ番組でよく用いられる絵柄である

② クロマキー処理や符号化など，処理固有の画質変化を的確に反映する

③ 画質劣化（変化）が目立ちやすいが過度ではない

④ 1枚の絵柄の中に多くの評価項目を含む

⑤ 評価項目と時系列的変化が明示されている

⑥ context depend（文脈依存）が考慮されている

表 4.7 ハイビジョン標準静止画像の評価項目の例（熊田純二ほか：テレビ会誌，**46**-2（1992））

評価項目 \ 画像名	セットA 食物	肌色チャート	ヨットハーバー	セーターとカバン	エッフェル塔	セットB 帽子屋	雪の中の恋人	観光案内板	チューリップガーデン	クロマキーチャート
解像度	○				◎			◎		
波形ひずみ	◎	◎	○		○		○	◎		
階調	○	○			○	○				
色調		○				○				
幾何学的歪み	◎	◎							◎	○
折り返し歪み	○		○		○	○				
ディジタル処理		◎	○	○						◎
雑音				○			◎			
一様性		○		○			◎			
心理的要因 可読性					○			◎		
記憶色（肌色）		◎								○
鮮鋭さ			○		○			◎	◎	
質感	◎	○		◎			○			
臨場感					○					

◎ 非常に評価に適する
○ 評価に適する

156 4. 画 像 の 評 価

などが挙げられる。1種類の画像では，十分な評価を行うためには困難であり，目的に応じた複数枚の画像が必要となる。

各画像は，その物理的特性とともに，どのような項目の評価に適しているのかを明らかにしておく必要がある。映像情報メディア学会監修によるハイビジョン標準静止画像の評価項目の例を**表 4.7** に示す[29]。

MPEG に代表される近年の高能率符号化においては，動画像の解像度劣化が気づかれにくいなど，動画像に対する視覚特性が基本的な技術要素として採り入れられている。したがって，画像によって妨害の出現状態が異なり，アル

表 4.8 動画像の例（中須英輔：NHK 技術 R&D，37-8（1995））

シーケンス名		画像の内容（絵柄，動き）
Susie	1	電話中の女性のアップ。動きは少ない。
Flower Garden	1	花畑のある家のトラックショット。大きな木が視界を横切る。
Mobile & Calendar	1	汽車の模型と細かな模様のカレンダーが壁紙の前を動く。パンニング。
Cheerleaders	1	チアリーダーの非線形な早い動き。アンカバード・バックグラウンドあり。
Bicycle	1	林の中で自転車をこぐ2人の女性。回転する車輪へズームアップ。
Carousel	2	画面を素早く横切るメリーゴーランド。
Sprinking	3	女性のバストショットとシャワー状の水をクロマキー合成した画像。
Green Leaves	3	並木道をゆっくりズームアップ。木漏れ日によりコントラストの高い，テクスチャーを多く含んだ自然画。
Kimono	4	着物（彩度の高い絵柄をベースに細かい模様）のパン。
Rugby 1	4	観客席を含むスタジオのルーズショットからフィールド内のアップへカット切り替え。
Rugby 2	4	観客席を背景とするフィールド内の選手の激しい複雑な動き。
Popiam	4	音楽ステージ。ストロボ状にライトの点滅あり。カット切り替えあり。
Nintama	4	アニメーション。カット切り替えあり。
Mobile（Super）	5	Mobile & Calendar に文字スーパーの縦スクロール。
Rugby 2-Susie（Cut）	5	Rugby 2 から Susie へのカット切り替え。
Fade	5	黒画面からフェードイン／黒画面へフェードアウト。

1：ITU-R（現行テレビ）標準画像
2：MPEG 評価用シーケンス
3：BTA ハイビジョン標準画像よりダウンコンバートして作成
4：NHK ハイビジョン番組よりダウンコンバートして作成
5：コンピューターソフトウェアにより合成・作成

ゴリズムの評価が変化することがある。そのため，動画像についても静止画像と同様に映像情報メディア学会から提供されており，国際的にも種々の絵柄が標準画像として提案されている。後述のDSCQS法による評価に際して用いられた動画像の例を**表4.8**に示す。

アルゴリズムの開発が進むにつれ，動画の評価はますます重要となってきて，静止画における提示順序とはまた違った意味で，context depend（文脈依存）の度合いが高くなってきている。したがって，時系列的変化についても明らかにしておくことが望ましい。

このような観点から，今後，新たな標準動画像の提案が行われていくことと思われる。また，そのような観点から時系列的なリアルタイム評価法も提案されている[6]。

4.3.5 評　定　者

評定者の望ましい条件としては

① 対象を正しく判断する能力を有すること

② 評価が安定していること（誤差が少ないこと）

が挙げられる。これらは，後述する4.4.1項〔1〕，〔3〕とも関連する。

① は視機能などの基本的な生理機能が正常であるだけでなく，評価対象を正しく理解できる能力も含める。そのため，評価の実施に際しては，教示や練習等で評価対象を正しく理解させることが必要である。

② は統計的にスクリーニングが可能である。簡易な手法が文献6)に具体的に述べられているので，参照されたい。再現性，安定性が異常に低いときは原因を調べ，実験計画を立て直すことが必要である。

専門家と非専門家の分け方は必ずしも明らかではない。分類例を**表4.9**に示す。通常，専門家は非専門家に比べ分散が半分程度であるといわれる。評定者数は，ノンパラメトリック検定の面からは6名程度いればよいが[31]，ITU-Rでは非専門家15名以上を推奨している。音響では，専門家が推奨されており[32]，ゴールデンイヤーに対するゴールデンアイなど，マルチメディア評価を

表 4.9 評定者の分類

	日常業務	細かな違い	熟練度	再現性	安定性	目的・対象
専門家	画質関係	わかる	高	高	高	研究・開発
経験者	映像関係	少し分かる	高	高	高	実用規格
非専門家	それ以外	わからない	低	低	低	実用・市場調査

考慮すると，統一が望ましい。

4.3.6 機器調整法

図 4.8 は，PLUGE（picture line-up generating equipment）信号と呼ばれる，ディスプレイ調整用信号の例である[33]。観視条件規定のピーク輝度は，画面右の白バーの輝度が所要の輝度になるよう調整する。黒レベルは，画面左側の 2 本の黒の縦バーのうち，-14 mV の左側バーは信号電圧 0 の背景画面と識別できないが，右側の $+14$ mV とは差が識別できるよう調整する。最近で

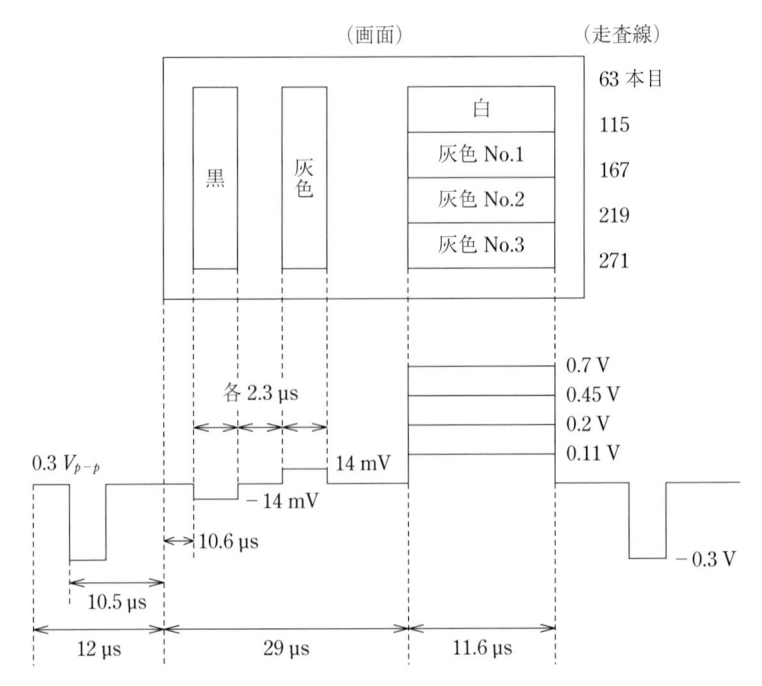

図 4.8 ディスプレイ調整用 PLUGE 信号

は，カラーバーなど，他の調整信号と同一画面内に組み合わせて用いられるものもある。その他，信号源機器や測定器など，主観評価に際しては各種の機器が用いられる。それらについては，それぞれ固有の調整法に従うとともに，予備実験時に確認をすることが望ましい。

4.4 DSIS 法と DSCQS 法[6]

ここでは測定法の実例として，最も広く用いられている二重刺激妨害尺度法（double-stimulus impairment scale method：DSIS 法）と二重刺激連続品質尺度法（double-stimulus continuous quality scale method：DSCQS 法）について紹介する。

4.4.1 DSIS 法

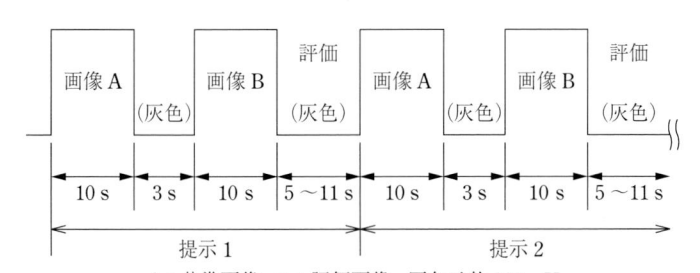

DSIS 法は，EBU（ヨーロッパ放送連合）で開発された妨害の評価法で，EBU 法とも呼ばれる。DSIS 法の提示法は図 4.9 の順序を 1 回または 2 回繰り返す。繰返しにより精度が向上する。

A：基準画像，B：評価画像，灰色は約 200 mV

図 4.9 DSIS 法の提示法

また，基準画像に対して表 4.5 に示したように，5：妨害がわからない，4：わかるが気にならない，3：気になるが邪魔にならない，2：邪魔になる，1：非常に邪魔になる，の 5 段階妨害尺度を用いる評定尺度法の一種である。結果の処理は，前に述べた評定尺度法の手続きが用いられる。5 と 4 および 4 と 3

の間がそれぞれ検知源,許容限となり,限界値が求められる。

4.4.2 DSCQS 法

図 4.10 に DSCQS 法の評価尺度を示す。グラフ尺度を用いた評定尺度法である。A または B のどちらか一方はつねに基準画像であるが,割当てはランダムであり,評定者には知らせない。評定者は非専門家 15 名以上で,判定結果に対応する尺度上の位置にマークをつける。下端からマークまでの長さを読んでデータとする。

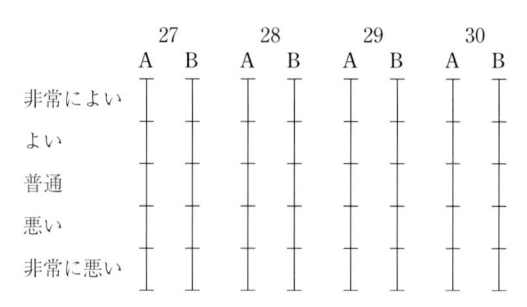

図 4.10 DSCQS 法の評価尺度の例

対提示であるので,両者の差は比較的安定であると考えられる。また,微小な画質差を判別するのに適しているといわれ,ディジタル処理画像の画質評価に適した手法として,MPEG の主観評価など,広く国際的なデータ交換に用いられている。しかし,最近,単一刺激法のほうが僅少な画質差の検出に優れているとの報告もされている[34]。基準の提示側を固定しないことにより系統誤差を避けることのできる,カテゴリー間の等間隔性や評価レンジの狭さを指摘する研究もある[35]。

DSCQS 法の提示法を図 4.11 に,実験系統を図 4.12 に示す。複数の被験者の場合は図 4.10 の手順で実験者が SW を切り替え,被験者が一人の場合は被験者が自由に切り替えてもよい。SW の切り替えに応じて,信号源の出力も切り替えられる。

DSCQS 法による評価結果の例[30] を図 4.13 に示す。画質劣化の検知源は 12

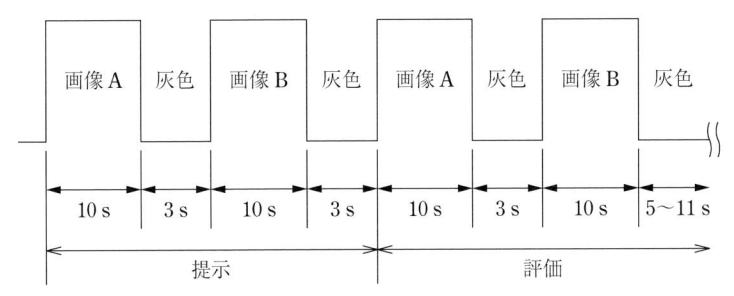

4.4 DSIS法とDSCQS法

A：基準画像，B：評価画像，灰色は約 200 mV

図 4.11　DSCQS 法の提示法

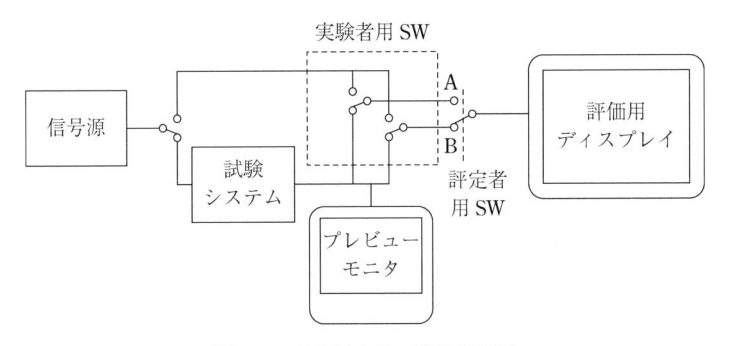

図 4.12　DSCQS 法の実験系統図

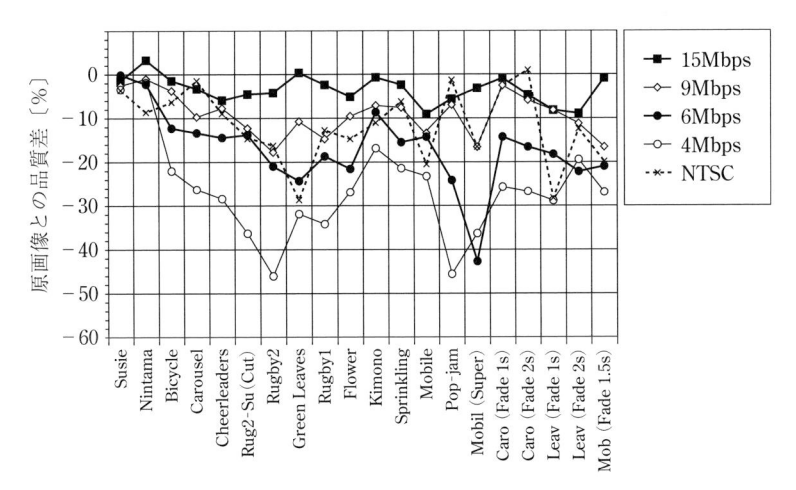

図 4.13　DSCQS 法による評価結果の例（中須英輔：
　　　　 NHK 技研 R&D, **37**-8（1995））

％，許容限は 20 ％といわれている．

4.5　評価実験の実施にかかわるその他の事項

前述の観視条件を図示すると**図 4.14** のようになる．通常用いられる 25〜40 型程度のディスプレイの場合，すべての観察者を観視範囲 30°，視距離範囲 1 H （H：画面高）以内に収めるためには，前後 2 列で最大 5 名以内の配置が望ましい．

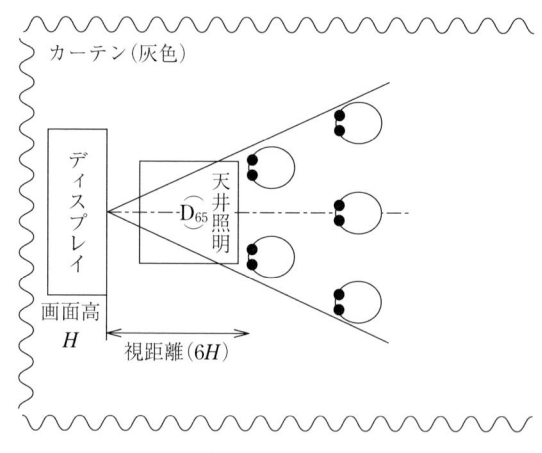

図 4.14　観視条件の実験配置の例

評価実験の実施に際しては，照明以外にも騒音を含む環境条件に配慮することも必要である．また，天候を含む試験条件や性別，年齢など個人情報に関しても実験結果の検討に際し重要となることがあるので，可能な限り記録しておくことが望ましい．

評定者は映像の場合は非専門家 15 名以上とし，特に意図することがない限り，評価すべき項目と対象，尺度，絵柄や実験方法などについて，場合によっては例を示すなどして事前に十分な説明を与えるとともに，練習により，評定者が自信を持って評価に臨めるよう図ることが必要である．

1 回の実験時間は 30 分以内とし，疲労に注意する．休憩は少なくとも実験

時間の倍，1時間以上は取ることが望ましい。また，試験開始時の最初の数回は試験に慣れるためのダミーとし，結果の解析から除くことも考慮すべきである[6]。

4.6 データ解析[35),36)]

　主観評価によって得られるデータは，これまで述べてきた画像の種類や評定者をはじめとする諸条件によって変化する。これらの本来影響を調べたい条件を要因と呼ぶ。しかし，実験には誤差が避けられない。実験計画は，いかに誤差を少なく要因の効果を得るかを目的として立てることが必要である。予備実験の意味の一つはこの点にある。

　データ解析法については，ここでは要因の効果の有無を見る基本的手法として，映像の主観評価にかかわらずデータ解析で最も広く用いられている分散分析法について述べる。その他，映像の主観評価にかかわる統計的手法については文献2)，6)，21)〜25)のほか，巻末の引用・参考文献を参照されたい。

4.6.1　主観評価データの性質

主観評価データには，つぎのような性質がある。
① 多数の人々からなる視聴者（受け手）の刺激に対する反応は正規分布する。
② 評定者は視聴者のサンプルである。
③ 評定者個々の反応が問題ではなく，母集団のパラメータを知る（推定する）ことが多くの場合目的である。
④ 評定者は「変量」である。
⑤ 評定者の判断は，個人内でもばらつきを持ち，正規分布する。
⑥ 条件によっても大きく変わり，非文脈依存（context free）ではないので，結果の外挿には注意が必要である（原則は実験をやり直す）。
⑦ 条件を統一する必要があり，標準観視条件などを用いることが望ましい。

⑧ 画像は標準画像を用いる限り，母数とみなしてよい。

主観評価データの解析に際しては，これらの性質を考慮して行うことが必要である。

4.6.2 分散分析法[37]

分散分析法とは，ある分布を持つ実験結果からなる母集団から，ランダムに誤差とともに取り出したデータに基づいて

① データのばらつきを要因ごとのばらつきと誤差に分解し

② 誤差（とみなせる）のばらつきと要因のばらつきを比べて

③ データに要因が影響しているかどうかを調べ

④ 母集団の母平均，母標準偏差，母分散の効果を調べる

ものである。したがって，主観評価に限らず，あらゆる測定において広く用いられる基本的な手法となっている。

データは時間的，空間的，時空間的にランダムに取り出されており，誤差 ei は①ランダム性，②等分散性，③正規性，④独立性（共分散が 0）を持っていると考える。要因はそれぞれ独立で，かつ加法性を持っている。技術的に指定できる母数要因と，指定できない変量要因とがあり，要因が母数か変量かでモデルが異なる。要因の数 n の実験を n 元配置，分散分析を n 元配置の分散分析と呼ぶ。

通常，画質評価における要因は，絵柄（母数），評定者（変量）および検討対象となるパラメータ（母数）の三つで，少なくとも 2 母数，1 変量の 3 元配置となることが多い。パラメータの数が増えるにつれ 4 元，5 元配置の実験が必要になる場合もある。しかし，結果の解釈や考察，実際への適用などを考えた場合，可能な限り 3 元以下で実験計画を立てることが望ましい。以下，3 元配置の場合について説明する。

2 母数，1 変量の 3 元配置の分散分析モデル（構造模型）はつぎのように示される。

データ：x_{ijkl}
$= \mu + a_i + b_j + c_k + (ab)_{ij} + (bc)_{jk} + (ac)_{ik} + (abc)_{ijk} + e_{ijkl}$

ただし，a（絵柄），b（パラメータ）：母数要因，c（評定者）：変量要因，i, j, k, …：水準（絵柄，パラメータ，評定者の番号），l：繰返し番号，μ：全平均，(a)，(b)，(c)，…：主効果（要因単独の効果），(ab)，(bc)，(ac)，…：（2次の）交互作用（要因の組合せ効果），(abc)，(abd)，(bcd)，…：（3次の）交互作用，e_{ijkl}：実験誤差を表す．

 実際の計算は市販の表計算ソフトや統計ソフトを用いればよいので，詳細は省略する．なお，使用にあたっては，要因が母数であるか変量であるかにより検定の方法が異なるので，その指定に十分注意する必要がある．

 表4.10に，映像にスーパーされた文字の見やすさを，表4.5に示した5段階の品質評定尺度で主観評価した結果について行った分散分析の結果を例として示す．要因は三つで，Aは映像を示し$A1$，$A2$，$A3$の3種類（水準と呼ぶ，以下同様），Bは文字を示し$B1$，$B2$，$B3$の3水準で，A，Bとも母数であり，評定者Cは$C1$〜$C19$の19水準（人）で変量である．使用ソフトは市販の表計算ソフトである．

 不偏分散は，要因の変化によって生じた評価の変動量（分散）を表し，単独

表4.10 分散分析表

要因	偏差自乗和 S	自由度 ϕ	不偏分散 V	F_0
映像・A	136.8	2	68.4	71.25**
文字・B	62	2	32	33.33**
評定者・C	26.2	18	1.46	1.52
映像・文字 $A \times B$	15.8	4	3.95	4.11**
映像・評定者 $A \times C$	36.5	36	1.01	1.05
映像・評定者 $B \times C$	26	36	0.72	0.75
残差	68.9	72	0.96	
全体	372.2	170		

の要因を示す1～3行目の分散は構造式の主効果に，4～6行目の $A\times B$ のように二つの要因の組合せに対して表示された分散は，同じく交互作用に対応する．残差の不偏分散が実験の誤差を表す．

F_0 は要因の不偏分散を残差の不偏分散で割った値で，その値は F 分布することが知られている．F 分布の5％値また1％値を超えると，統計的にその要因は危険率（結論が間違う確率）5％または1％で実験結果に影響している（統計的に有意）といえる．一般に，前者は＊，後者は＊＊で表示される．

本実験では，映像，文字および映像と文字の組合せが有意であり，文字のあり方について検討をさらに進めることが必要であるということができる．

4.7 感性画質

4.7.1 感性と画質

近年，種々の分野において「感性」が重視されるようになり，広く製品に採り入れられつつある．感性とは，必ずしも明確な定義が確立している訳ではないが

① 外界の刺激に応じて感覚・知覚を生じる感覚器官の感受性
② 感覚によって呼び起こされ，それぞれに支配される体験内容
   （感覚に伴う情動，欲望も含む）
③ 理性，意志によって制御されるべき感覚的欲望
④ 思惟の素材となる感覚的認識

を指す[38),39)]．

映像における感性は，その重要な応用分野である芸術分野においては，当初から重要であったのはいうまでもない．一方，テレビのような情報や娯楽などの用途においても，ハイビジョンに代表されるような高画質化は，表現範囲の拡大，高度化手段とし，より高度な感性表現を目指すものととらえることができる．したがって，画質を感性の面からとらえることはきわめて重要であり，今後ますます重要となってくるであろう．また，画質評価に際しても，感性の

4.7 感性画質

評価とそれに対応可能な手法の重要性が今後とも高まっていくことと思われる。

視覚の心理モデル[40]と画質との関連を**図4.15**に示す。表4.1，表4.2および図4.2に示した画質要因との対応で考えれば，心理物理要因は感覚および知覚の段階に対応し，心理要因はより高次の感性（知性，記憶との相互作用を含め）段階における反応としての画質に対応するといえよう。ここでは，前者を1次画質，後者を高次画質と呼ぶこととする。

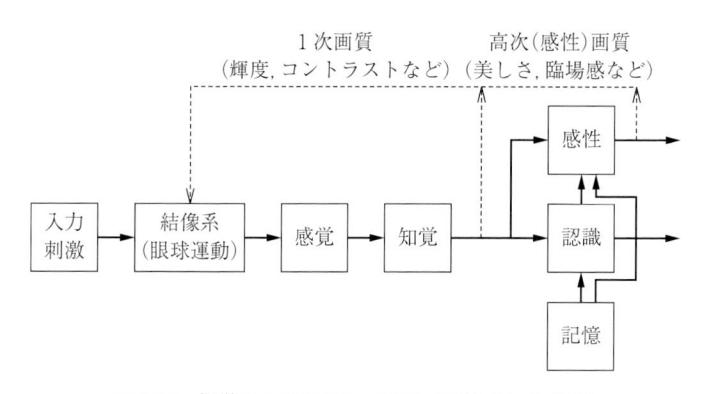

図4.15 視覚の心理モデルと画質（文献40）を改変）

今後の画質に重要となるのは，後者の高次画質であり，高次画質を実現していくためには，対応する心理要因をいかに心理物理要因化していくかが重要となる。したがって，今後の画質評価法を考えた場合，4.3.1項で述べた「望ましい評価法の条件」につぎの2項を加える必要があろう。

・感性評価が可能である（⑦）。
・物理要因との対応がとれる（⑧）。

本節では，今後ますます重要となると思われる，感性にかかわる画質（感性画質）とその具体的評価実施にかかわる事項について述べる。感性とその測定に関する生理学的考察，数学的手法などについては測定例を含めて6.2節に述べられているので，本節と併せて参照されたい。

4.7.2 感性画質の評価法―SD法と多変量解析法―

感性画質を知るためには，その基本となる人間の心理次元を知る必要がある．そのために用いられる代表的な手法にSD（semantic differential：意味微分）法がある．

SD法は，イリノイ大学のオスグッドが，言語の類似性調査手法として開発したものである．オスグッドによれば，言語のイメージは独立なつぎの三つの因子からなる[41]．

① 評価性（evaluation）
② 力量性（potency）
③ 活動性（activity）

その後，心理空間の構造解析法として広く多方面で活用され，多くの分野でこれらの3基本因子に対応する3因子と対象分野独自の因子が見いだされている[42),43)]．また，映像に関しても，画質空間の構造解析が試みられ，**表4.11**，**表4.12**に示すような，ハイビジョンや立体画像，超高精細度画像の新たな画質要因の探索などを目的とした研究に際して用いられている[44)~46)]．

表4.11 SD法により抽出された画像心理因子の例（大谷禧夫ほか：テレビジョン学会全国大会講演予稿1-5（1971））

尺度 (総計36)	因子負荷量								共有性
まとはずれな ―的確な	.259	― .144	.469	― .155	.501	.081	― .243	.197	.687
ぼやけた ―はっきりした	.233	.132	.655	― .236	.147	.031	― .318	.090	.688
抽象的な ―具体的な	.254	.117	.756	.115	.098	.062	― .298	.026	.766
⋮	⋮	⋮	⋮	⋮	⋮	⋮	⋮	⋮	⋮
幻想的な ―現実的な	.144	― .041	.778	.115	.243	.260	― .070	― .090	.782
寄与率〔％〕 累積	14.6	8.8	11.1	5.0	8.6	13.7	8.4	4.5 74.8	
因子名	強さ	明るさ	リアリティ	柔らかさ	まとまり	動的	美しさ 質感	安定感	

4.7 感性画質

表 4.12　HDTV 画像の心理因子（成田長人ほか：映情学誌, **57**-4 (2003)）

美しさ・精細感 (x_1)	寄与率 19.6 %
形容詞対	因子負荷量
鮮やかな―くすんだ	-0.94
地味な―華やかな	0.84
綺麗な―汚い	-0.83
粗い―細かい	0.82
大まかな―詳細な	0.77
醜い―美しい	0.74
繊細な―粗野な	-0.72

力量感 (x_2)	寄与率 18.6 %
形容詞対	因子負荷量
力強い―弱々しい	-0.91
静かな―騒々しい	0.89
やわらかい―かたい	0.86
すべすべした―ざらざらした	0.83

調和感 (x_3)	寄与率 16.4 %
形容詞対	因子負荷量
平面的な―立体的な	0.95
複雑な―単純な	-0.89
奥行きのある―平板な	-0.88
まとまった―散らばった	0.78
印象が薄い―印象が深い	0.77

快適感 (x_4)	寄与率 15.4 %
形容詞対	因子負荷量
不自然な―自然な	0.93
違和感のある―違和感のない	0.86
見やすい―見づらい	-0.82
快適な―不快な	-0.73

大小・遠近感 (x_5)	寄与率 8.8 %
形容詞対	因子負荷量
小さい―大きい	0.85
遠い―近い	0.85
くっきりとした―ぼやけた	-0.71

濃淡感 (x_6)	寄与率 6.5 %
形容詞対	因子負荷量
白っぽい―黒っぽい	-0.84

連続感 (x_7)	寄与率 4.6 %
形容詞対	因子負荷量
ぎくしゃくした―滑らかな	0.77

清新さ (x_8)	寄与率 4.0 %
形容詞対	因子負荷量
すっきりした―ごちゃごちゃした	-0.50
ゆがんだ―ゆがみのない	0.47
面白い―つまらない	-0.41

図 4.16 に SD 法の実施の流れを示す。流れの各段階における具体的作業はつぎのようになる。なお，（2）②以降の計算は，種々の市販統計ソフトを利用するのが便利であるので，詳細な計算手続きは多変量解析の文献またはソフトの説明書などを参照していただくこととして，ここでは作業の目的と意味について述べる。

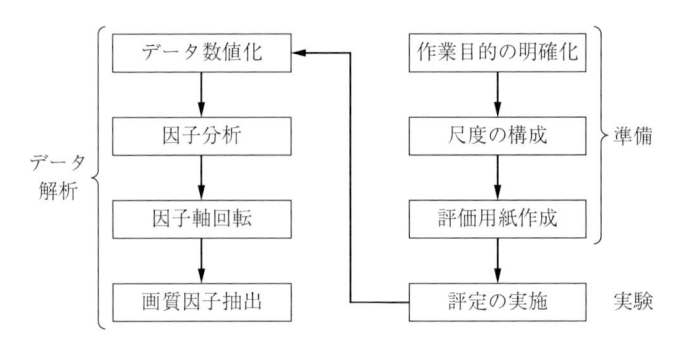

```
データ解析 ┬ データ数値化 ←──── 作業目的の明確化 ┐
          ├ 因子分析              尺度の構成      │ 準備
          ├ 因子軸回転            評価用紙作成    ┘
          └ 画質因子抽出  ←──── 評定の実施      実験
```

図 4.16 SD 法の実施の流れ

（1） 準備―尺度の構成と評価用紙の作成―

① 画像を評価する形容詞を選ぶ。
② 反対の意味を持つ形容詞を選んで対をつくる。
③ 下記に示されるような対の評価尺度をつくる。

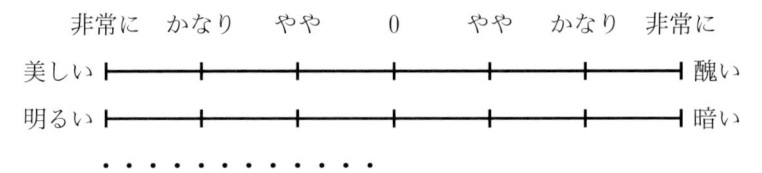

```
        非常に  かなり  やや    0    やや  かなり  非常に
美しい  ├──────┼──────┼──────┼──────┼──────┼──────┤ 醜い
明るい  ├──────┼──────┼──────┼──────┼──────┼──────┤ 暗い
```
　　　　　　　・・・・・・・・・・・・・

（2） 画像の評価とデータ解析

① 評価尺度により画像を評価する（実施法は前項に準じる）：評価尺度の数だけ心理次元があると考えている。
② 評価尺度を変数とする因子分析を行う：評価結果の相関の高い尺度をまとめて，一つの尺度（因子）とする。心理次元数縮小のイメージを図 4.17 に表す。

4.7 感性画質

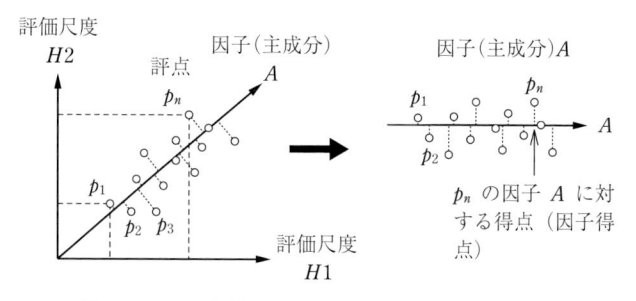

図4.17 因子分析による心理次元数縮小のイメージ

③ 各因子ごとにそこに含まれる得点の高い評価尺度から軸の意味を考え，名称をつける。

④ 因子得点の大きさから要因の効果を見る：因子分析では座標を回転して解釈の容易化を図る。SD法以外に，種々の多変量解析法を用いた研究も行われている。おもな多変量解析の特徴をつぎに示す。

 i) 回帰分析：ある変数をそれに影響する他の変数から予測する。

 ii) 主成分分析：多くの変量を少数の総合指標（主成分）で表す。

 iii) 因子分析：多数の変量の持つ情報を説明できる少数の潜在因子を探す。

 iv) 数量化：定性的（質的）データに対する解析法である。

多変量解析を用いた画質研究は，他にもこれまで種々行われており[2),47)~49)]，近年，種々の分野で応用されだしたAHP法[50)]の適用も考慮されよう。

MPEGの例に示されたように，画質の評価はいまや画像システムの開発に不可欠の技術となっている。スーパーハイビジョンをはじめとする超高精細度システムの研究・開発が進められつつあり，立体画像システムもいつの日か実現されよう。

画像システムの表現力が高度になればなるほど，画質の重要性は増し，その評価がますます重要となってくるものと思われる。それを背景に，主観評価法の統一も国内外の機関で進められている。多変量解析法の利用も含め，感性を含む統一的な画質評価法のいっそうの発展が期待される。

5 画像情報と視覚系の受容

画像情報の受容に関して，ヒトの受容機能，特に，視野を中心とする眼機能系での受容と大脳処理系での受容，加えて，視覚系以外の他の感覚系による受容機能との統合に関して，概説する．さらに，これらの機能を統合したモデルとしての代表例として，特徴統合理論と顕著性マップを採り上げる．大脳処理系は，大きくは，側頭葉，頭頂葉に至る処理系とされるが，物体認識などの機能にかかわるのは側頭葉であり，この機能にかかわる画像認識の研究は古くからの普遍的な研究課題でもある．一方，画像システムがもたらす「臨場感」に代表されるような感覚は，空間認識にかかわる頭頂葉が，深く関与すると思われ，画像システム構築のためにヒトに与える感覚・感性に着目すれば，中心的な課題として扱わざるを得ない．見方を変えれば，これらの機能を外部にマッピングした結果が視野とその機能特性とも思われる．画像システムの具体的なシステムパラメータを決定するには，初期視覚に関する知見が不可欠であり，これらの知見と4章で説明されている主観的な評価実験を用いて，決定されるといっても過言ではない．本章で採り上げ，説明するシステムパラメータは，輝度，色差，走査線数，動きなどである．さらに，符号化とも密接にかかわる画像の冗長度に関し，その統計的な処理に基礎を与える初期視覚の特性についても言及する．

5.1 画像と視覚系の知覚・認知

5.1.1 視野の受容特性

〔1〕 視　　　野

一般に視覚系から入力された画像は，視野の機能に基づけば，大きくは二つの機能，すなわち，中心視と周辺視により把握されるという考え方が最も一般的であった．この二つの機能に対応するということは，例えば，画像の入力のきわめて初期レベルの視野においてさえ見られる．通常，視野は，**図 5.1**のように，その機能が説明される[1]．図には単眼，あるいは両眼での場合の視野の大きさが説明されている．しかしながら，この視野の機能は一様ではない．こ

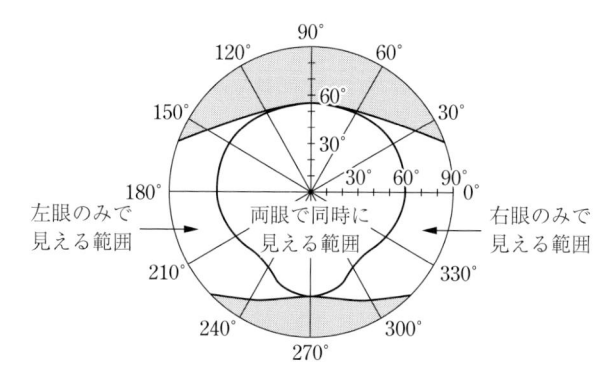

図5.1 両眼視野（樋渡涓二：視覚とテレビジョン，日本放送出版協会（1968））

の中心視と周辺視という非一様性は，網膜の錐体と桿体との分布の差から生じるものであり，二つの機能に大別される部位により画像情報が受容される。詳細には，この中心視，周辺視はさらにさまざまな分類の方法がなされている。

例えば，網膜構造を基本とすると中心窩（半径視角2.5°），中心窩の近傍から傍中心窩（同5°まで），遠中心窩（同9°まで），近周辺（同15°まで），中周辺（同25°まで），および遠周辺（視野縁まで）となる[2]。なお，視野の縁は鋸状縁と呼ばれる。この分類は基本的には単に見るという機能に中心をおいて分類された結果であるが，他方では，受動的に見るということでなく，視覚情報を採り入れるという点から視野の分類を行った例もある。

〔2〕 **視野のさまざまな定義**

図5.2は，視野の機能を示した一例である[3]。図では，基本的には中心の星印で表される一点を固視した場合を条件として視野を分類している。視野の外側から静的・動的視野，可視視野，検出視野，作業時検出視野として視野を分類し，とらえている。

静的視野は固視点を注視した状態で，視野のある位置で輝度を上げていき，見いだした条件が等しい点を結び得られる。動的視野は同状態で，視野周辺部から中心部に視標を動かし，同様に見いだした条件が等しい点を結び得られる。したがって，閾値を想定した感覚レベルにはよく整合する。可視視野は，

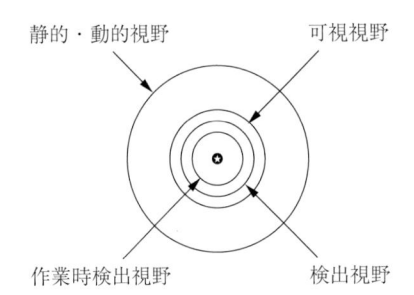

図 5.2 動的・静的視野，可視視野，検出視野，作業検出視野の相対的な広がりの比較（大山　正ほか編：新編感覚・知覚心理ハンドブック，誠信書房（1994））

測定方法，刺激により異なるが，固視点を注視した状態で視標の物理属性が同様に見えるように測定し，得られたものである。視標としての物理属性としては，文字サイズ，空間周波数などが使われる。検出視野は背景ノイズの中から，視標を検出可能な範囲で定められる。このため，眼球運動を伴わない条件では，通常の視覚情報受容の条件に近いと考えられる。作業時検出視野は，固視する点に文字や図形を置き，これらを認識すると同時に周辺に提示された視標の検出が可能な視野範囲を求めた範囲で，作業視野と呼んでいる。

5.1.2　空間・視対象の知覚・認知

〔1〕　WHAT システムと WHERE システム

視覚機能を単なる受動的な機能ではなく，行為の機能と組み合わさって役割を果たすと考えると，視覚機能の中で，空間認識機能の基礎ともいうべき視野の機能に対する考え方も大きく異なってくる。

一般に，大脳皮質における視覚情報処理経路は，**図 5.3** に示すように，大き

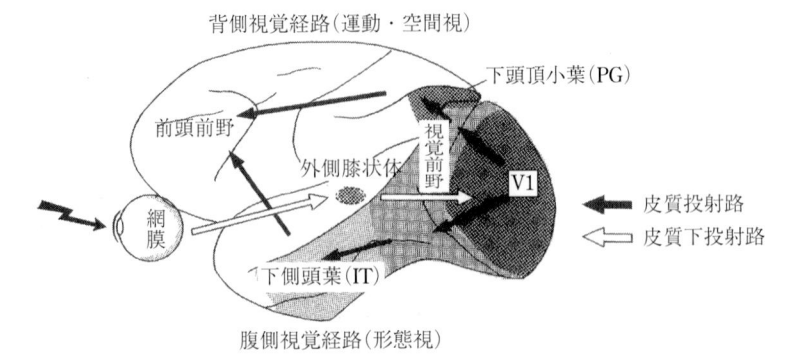

図 5.3　大脳皮質での視覚情報処理経路（福田　淳ほか：脳と視覚―何をどう見るか，共立出版（2002））

く二つあるとされており，それらは腹側視覚経路と背側視覚経路である．網膜の神経節細胞から第1次視覚野（V1）までの情報処理経路で，その途中の外側膝状体でのサルの視覚系の大きさから名づけられたマグノシステムとパーボシステムがあり，前者では運動と奥行き，後者では形状と色の情報の経路となっているといわれている．

　腹側視覚経路は大脳皮質視覚野から側頭葉にいたる経路である．視覚情報は第1次視覚野，第2次視覚野，第4次視覚野，下側頭葉に至る．持続的な応答特性を示し，空間分解能が高く，主として物体の形状，色，局所的な運動，奥行きなどの視覚情報が処理される．一方，背側視覚経路は視覚野から頭頂葉に至る．第1次視覚野，第2次視覚野，第3次視覚野，第5次視覚野（MT），MST（medial superior temporal）野の経路が代表的なモジュールである．この経路は一時的な応答特性を示し，空間分解能が低く，視野全体の運動・奥行き情報に選択性を持っているが，物体の形状や色には選択性を示さない．

　このため，腹側視覚経路は物体の形状の弁別を処理する形態視を行うといわれ，WHATシステムとも呼ばれている．一方，背側視覚経路は物体の位置の判断を行う空間視を行うといわれ，WHEREシステムとも呼ばれている．

〔2〕 HOWシステムとWHATシステム

　一般に，行為の代表的な例の一つとして目の前の物体をつかみ，動かす例がある．この際に対象とする物体までの手を伸ばすことを到達運動といい，物体をつかむことを把持運動という．したがって，到達運動で最も重要な物体の位置であり，背側視覚経路であるWHEREシステムのメカニズムに関係する．一方，把持運動にとって重要な情報は，対象とする物体の大きさや形の情報であり，これらは腹側視覚経路に相当するWHATシステムのメカニズムに関係する．

　このように考えると，背側視覚経路の役割は，物体を対象とした行為を制御するための視覚情報の処理と理解することができる．したがって，腹側視覚経路と背側視覚経路の役割は，物体を知覚するためや行為をするためとみなすことが可能である．このため，背側視覚経路はWHEREシステムではなく，む

しろ HOW システムと呼ぶほうがよいと思われる。

ところで，HOW システムの領域は環境視領域はペリパーソナル領域として区分されている。この領域は手の運動により物体へ到達し，把持・操作の行動が行える領域とされている。視野の部位として身体の前方約 1 m 以内，水平方向左右 30° 程度であり，身体中心座標系で示され，下視野の優位性がある。物体の認識や記憶は不必要であるが，物体の全体的な形状，奥行き，運動情報の処理などの視覚情報処理がなされる。

一方，WHAT システムの領域はフォーカルエキストラパーソナル領域と称され，視対象を探索・認識する行動がなされ，身体前方の輻輳面で規定され，輻輳点を中心に奥行き方向に移動し半径 15° 程度の領域とされる。網膜中心座標系で視対象の認識が行われ，輪郭情報，色情報の抽出などの局所的な情報処理が行われる。

さらに，環境視の機能で把持運動などの行為ではなく，自己運動中の姿勢と環境の知覚を安定させる視野の部位をアクションエキストラパーソナル領域と称している。この領域は視野全体に広がり，視野と奥行きに関しては周辺部の寄与が大きい。空間定位と姿勢制御を行うための視覚情報にかかわる処理がなされる。代表的な例として，水平線，パースペクティブ，オプティカルフロー

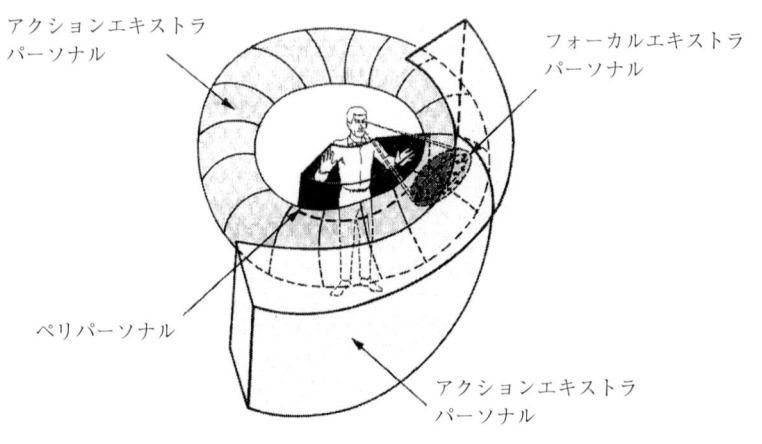

図 5.4　環境視における視野のモデル（F. H. Previc：Pyschological Bulletin, **124**-2（1998））

の情報処理が挙げられる。

このような考えに伴う視野のモデルの一つを図5.4に示す[4]。図のフォーカルエキストラパーソナル領域は，WHATシステムの中心課題であり，物体の詳細な構造の知覚，認識を担う。一方，身体前方の手が届く範囲のペリパーソナルエリア，前方2〜30 m範囲のアクションエキストラパーソナルエリアはHOWシステムの中心課題であり，知覚と行為，あるいは空間記憶や作業記憶を含むナビゲーション機能などにかかわるとされている。なお，視野の機能というのは，大脳皮質で行われている信号処理経路を投影したものと等価とみなせる。

5.1.3 自己定位と臨場感

〔1〕 五感と自己定位

一般に感覚器官からの知覚は，「五感」と呼ばれるように，視覚，聴覚，触覚，嗅覚，味覚からなっているとされている。しかしながら，これらの感覚器官のおもな目的は，外界の情報の把握の観点から必要とされる感覚知覚の受容機能にすぎない。生体にとっては，外界情報の受容は，重要な基本的な処理機能であるが，それにもまして基本として重要な機能は，自己の外界における同定機能である。つまり，自分自身が動いているのか，静止しているのか，あるいは自己の身体の傾きの検出などであり，これらの機能はきわめて重要である。このような機能を自己定位機能と呼び，この機能の基礎となる平衡感覚は，いわゆる「五感」と比較しても，劣ることのない重要な感覚である。

自己定位の機能は視覚系のみならず，他の五感も寄与するが，寄与が大きい機能に前庭迷路系，筋骨格系がある。これらの器官では自己定位にかかわる機能の一つである自己運動感覚をも司っている。

〔2〕 視覚誘導自己運動

自己定位の機能は，視覚系を中心とすれば，前庭迷路系や筋骨格系により司られている。しかしながら，視覚系への情報のみでも，自己定位の機能は働き，ともすれば錯覚として扱われるが，基本的には錯覚ではなく，正しい処理結果としてとらえることが可能である。特に，視覚系に動き情報を与えると，

自分自身は静止しているにもかかわらず，自分自身が動いていると感じる現象を視覚誘導自己運動[5]と呼んでいる。

この現象は，外部の視覚情報により，観視者が視覚情報から影響を受けるため，「臨場感」との関係で話題になることが多い。ここでは「臨場感」を，あたかも，その場所にいるかのような感じを受けることととらえていることが推測される。

視覚誘導自己運動（誘導速度，誘導感）を，実験装置により測定した結果を図5.5に示す[6]。図（a）によると，網膜の中心部120°まで覆っても視覚誘導自己運動感が得られるが，中心部30°の刺激ではほとんど視覚誘導自己運動が得られていない。しかし，後の研究結果では，図5.6のように，視角30°の同面積の視標を視野の中心のみ，45°周辺視野，そして中心視野＋45°周辺視野

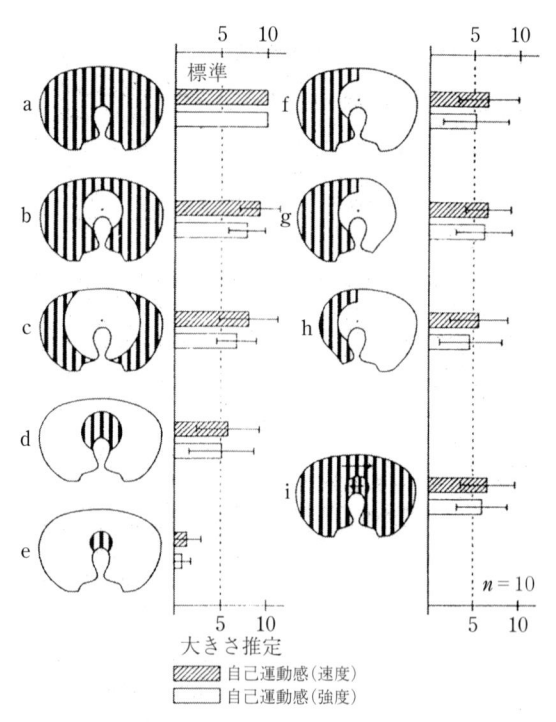

図5.5 視覚誘導自己運動への中心視野と周辺視野の影響の差(T. H. Brandt et al.：Exp. Brain, Res., **16**(1973))

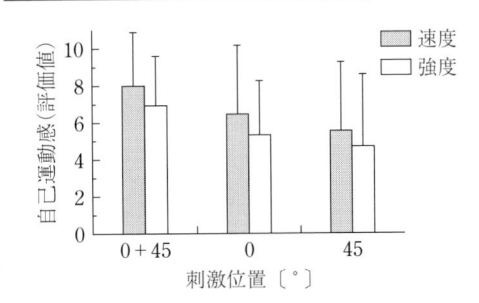

図 5.6 中心視野と周辺視野による視覚誘導自己運動
(R. B. Post：Perception, **17**（1988））

に提示した場合でも，視野の中心と周辺視野 45°の提示では，自己運動感に差が認められない[7]。これらの結果から，周辺視野のみへの視覚刺激が視覚誘導自己運動感，ひいては臨場感にかかわるような効果につながるとはいえない。

なお，視覚系のみへの過大な情報の提示は，ともすれば近年は映像酔いと称する動揺病の原因ともなる。動揺病の要因は，例えば，視覚系と前庭迷路系への矛盾した情報にあるという感覚矛盾説があるが，いまなおそのメカニズムは明らかではない。

5.1.4 画像情報と視対象の処理・認知

〔1〕 視覚の初期過程

画像情報の認識・認知機能に関しては，前項で説明したように，生体の機能系の大局的な処理をする背側視覚経路である WHERE システムと腹側視覚経路に相当する WHAT システムの二つのシステムによる機能が相当する。これらの機能は，当初いわれたように，完全に独立・機能しているわけではなく，相互の関係やあるいは運動機能とのリンク性なども，近年は指摘されている。

図 5.7 にこれらの機能のブロック図を示す[8]。外界からの画像にかかわる情報は，網膜から外側膝状体（LGN）を経て，Ｖ１と呼ばれている第１次視覚野にほとんどの信号が届けられると同時に，外側膝状体からの情報は，上丘，視床枕を経て，おもにＶ１以外の視覚野に経路がある。前者の経路を膝状体

180   5. 画像情報と視覚系の受容

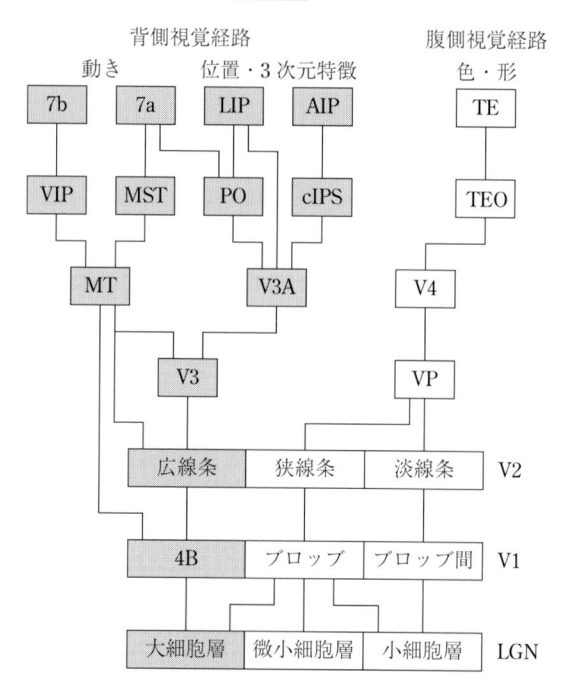

```
           背側視覚経路              腹側視覚経路
         動き    位置・3次元特徴      色・形
        ┌──┐┌──┐┌──┐┌──┐        ┌──┐
        │7b││7a││LIP││AIP│        │TE│
        └──┘└──┘└──┘└──┘        └──┘
        ┌──┐┌──┐┌──┐┌──┐        ┌──┐
        │VIP││MST││PO ││cIPS│      │TEO│
        └──┘└──┘└──┘└──┘        └──┘
         ┌──┐        ┌──┐         ┌──┐
         │MT│        │V3A│        │V4│
         └──┘        └──┘         └──┘
                    ┌──┐         ┌──┐
                    │V3│         │VP│
                    └──┘         └──┘
        ┌────┬────┬────┐
        │広線条│狭線条│淡線条│ V2
        └────┴────┴────┘
        ┌────┬────┬────┐
        │ 4B │ブロブ│ブロブ間│ V1
        └────┴────┴────┘
        ┌────┬────┬────┐
        │大細胞層│微小細胞層│小細胞層│ LGN
        └────┴────┴────┘
```

図 5.7 大脳皮質における視覚情報処理と階層化機能
（福田　淳ほか：脳と視覚—何をどう見るか，共立出版（2002））

視覚経路，後者を膝状体外視覚経路と呼んでいる．後者については，通常の視覚機能への寄与は明確ではない．このため本項では，前者の経路である膝状体視覚経路についてのみ説明する．

　このような事情のため，Ｖ１は大脳における視覚経路の始発点でもある．大脳皮質の視覚路を特徴づける機構は，階層構造とそのモジュールの処理としての並列，機能としての可塑性である．しかしながら，この階層構造は，情報の分配あるいは処理が可能なように階層構造をとっているばかりではなく，並列化されたモジュール相互の経路もあるために，階層構造を含む分散構造ともいわれている．

　また，前述したように，視覚経路の後半は側頭葉に至る腹側経路と頭頂葉に至る背側経路に大きく分かれている．また，領野間の経路は，ほとんどが双方

向であり，特にフィードバック経路に関しては，さまざまな推測がなされているといっても過言ではない。

V1の神経細胞は，画像情報の中の線分の方位，色，空間周波数などに対して，選択性を持っていることがよく知られている。第2次視覚野（V2）はV1に接して，V1の前に帯状に広がっている。V2への入力は，ほとんどがV1からである。

V2の神経細胞の機能は，V1と同様に選択性を備えているが，受容野がV1に比べて広い範囲になっている。また，実際には輪郭が生じないが，錯視として見える「主観的な輪郭」にも反応し，このような知覚とも関係するといわれている。V2の機能は，まだ十分には解明されていないが，第3次視覚野（V3）はV2以上に解明されていない。

第4次視覚野（V4）は色の情報処理に深くかかわっていることが理解されている。特に，「色の恒常性」に関する神経細胞の存在が知られている。一方では，色に選択性の反応を示す神経細胞のみならず，V1と同様に選択性を持った神経細胞がある。

第5次視覚野（V5）は，MTとも呼ばれている。V5は大脳表面からは見ることはできず，上側頭溝後部にある。V5では，画像情報内の運動方向に対して，選択的に反応する神経細胞が存在する。反対に，色あるいは線分の方向などに選択的に反応する細胞は存在しないといわれている。

〔2〕 **特徴統合理論**

ヒトの持つ感覚・知覚処理，特に視覚情報処理に着目して，比較的わかりやすく，しかも強力な理論として提案されているのが特徴統合理論である。この場合，機能分散処理のドライブとして選択性注意を挙げている。しかしながら，これまで述べたように，視覚情報は生理学的あるいは行動学的に，機能処理として別々の次元に分析されるという考え方は明白であるが，知覚・認知機能と物理次元の一致は必ずしもなされるものではない。この理論モデルでは，視覚情報は，最初に多くの別々の次元（例えば，明度，空間周波数，方位，色，運動方向など）に分析される。これらの個々の分析された表象される特徴

を再度,結びつけ,物体を形づけるには,いずれの特徴に対しても注意により,統合に向けて逐次的に処理されなければならない。このように注意は,個々も表象された特徴を結びつける働きを行う。この機能が正しく働くならば,物体の知覚・認知はなされるが,特徴の結びつけに失敗すると,結合錯誤となる。このようなモデルの概念図を図5.8に示す[9]。このモデルが示すように,視覚情報処理が二つのレベルか構成され,一つは空間的に並列,かつ自動的であり,他の一つは選択的注意を必要とし,逐次的であるという過程は,基本的な情報処理機構として認められている。

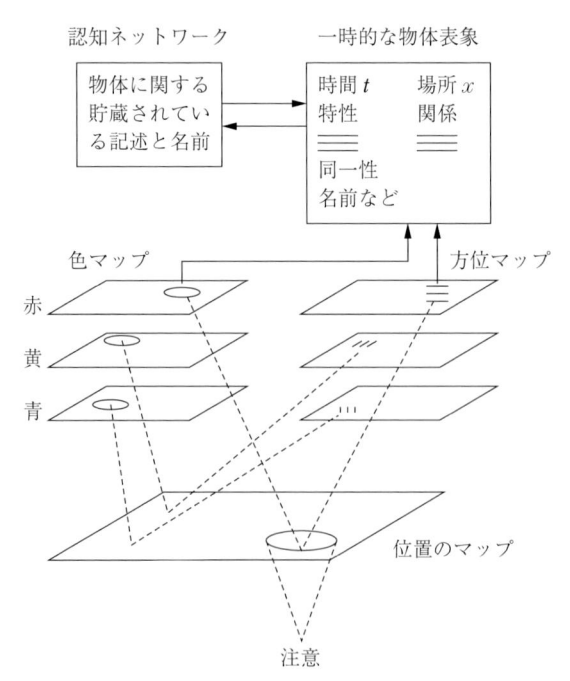

図5.8 特徴統合理論の概念図(横澤一彦(齊藤 勇 監修):認知心理学重要研究集1-視覚認知,誠信書房(1995))

〔3〕 顕著性マップ

特徴統合理論を基本として発展してきた考え方に,顕著性マップという考え方がある。顕著性マップは,いまなお,視覚情報処理に関する学際領域での知

5.1 画像と視覚系の知覚・認知

見を採り込みつつ発展している。また，顕著性マップから得られる手法，あるいは，知見には工学的な応用の可能性も見られる。

　顕著性マップは，まず，2次元平面におけるトポロジカルな顕著性の分布を表現し，位置 (x, y) と顕著性値で記述される。つぎに，マップは線分方位，色や運動といった視覚的な属性を示す特徴マップから構成される。ただし，顕著性情報はこれらの情報の統合結果であるため，位置 (x, y) で何があるかを示してはいない。この顕著性情報は，眼球運動，リーチング，あるいは注意の移動といった行為の対象位置を決定する機構に直接関係しているといった特徴を持っている。顕著性マップを示す一例を図5.9に示す[10]。図に示すモデルでは，まず視覚情報に線形フィルタを施し，各視覚初期属性で，特徴の抽出がなされた顕著性（特徴）マップが得られている。これらに，DOG (difference of Gaussian) フィルタを利用した側抑制を行い，視覚情報である個々のシー

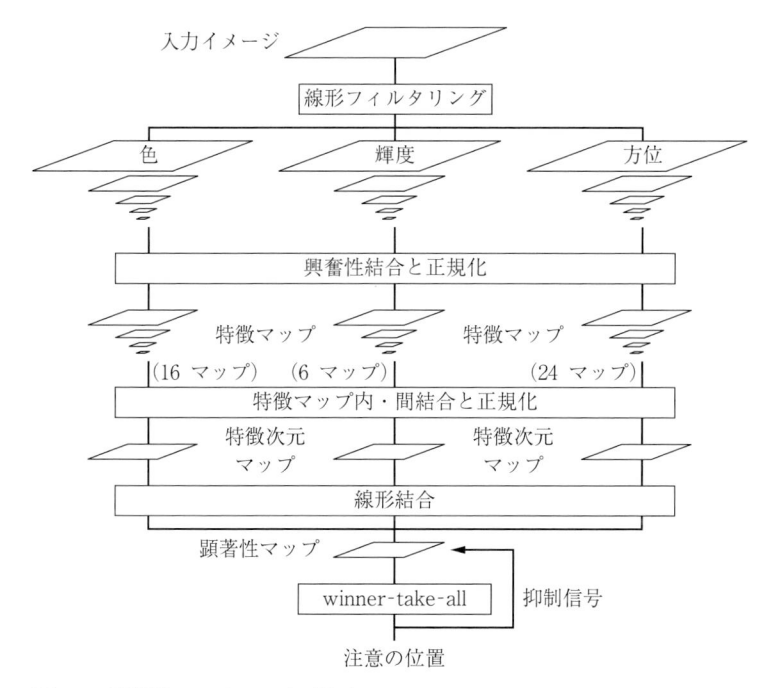

図5.9　顕著性マップのモデル図（L. Itti et al.：IEEE TRANS, ON, PATTERN ANALYSIS AND MACHINE INTTELLIGENCE, 20-11 (1988)）

ン内で多量に存在する視覚属性の重要度，すなわち顕著性は減じられ，少数の存在の視覚属性の顕著性は向上する．これらの処理の後に，異なる視覚属性，例えば色や輝度などを顕著性と同レベルで考えることは不適当であるから，各属性ごとに線形和をとり，次元別顕著性（特徴次元）マップが形づくられている．さらに，次元別顕著性マップを線形和し，顕著性マップが構成される．また，この顕著性マップモデルでは，顕著性マップで表された情報を利用して，顕著性の高い位置から視覚的注意が順に配されていく．このモデルでは，顕著性の高い位置の検出にはWAT（winner-take-all）ネットワークが用いられ，一方，注意が向けられた処理が，終了した位置に再帰的に注意が向けられることを防ぐために復帰抑制信号が加えられ，顕著性を減じる処理がなされている．

5.2 画像パラメータと視覚特性

5.2.1 明るさ知覚と輝度情報

〔1〕 コントラスト

ディスプレイでの必要なコントラスト比は，所要とされる画面輝度とともに，最適値も含めて議論されてきている．しかしながら，これらの最適値と思われる値は，画面の観視条件により，視覚特性である順応輝度レベル，対比効果などが影響を受け，簡単には明確にするに至っていない．視覚特性に影響を与える要因は，特に周囲光の条件，画面の表示面の拡散反射輝度の影響が大きいといわれている．

図5.10は，明暗対比における周辺の輝度効果を表した結果である[11]．この対比効果は直径28′と55′から同心円上の視標と，この同心円の中心から52′離れた固視点，さらに，この固視点から52′

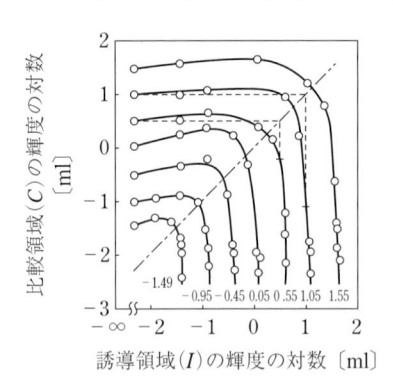

図5.10 明暗対比における周辺の輝度効果（E. G. Heinemann：J. Exp. Psychol., **50**（1955））

離れた 28′ の円視標からなる視覚刺激で行われている。同心円上の視標の小さい直径（28′）の円の明るさを T（：一定）とし，外側の大きい直径の円（55′）の明るさ I（：パラメータ）として可変とし，T を離れた円の明るさ C でマッチングする。図 5.10 は，このマッチングの結果を示している。図によると，T を基準とした I の明るさの対数値が負の場合，つまり，背景が暗い場合，T の増大につれ，マッチングする C の値もわずかながら増大する。しかしながら，I が正の対数値の場合，つまり背景が明るい場合，マッチッグされる T の値は急激に減少することが理解される。この結果は，暗い背景が中央の灰色を明るくさせるより，明るい背景が中央の灰色を暗くさせる効果がはるかに大きいことを示唆している。

一方，**図 5.11** はある一定の輝度を背景とした直径 1° の円を視標とした場合の明るさの感覚を調べた結果である[12]。図の点線は，背景と円形の視標を同輝度とした場合の明るさの感覚の結果である。この破線と実線との交点での明るさを背景輝度として，円形の視標の明るさを変えて調べた結果が，実線の明るさの感覚の結果である。なお，これは網膜の視細胞レベルでの結果であり，大脳皮質での情報処理は含まれていない。しかしながら，すでに網膜レベルで，背景の輝度に応じた適応的な処理が行われていることが理解され，明るさ感覚の特性の把握の困難性もうかがうことができる。

最適なコントラスト比と最高輝度を画像レベルで調べた実験は，田所ら（1968），藤井ら（1975）の例がよく知られている。田所らの実験[13]は，

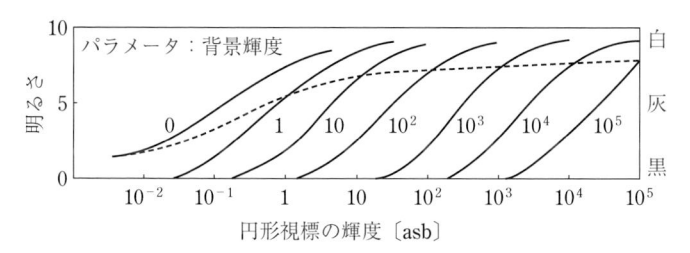

図 5.11 背景輝度と円形視標の明るさの関係〔破線は順応レベル〕（V. H. Grosskopf：Rundfunktechnische Mitteilungen, **7**（1963））

SMPTEのテスト画像を用いて行われ,結果として好ましい表示面の反射輝度 $0.7 \sim 2 \, \mathrm{cd/m^2}$ に対して,最低輝度 $1.4 \sim 2.8 \, \mathrm{cd/m^2}$ と最高輝度 $75 \sim 85 \, \mathrm{cd/m^2}$ が好ましい輝度値として得られている。この場合,コントラスト比は30〜50となる。この値は,40年近く過去の実験結果であり,視覚の特性が変わり得ないとはいえ,現在の感覚からすれば,特に最高輝度の低さに,違和感を持たざるを得ないところもある。

一方,**図5.12**は,藤井らの実験結果[14)]である。この実験は,まず,NHKが行った一般家庭2858世帯の受信実態調査から,表示画面の中心位置における夜間の垂直照度は74.7 lx,水平照度は84.9 lx が平均値となっていることを踏まえて行っている。実験は,SMPTEのテスト画像,および放送番組を用いて行われている。この結果によると,最高輝度 $300 \sim 450 \, \mathrm{cd/m^2}$,最低輝度 $3.5 \sim 7 \, \mathrm{cd/m^2}$ で,コントラスト比は約45が望ましいとの結果を得ている。前述の田所らの研究から,10年とたたない研究ではあるが,最高輝度には変化が見られ,その背景となるディスプレイの進歩をうかがうことができる。

近年,窪田らが家庭におけるテレビの観視条件を調査している[15)]。その結果を示す**図5.13**によると,まず画面照度の範囲は $23 \sim 327$ lx で平

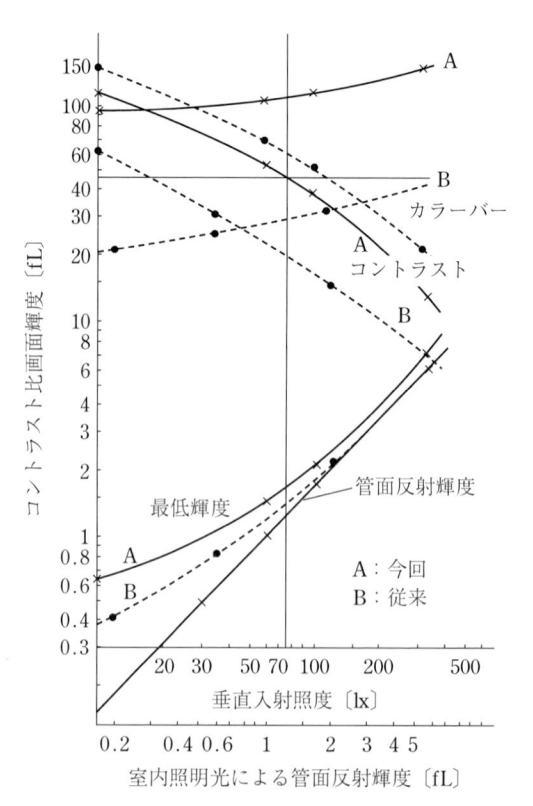

図5.12 望ましい画面輝度とコントラスト比
(藤井猷孝:テレビジョン学会視覚情報研究会資料,**14**-3(1975))

均 108 lx であった。また表示輝度は，最高階調の白で 72〜530 cd/m²，平均値 260 cd/m² であり，黒輝度は画面照明に依存し，1.56〜7.01 cd/m² で平均 3.97 cd/m² となっている。この平均値では，コントラスト比は約 65 となる。調査は 50 世帯の家庭で行い，

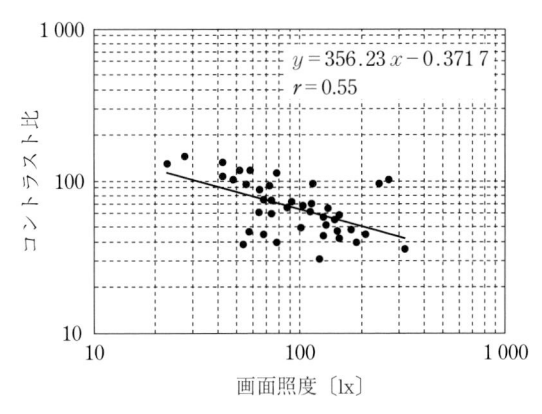

図 5.13 画面照度とコントラスト比（窪田 悟ほか：映情学誌，**60**-4（2006））

表示装置は CRT が 90 ％ を占めている。このため，CRT，PDP が表示面の拡散反射率が 5〜7 ％ であるのに対して，LCD は 0.5 ％ 前後の値であり，今後 LCD の普及も進むと，CRT との違いが生じるであろうと指摘している。

一方，好ましさとは異なるが，コントラスト比に関しては，ITU-R が既定する画質評価のための標準観視条件では，勧告 500-3 で定められており，**表 5.1** に示すようになっている。この観視条件は，画質の評価を主眼として決められているが，好ましいコントラスト比という点から見ると，現実の観視状況といくばくか乖離(かい)した状態があることは否めない。

〔2〕 階 調

一般に，量子化において，線形の量子化器を用いた場合の量子化誤差は，次式で与えられる。

$$\frac{V_{p\text{-}p}}{N_q} = \sqrt{12} \times 2^n \tag{5.1}$$

ここで，入力信号のピーク値は $V_{p\text{-}p}$，量子化ビットは n ビットとしている。デシベル表示すると

$$20 \log(\sqrt{12} \times 2^n) = 10.8 + 6n \; \text{〔dB〕} \tag{5.2}$$

で表される。量子化による SN 比は 10.8 dB をベースとして，ビット数を 6 倍した値を加えた値となる。したがって，8 ビット量子化を行うと，SN 比

表 5.1 標準観視条件

（a） 現行テレビジョンの標準観視条件（ITU-R 勧告 500-7）

	項　目	パラメータの値
1	視距離	$4H$ と $6H$（H：画面の高さ）*
2	画面のピーク輝度	$70\ \text{cd/m}^2$
3	非発光画面輝度のピーク輝度に対する比	≤ 0.02
4	黒レベル輝度のピーク輝度に対する比（於：暗室）	～0.01
5	モニタ設置場所での背景輝度のピーク輝度に対する比	～0.15
6	室内照明（周囲照度）	低いこと
7	モニタ設置場所の背景色	D_{65}
8	モニタおよび背景を観視する角度	$43°\text{H} \times 57°\text{W}$（ITU-R 勧告 1128）
9	画面サイズ	20 インチ以上

* 評定者の配席は視距離 $6H$ で横 3 列が望ましいが，状況に応じて 2 列 5 名でもよい．この場合，セッションの半分は $4H$ 2 名，$6H$ 3 名で行い，残りの半分は $4H$ 3 名，$6H$ 2 名で行う．

（b） HDTV 標準観視条件（ITU-R 勧告 710-2）

	項　目	パラメータの値
1	視距離	$3H$（H：画面の高さ）
2	画面のピーク輝度*	$150 \sim 250\ \text{cd/m}^2$
3	非発光画面輝度のピーク輝度に対する比	≤ 0.02
4	黒レベル輝度のピーク輝度に対する比（於：暗室）	～0.01
5	モニタ設置場所での背景輝度のピーク輝度に対する比	～0.15
6	室内照明（周囲照度）	低いこと
7	モニタ設置場所の背景色	D_{65}
8	モニタおよび背景を観視する角度	$53°\text{H} \times 83°\text{W}$
9	評定者の配置	画面中心から水平 $\pm 30°$ 以内の範囲での評定者の配置が望ましい
10	画面サイズ	対角長 1.4 m（画面サイズ：55 インチ）**

* 当面は $70\ \text{cd/m}^2$ 以上
** 少なくとも 75.2 cm（画面サイズ 30 インチ）以上

58.8 dB を得ることができ，直線量子化に関する限り，視覚的な無評価 SN 比の点からは問題がないと思われる．

　一方，画像のディジタル化に伴う所要ビット数が検討されている[16]．この検

討に際しては，標本化・量子化雑音が相関の強い，いわゆる「偽輪郭」として画面上で静止して見えるため，量子化ビット数の最大因子と考えられるとして検討を行い，さらに，カラーテレビ色信号の所要量子化ビット数は輝度信号に比べて小さいから，輝度信号の結果に基づいて定めればよいとしている。

検討に際して，実測した受像管の入力電圧 E と管面輝度を実測し，次式を求めている。

$$B = 800E^2 + 10 \ [\text{cd/m}^2] \tag{5.3}$$

したがって，受像管入力電圧換算弁別閾値は

$$\Delta E = \frac{800E^2 + 10}{1\,600E} \cdot \frac{\Delta B}{B} \tag{5.4}$$

となる。

ところで，明るさの弁別閾値 ΔB に関しては，背景の明るさを B とすると，ウェーバー-フェヒナーの法則から，$\Delta B/B=$ 一定であり，かつ，その実測値は 0.02 となる。したがって，ダイナミックレンジ $E_{p\text{-}p}$ 内の最小値を $\Delta E_{\min}$ とするとき，信号電圧変化検知限を求めると $\Delta E_{\min}/E_{p\text{-}p}$ は図 5.14 のように，再暗部近くで -50 dB (p-p/p-p) となる。この場合，量子化雑音は p-p で評価し，信号源の雑音が無視できる場合には量子化ビット数として 8.3 ビット必要と結論を得ている。しかしながら，実際のシステムへの適用については，例えば，信号源の雑音が無視できないようなウォブリング効果を持つテレビジョン信号では，量子化ビットは低減が可能としている。

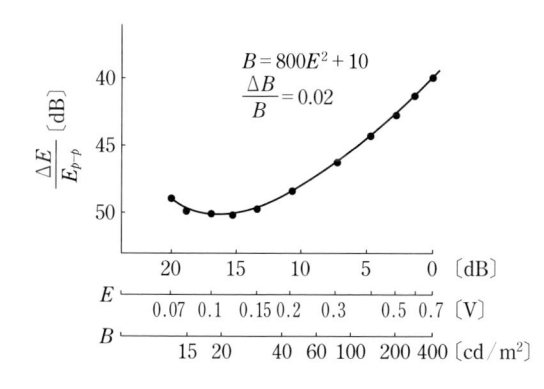

図 5.14 CRT モニタ入力対入力換算明るさ弁別閾値
© 1971 IEICE[16]

量子化に基づく階調の表現には，さらに，ガンマ補正の問題と信号処理の問題がある。また，現在は大きな問題ではないが，大画面での表示を考えるとリコーの法則を考慮する必要があり，将来的には検討課題でもある。

5.2.2 色知覚と色差情報
〔1〕 色度時・空間周波数

色の知覚は，3章でも記述されているように，輝度信号である明暗の知覚に比べて，機能に差がある。図 5.15 に輝度信号と色度信号の空間周波数特性を示す[17]。図では，横軸に水平空間周波数を表し，縦軸にコントラスト感度を示している。図中で○印が輝度の空間周波数特性を示し，□印が色度の空間周波数を表している。この特性から理解されるように，色度信号のほうが帯域が狭いといえる。また，この図では，輝度はバンドパスの特性を示しているが，色度は単純なローパスの特性である。一般には，色度はローパスの特性で表されている例が多いが，色度もまた，バンドパスの特性を示している結果もある[18]。このような色度の輝度に対する空間周波数での狭帯域なコントラスト感度の特性は，カラー画像を取り扱うシステムでは，色情報を輝度情報に比較して，空間周波数で狭帯域な情報として取り扱っても，システムとして整合性を保障する根拠ともなっている。

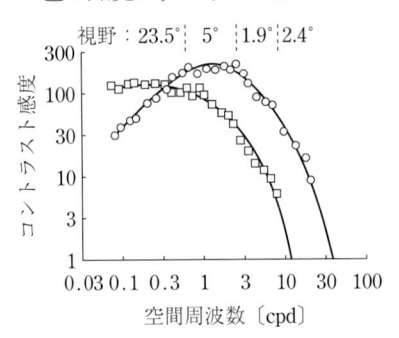

図 5.15 輝度および色度正弦波パターンの空間周波数特性（K. T. Mullen：J. Physiol, 359 (1985)）

一方，輝度・色度の時間周波数特性は，図 5.16 のように表される。図では，横軸がいずれも時間周波数を示し，縦軸がコントラスト感度を表している。図（a）が輝度の時間周波数特性を示している[19]。図（b）の左が赤-緑，右が青-黄の色度正弦波パターンに関する時間周波数特性である[20]。この特性で，色度情報に関して特徴的なことは，約 3 Hz から応答が減衰することとローパスの特性を示すことである。低域時間周波数で応答が減じるようなバンドパス

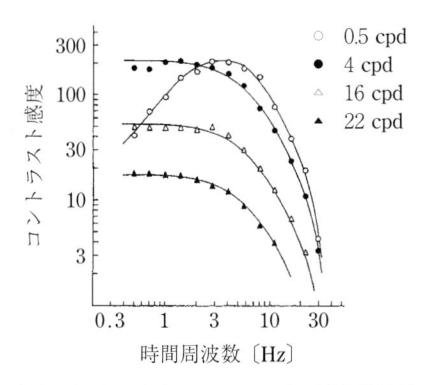

(a) 輝度正弦波パターンの時間周波数特性
(J.G. Robson：J. Opt. Soc. Am., **56**-8(1966))

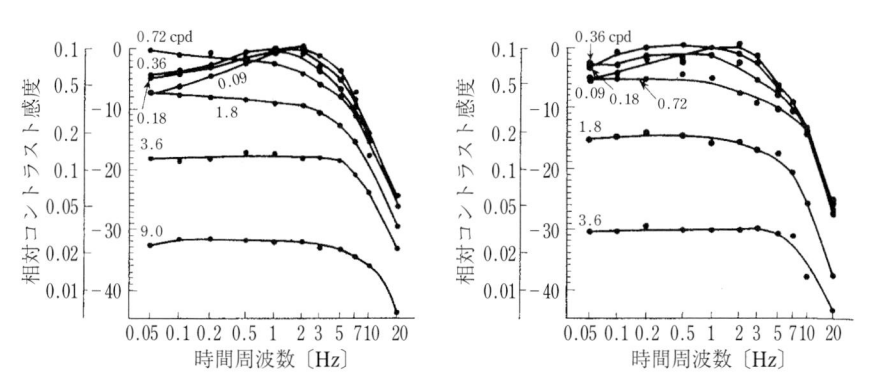

(b) 色度正弦波パターンの時間周波数特性(左：赤-緑正弦波パターン，右：青-黄正弦波パターン(坂田晴夫：テレビ会誌, **34**-2(1980)))

図 5.16 輝度および色度正弦波パターンの時間周波数特性

フィルタの特性は顕著には示していない。この輝度信号とは異なった特性のため，時間軸方向に関する処理の試みもなされている。すでに説明したように，色度の空間周波数に関しては，その特性が画像の周波数特性での輝度，色度(色差)の帯域比として付与され，視覚的にはその機能に整合していると判断される。しかしながら，時間周波数帯域での輝度信号に比べての狭帯域性は，画像の伝送・処理には有効に活用されていない。輝度信号に比べ色度信号の時間周波数帯域は 1/2 でよいとの指摘[20]もあり，今後の課題でもある。

〔2〕定 輝 度 原 理

テレビジョンの伝送では,効率化のために3原色信号を輝度信号と色信号に変換し,処理している。この輝度信号は被写体の輝度にのみ関する情報を伝送し,色信号は被写体の色度の情報を伝送することを目的としている。この結果として,受像機側で再現された被写体の画像でも,輝度は伝送信号の輝度信号のみによって制御され,色信号の影響は受けない。つまり,色信号が変化しても輝度信号のレベルが一定ならば,再現された被写体の画像の輝度は変化することなく一定である。このような伝送システムを定輝度原理による伝送方式と呼称している[21]。

しかしながら,現在のテレビジョンの伝送では,定輝度原理は満たされてはいない。従来の表示デバイスであるCRTは,信号電圧 E と光出力 L の関係は

$$L = c \cdot E^{\gamma} \tag{5.5}$$

と表すことが可能である。このような信号電圧 E と光出力 L の関係は,CRTのガンマ特性と呼んでいる。この特性では,例えば,赤信号が最大振幅の0.8,緑信号が最大振幅の0.4とすると,これらの信号比は

$$0.8 : 0.4 = 1 : 0.5 \tag{5.6}$$

となる。一方,式 (5.5) の γ が2とすると,赤と緑の発光出力の比は

$$0.64 : 0.16 = 1 : 0.25 \tag{5.7}$$

となる。このように,CRTのガンマ特性のため,色の混合比が変わってくる。これを防止するためには,CRTに補正回路を挿入する必要がある。この補正回路は次式で

$$E_0 = k \cdot E_i^{1/\gamma} \tag{5.8}$$

を満たせばよい。k は比例定数である。結果として

$$L = K \cdot E_i \tag{5.9}$$

となる。K は定数である。明らかに信号に比例した発光出力が得られる。しかしながら,この補正回路を各受像機のCRTに挿入するよりは,信号を伝送する側で行うほうが,数も少なくてすむことから,放送局側に設置されている。

ところが，RGBの各色にガンマ補正を施した後に，輝度と二つの色差信号に変換を行い，かつ，二つの色差信号に関しては，狭帯域とするローパスフィルタが挿入されている．このため，ガンマ補正に伴う非線形処理によって生じた高周波成分が，ローパスフィルタによって除去されることになる．この影響は，色信号の彩度が大きいほど輝度に及ぼす影響が多くなる[22],[23]．また，再現画像に着目すれば，高い空間周波数成分では輝度信号のみであり，細部の情報が欠落しているため，コントラストは甘くなっている．この影響は青の彩度の高い部分，つぎに赤の彩度の高い部分で影響が大きい．なお，無彩色においては，定輝度原理は満足されていることになる．

5.2.3 視力と走査線数

〔1〕 走査線構造の知覚

テレビジョンは2次元情報である画像情報に対して走査線構造を持たせることにより，1次元時系列信号として取り扱うことを可能とし，伝送・記録などの処理を行っている．このため，画像の再生側では，走査線の構造に対する知覚機能が問題となり，また同時に，再生画像の品質に大きな影響を及ぼすことになる．一般的に考えれば，走査線の構造が知覚されないのは，視力1.0の場合を想定すれば，その定義から走査線間隔が$1'$以内の場合であればよい．つまり，その距離を画像表示システムでの視距離と定義すればよいと理解される．

図5.17は，走査線構造が見えなくなる視距離の実験結果である[24]．横軸に視距離をとり，縦軸が1インチ当りの走査線数である．図で，Cが視角$1'$の場合である．したがって，ある視距離をとると，このC

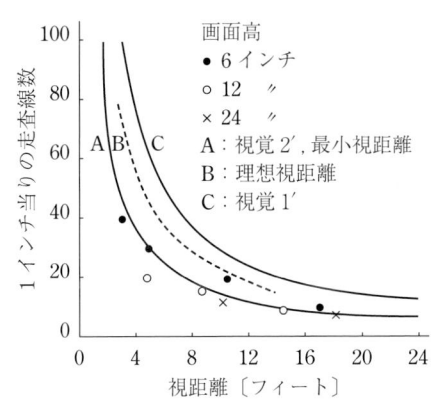

図5.17 走査線構造の見えなくなる視距離
(E. W. Engstrom : Proc. I. R. E., 21-12 (1933))

の曲線より上側にある走査線数であれば，走査線間隔が 1′ より小さくなり，走査線構造が見えなくなる．ところが，この実験結果では，走査線構造が見え始める距離，つまり，最小視距離が A で表され，このときの走査線の間隔は 2′ とされている．視力換算では 0.5 となる．また，見かけ上の原画と同じ鮮明さに見えるのは，B であるとの結果を得ている．この場合の走査線の間隔は 1.3′ となる．したがって，視力 1.0 での規定ではない．

走査線が 525 本の標準テレビジョンで走査線間隔が，この 1.3′ となる場合の視距離は表示画面の高さを H とすれば $5H$ となる．実際には，この視距離では走査線構造が見受けられるが，これは，主としてインタレースの影響であることが知られている．

ところで図 5.17 は，フィルム系の実験装置で得られた結果であるが，テレビジョン系を用いて走査線構造の妨害を調べ，走査線妨害の視点から視距離，すなわち走査構造による妨害が検知限となる走査線間隔が求められている．この結果を図 5.18 に示す[25]．図 5.18 で，検知限を 4.5 とすると，走査線数には関係なく 1.2′ となる．この値は，前述した 1.3′ とほぼ同様であり，インタレース妨害がない表示，つまり，順次走査方式では，走査線妨害が見えないのは，1.2′ 程度となる．

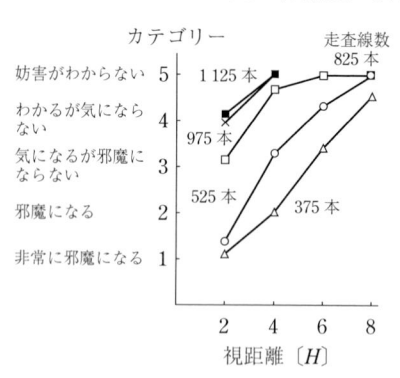

図 5.18 走査線妨害の評価結果
（三橋哲雄：NHK 技研月報，33-11, 12 (1981)）

さらに，走査構造の知覚とは異なり，画素の持つ構造と画像の鮮鋭さも調べられている．図 5.19 は，この結果である[26]．この実験では，まず約 10 万個，4 万個，1 万個というように，画面全体での画素の総個数を一つのパラメータとしている．また，画素の持つ構造，すなわち形状（あるいはアパーチャとも考えられる）の縦横比を変え，この縦横比をも一つのパラメータとしている．その結果は，図 5.19 に示されるように画素の縦横比は 1 : 1 の場合が最も鮮鋭さがよいことが示されている．

5.2 画像パラメータと視覚特性

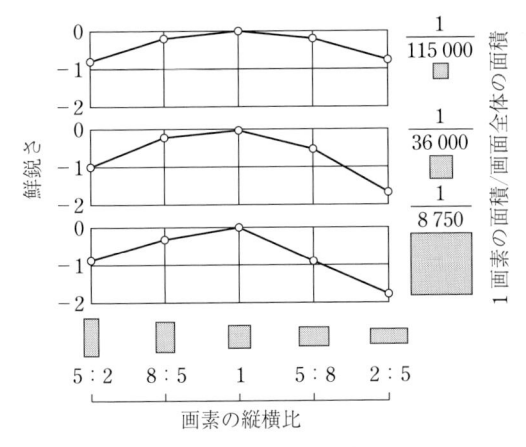

図5.19 画素の構造と画像の鮮鋭さ（M. W. Baldwin: Proc I. R. E., 28-10（1940））

さらに，画面当りの画素数を変えて，鮮鋭さを求めた実験もある。**図5.20**が結果である[26]。この実験では，画素の大きさは，走査線の間隔で求めた1.3′に比べると十分に大きく，個々の画素の識別は可能なはずであるが，画素の大きさがある程度以下（数値的には約4′）に小さくなると，鮮鋭さの変化は大きくはない。

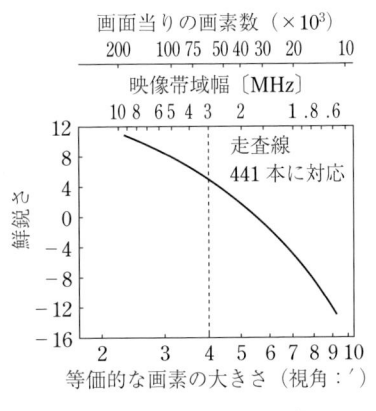

図5.20 画素の大きさと画像の鮮鋭さ（E. W. Engstrom: Proc. I. R. E., 21-12（1933））

これらの結果から考えると，鮮鋭さと視距離の関係でいえば，鮮鋭さは視距離が増えればよくなるが，飽和傾向は，走査線構造の妨害による検知限よりも，はるかに近い視距離であるといえる。したがって，テレビジョン画像の鮮鋭さは，走査線による妨害で決まると考えることができる。

このことを結果として，走査線数と鮮鋭さに関して評価実験が行われている。この結果を**図5.21**に示す[27]。この実験はHDTVとしての画像の鮮鋭さを知るために行われた結果である。この結果は，全体としては，走査線による

(高品位テレビとして)

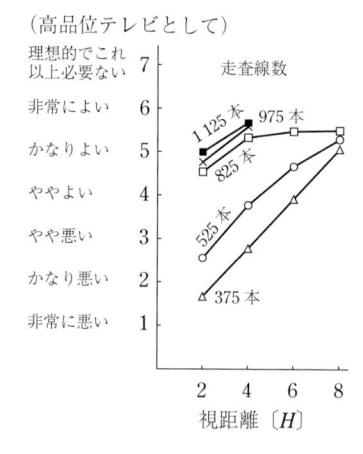

図5.21 走査線数と鮮鋭さの評価結果（三橋哲雄：NHK技研月報, 33-11, 12 (1981)）

妨害の結果と傾向は類似しており，$4H$以下の視距離では，走査線が825本以上になると鮮鋭さは変わらないが，走査線妨害の評価結果は，825本は，975本および1125本と異なっている。

〔2〕 **インタレースファクタ**

現在のテレビジョン放送では，標準方式525本あるいはHDTV 1125本は，走査方式としてインタレースを採用している。インタレースは，1章で述べたように，伝送方法としては巧妙な方法といえるが，表示デバイスの高輝度化，あるいは固定マトリックス型表示デバイスの実用化などに伴い，必ずしも当初想定した機能を果しているとはいえないのが現状である。図5.22は，走査線数が，625本から1125本2：1インタレースと423本から961本順次走査での走査線による妨害度を検知限，許容限で求め，その結果を再プロットした結果である[28]。この結果によると，2：1インタレースでの走査線妨害の検知限は，約1/2の走査線数の順次走査の場合と同じであり，許容限については60％の順次走査の走査線数と同じになるということが示されている。実測された順次走査でのケルファクタは0.7であり，計算上求められたインタレースのケルファクタは0.42程度との指摘もある。これらの結果から勘案すると，インタレースの効果は，走査線数で順次走査に比べて約60％の効果しかないということになり，この値をインタレースファクタとも呼んでいる。一方，走査線

(a) 検知限　　　　　　　　　　　(b) 許容限

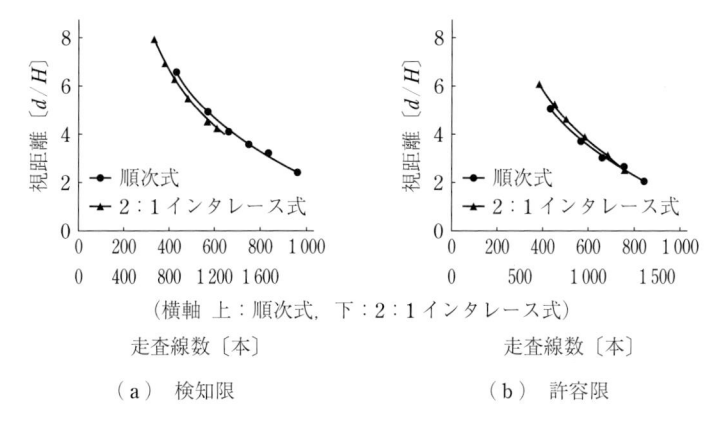

図 5.22　2:1 インタレース走査と順次走査における走査線の妨害（西澤台次：テレビジョン学会視覚研究委員会資料，24-3 (1971)）

による妨害度ではなく，垂直解像度に着目すれば，順次走査方式と同等まで得られ，一般には走査線数にケルファクタを乗じた値となる．

5.2.4　動き知覚とフレーム数

〔1〕　動 き の 知 覚

　テレビジョンの動きは，実際の運動とは異なり，時間方向に離散的に並べられた静止画像を，連続的に表示することによって得ている．このため，基本的に，連続して表示するための静止画像列のサンプリング間隔が大きいときには，画像は動きがストロボスコピックに見え，また撮像に際して，光電変換素子のアパーチャを開いている時間が長いときには，動きに時間蓄積ボケが生じる．一方，表示装置では一定の速さで静止画像列を表示し，ヒトの仮現運動の知覚機能により動きを得る．この場合，繰り返す表示の速さが遅い場合には，画面からフリッカを知覚する．また，撮像された離散間隔が大きいと，動きは知覚するものの，動きがストロボスコピックに見える．さらに，撮像系での時間蓄積効果が大きいとボケた動画像が知覚される．一方，表示装置の発光がインパルス型ではなくホールド型では，零次補間により動画像が歪む．また，階調の正確な表示が困難な表示デバイスでは，視覚系の時間積分効果を利用して

階調表現を得るが,動画像では擬似輪郭が知覚されることもある。さらに,カラー画像を生成するために,3原色を時間系列で表示する装置では,急速な眼球運動により,色割れが生じることが指摘されている。このように,自然で滑らかな動きを表示するには,解決すべき課題が多い。

ところで,動き物体の速度に関する知覚に関しては,現象論的に
 ① 物体が大きくなると現象的速度は低下する
 ② 水平方向のほうが垂直方向より遅く見える
 ③ 動きを目で追ったほうが追わないときより遅く見える
 ④ 現象的速度には恒常性がある
と,いわれている[29]。

実際の画像システムで動画像が一般的に表示されたのは映画である。初期には,動きが連続的に見えるといわれる毎秒16コマで撮影され,表示では,フリッカが知覚されにくいということで,毎秒48コマで行われていた。この例から理解されるように,フリッカを感じなくなる毎秒コマ数は,動きが知覚され始める毎秒コマ数よりも多い。テレビジョンにおいては,表示画面を明るくする必要があり,フリッカが映画に比べて見えやすくなるため,さらに,毎秒像数を多くする必要がある。このため,動きの見え方よりフリッカに関する知覚の面から多くの研究がなされた。

テレビジョンでの動きに関しては,その見え方では動きがストロボスコピックに見えたり,あるいは動きがぎこちなく見えるジャーキネスがあるが,撮像系での時間蓄積によるボケも指摘されている。

最初に,525本60 Hzインタレースのテレビジョンで動きが滑らかに知覚される視標サイズと動き速度に関して検討した例を紹介する[29]。検討は,画面上の視標の動きが自然で滑らかになるように,移動速度を調整法で求める方法で行われた。提示された視標は白の矩形で,絶対サイズが$1, 4, 16, 36\,\mathrm{cm}^2$であり,縦横比が1/1, 1/2, 2/1, 3/4, 4/3となっている。結果は図5.23である。図(a)は,視標の大きさと滑らかに見える移動速度を求めた結果である。また,眼球運動を固定し,視標を上下,左右,斜め方向に動かせた場合の結果も

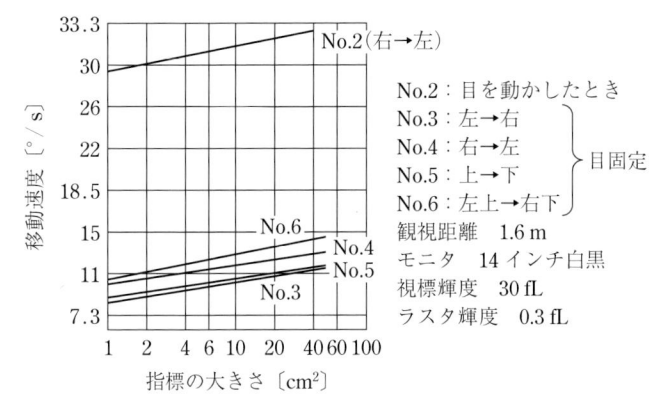

5.2 画像パラメータと視覚特性

(a) 60 フィールドでの動きの再現性

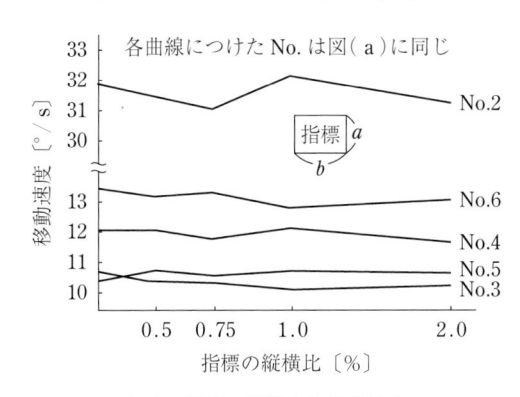

(b) 視標の縦横比と移動速度

図 5.23　画面上での動きが自然で滑らかな移動速度（田所　康ほか：NHK 技研月報，**20**-9（1968））

載せられている．図（b）は，視標の縦横比と同様に滑らかに見える移動速度を求めた結果である．また，眼球運動についても同様な状態での結果である．

この結果から，視標の面積が大きくなるとともに動きが満足に再現されるので，被写体の速度は大きくてもよい．また，視標の縦横比は，再現された動きの見え方に影響しない．さらに，動きの方向により再現された結果の見え方に差があることが示されている．1960 年代では，動き視標に対しては，35°/s までは眼球運動で滑らかに追跡可能とされており，525 本 60 Hz インタレースの

表示装置で30〜35°/sの滑らかな動きの再現がなされることから,フレーム周波数 60 Hz の妥当性が結論づけられている.

〔2〕 シャッタとフレーム周波数

テレビジョンシステムでの撮像,表示での機器の進展がなされ,画像表示として,フリッカがかなり低減されると,撮像系での時間積分による蓄積ボケが画質上の問題として,遡上されることになる.蓄積ボケを減少させるには,撮像系にシャッタを入れればよい.シャッタの開口率とさまざまな動き速度での動画像画質を検討した結果を**図5.24**に示す[30].図は,525本60 Hz 2：1インタレースの表示装置で全画面（時計台の画像）を水平方向に一様に動かし,シャッタの開口率を変え,画質を求めた結果である.この結果によると,開口率が33％以下では,開口率を小さくしてもあまり画質の向上が見られない.また,動き速度がかなり速い場合 (12°/s),開口率100％に比較して開口率33％では,画質の評価カテゴリーでは1.5ランクの画質向上が見られる.しかしながら,開口率を小さく設定すると,動きそのものの滑らかさが,ともすると失われる可能性がある.このストロボスコピックな動きを防ぐためには,開口率を上げるか,フレーム周波数を上げるかすればよい.

図5.25は,ストロボスコピック妨害による画質劣化を求めた結果である[30].

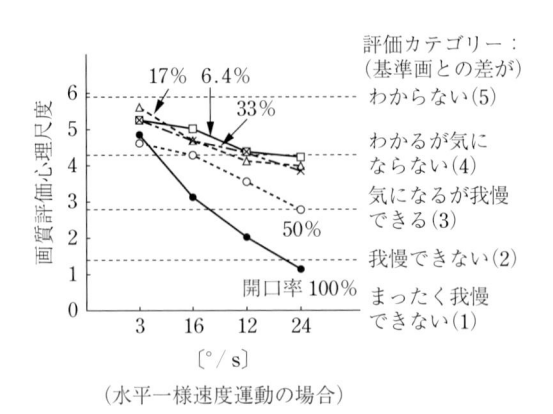

（水平一様速度運動の場合）

図5.24　動き速度とシャッタ開口率による動画像画質
© 1977 IEICE[30]

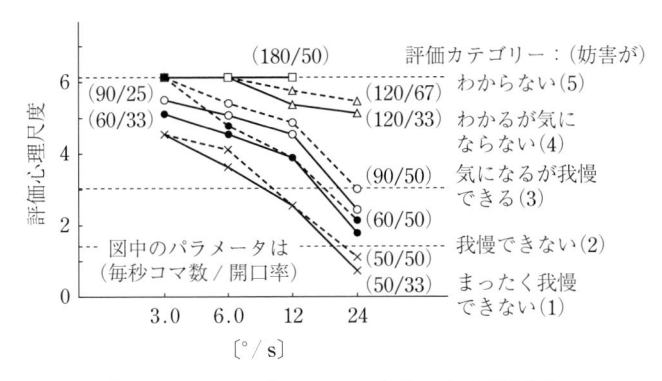

図 5.25 ストロボスコピック妨害による画質劣化
© 1977 IEICE[30]

実験は，静止物体とその背景が動く視標で構成され，注視点を静止物体に置き，背景のストロボスコピックな動きを評価している。他の予備的な実験から，開口率が 50％ と 6.4％ では大きな違いが見込めないことが明らかにされている。したがって，この実験結果はフレーム周波数の影響が大きいと判断してよい。結果では，毎秒のコマ数を 60 から 90 に変えても，大きな改善はないが，120 にするとストロボスコピック妨害が大きく減じられることがわかる。また，フレーム数を 60 から 50 に減じると，許容速度が半分に減じることも示されている。

図 5.26 は，さらに高速なコマ数での評価を検討した結果である[31]。いずれも，原画像は 1 000 Hz フレーム 100％ 開口率で撮像して平均化を行い，500，333，250，125，62 コマ数で，7 種類の画像の動きについて検討した結果である。図 (a) は動きボケに関してであり，図 (b) は，ジャーキネスに関して評価を行った結果である。動きボケのほうが，評点が厳しくなっていると思えるが，250 コマ数が検知限と思われる。

〔3〕 **ホールド型デバイス**

近年は，ディスプレイでホールド型のデバイスが用いられるようになり，動きのスムーズな再現ができていないことが問題視されてきた。ホールド型の表示方式に起因する動きボケの除去のためには，原理的にはシャッタを用いて，

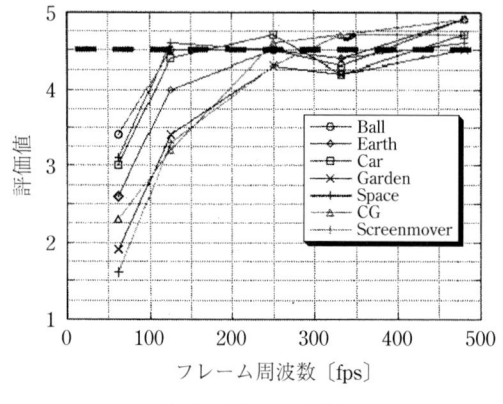

202   5. 画像情報と視覚系の受容

(a) 「ボケ」の評価

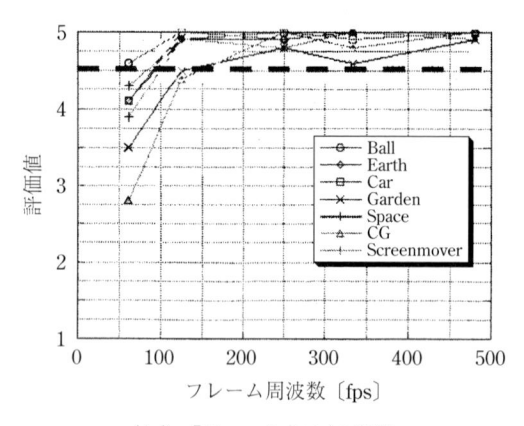

(b) 「ジャーキネス」の評価

図 5.26　高速フレーム周波数による画質（Y. Kuroki, et al.：Proc. SID, 3.4（2006））

表示光のホールド時間を短くする方法と，動き補償を行った内挿フレームを生成してコマ数の増大を図り，表示光を可能な限り，動きに合わせた画面位置に配する方法である。**図 5.27** に，開口率を変えた場合とコマ数を 2 倍にした場合に画質が改善された結果を示す[32]。図（a）は，画像が等速に水平方向に動いている場合の結果である。開口時間（この場合はホールド時間）の減少とともに画質が改善されることが示されている。提示画像（ITE 肌色チャート）では，開口率 25 ％とすれば，20°/s の速い速度でも，ほぼ検知限の画質が得

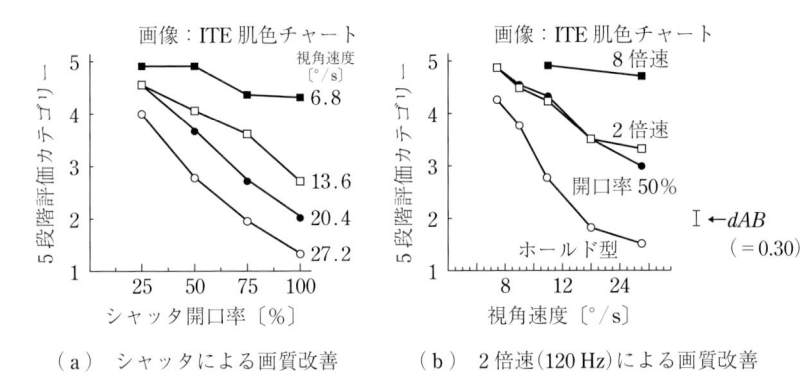

図 5.27 ホールド型デバイスでの画質改善
© 1999 IEICE[32)]

(a) シャッタによる画質改善　　(b) 2倍速(120 Hz)による画質改善

られている。開口率50％では，許容限の画質が得られている。一方，図（b）は，コマ数を2倍にした場合，すなわち2倍速表示にした場合の結果である。この図からわかるように，50％シャッタによる場合と2倍速表示の間には，顕著な差は見られない。ホールド型デバイスのディスプレイでは，このように表示デバイスのみでは，動きのスムーズさの表示がなされることはなく，表示方式の改善が必要である。

5.2.5 視覚受容特性と画像の冗長度

一般に，撮像装置で得られる風景，自然と動物，あるいは人工物などには，人間の視覚情報処理系から見ると，冗長な情報が含まれている。また，このような「オリジナルな」情報そのものの特性（特徴）に対して，何らかの処理を施せば，受け手側に情報そのものを表すときに，効率的な情報の伝送・記録方法をとることが可能となる。このことを，前者では視覚特性を有効に活用するといい，後者では画像の統計的性質を利用すると呼称している。

特に，ディジタル信号処理をベースとした高能率符号化の代表でもあるJPEG，あるいはMPEGでは，視覚系の性質の活用がなされている。例として，MPEG符号化器の基本構成を図5.28に示す。図の符号化器で，視覚系とのかかわりを，DCTおよび量子化に関して説明する。

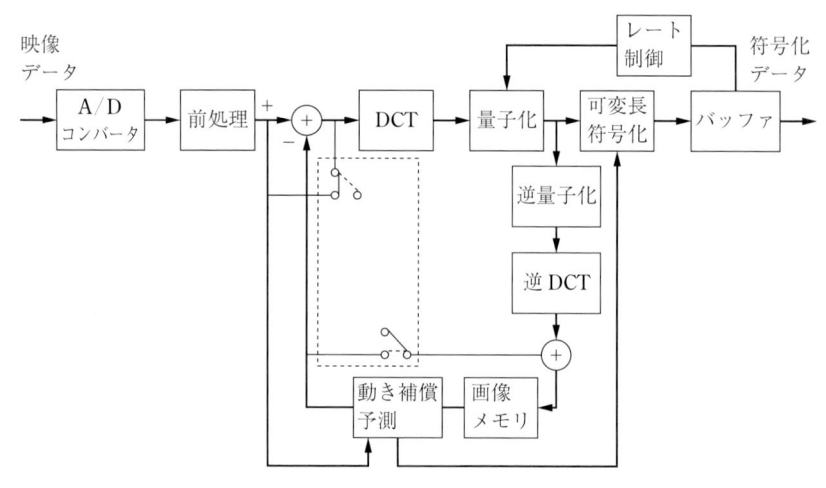

図 5.28 MPEG 符号化器の基本構成例

〔1〕 空間周波数特性

テレビジョン信号は,これまで述べたように,時間軸方向には,フレームあるいはフィールドという2次元配列の空間情報で並べ,また,そのフレームあるいはフィールドは,2次元配列の空間の情報を走査という方法で,1次元の時系列情報に変換している.この1次元の時系列情報に着目すれば,このような時系列情報,いわゆる信号を他の信号領域に変換する方法はこれまでに多く提案されている.その代表的な方法は,時間領域の信号を周波数領域に変換するフーリエ変換である.さらに,時系列情報ではなく,フレームあるいはフィールドで表される2次元配列の空間情報に関しても同様に,2次元周波数領域への変換としてフーリエ変換がある.フーリエ変換は,よく知られているように sin 項と cos 項で構成される.2次元配列の空間情報で表した画像情報に対しては,より変換効率が高く,かつ実際の変換に際して高速な計算アルゴリズムが存在することから,離散コサイン変換が使われる.離散コサイン変換は cos 項のみで構成され,一般には,2次元配列された画像信号を,水平,垂直とも $N \times N$(ドット,N は2のべき乗)ブロックに分割し,それぞれの $N \times N$ ブロックに関し,DCT を施す.このような変換に伴い,オリジナルの情報が,

関数とその係数で構成することが可能となり，この関数を基底関数と呼ぶ．

8×8ドットに対する2次元DCTの場合の変換基底パターンを**図5.29**に示す．図に示すように，8×8ドットのブロックに関して，64個の基底パターンが存在する．つまり，8×8ドットのブロックの画像はDCTによって得られた64個の変換係数とそれぞれの基底パターンの積を生成し，それらの総和で表すことが可能となる．

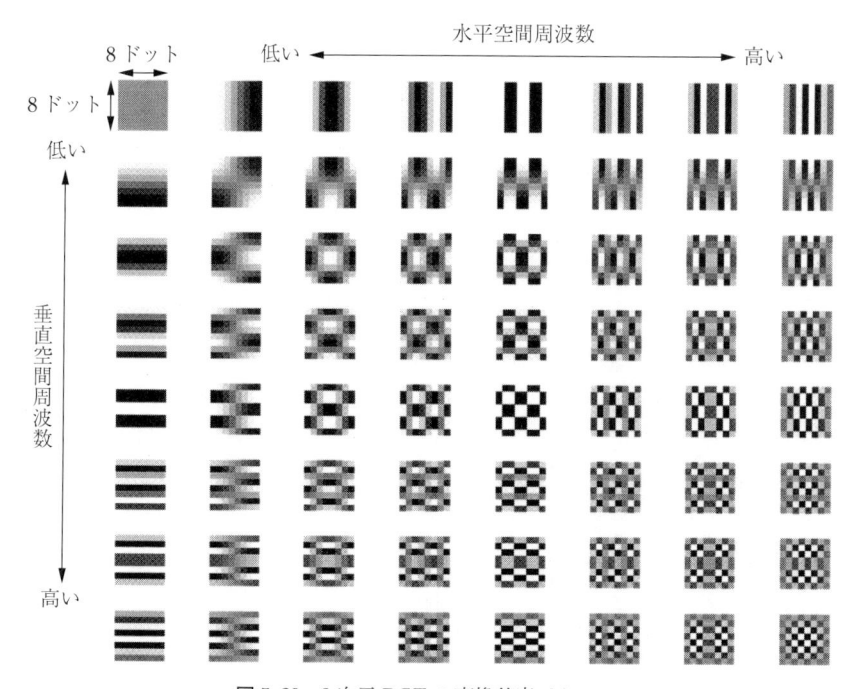

図5.29 2次元DCTの変換基底パターン

ここで，低域あるいは中域に対しては，視覚の空間周波数特性の感度が十分にあることから，伝送・記録の対象となるが，水平・垂直空間周波数が高い成分，すなわち斜め方向の空間周波数成分に関しては，冗長な情報として画像圧縮の対象となる．**図5.30**に，正弦波グレーティングの傾きを変え，各空間周波数でのコントラスト感度と方位弁別閾を求めた結果を示す[33]．図（a）に示すように，空間周波数によってもやや異なるが，高い空間周波数では，方位が

(a) コントラスト感度 (b) 方位弁別閾

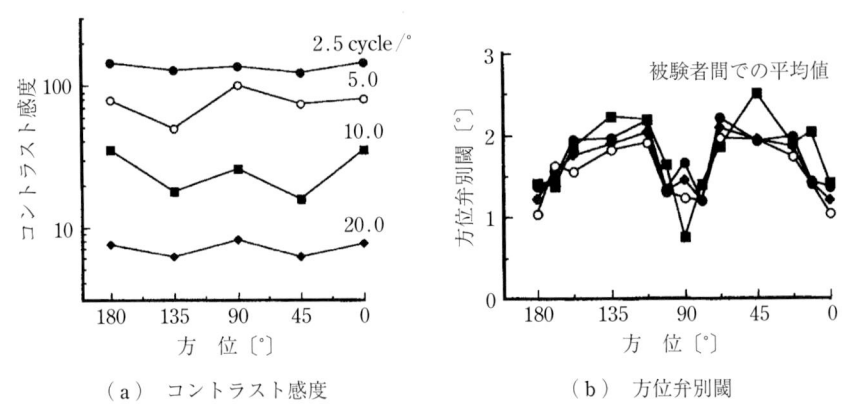

図 5.30 空間異方特性（D. W. Heeley, et al.：Vision Res., **28**（1988））

135°，あるいは 45°でコントラスト感度が落ちている．また，方位弁別閾に関しても，135°，あるいは 45°で感度が低下している．このことは，斜めの高域成分は，除去しても視覚的には影響が少ないと推測される．このため，DCT の係数は，**図 5.31** のようにジグザグ走査し，斜めの高い周波数の情報は符号化の対象とされない．また，この方法は，画像の統計的な性質で，一般的には，水平，垂直の高い空間周波数成分に比べて，斜めの高い空間周波数成分が少ないと思われる特性にも整合する方法とも考えられる．

〔2〕 量子化レベル

視覚機能の特性として，高い空間周波数での量子化ステップは粗くても目立

図 5.31 DCT 符号化におけるジグザグ走査

ちにくいが，低い空間周波数で量子化ステップを粗くすると，擬似輪郭が生じ，画像の劣化が知覚されることになる．この性質を利用して，ブロック内DCT係数間での相対的な量子化精度を設定するために，**図5.32**のようなマトリックスのデフォルト値が設定されている．

v \ u	0	1	2	3	4	5	6	7
0	8	16	19	22	26	27	29	34
1	16	16	22	24	27	29	34	37
2	19	22	26	27	29	34	34	38
3	22	22	26	27	29	34	37	40
4	22	26	27	29	32	35	40	48
5	26	27	29	32	35	40	48	58
6	26	27	29	34	38	46	56	69
7	27	29	35	38	46	56	69	83

図5.32 量子化マトリックスのデフォルト値（イントラマクロブロック量子化マトリックス）

MPEGでは，実際のところ量子化についての規定はなく，逆量子化のみの詳細な規定があるのみである．このため，実際に行う量子化は，逆量子化に含まれるパラメータを制御し，その中で高画質が得られるような工夫が必要とされる．このため，図5.32に示した量子化マトリックスは唯一というのではなく，ユーザがピクチャ単位によって切り換えることも可能となっている．

6 画像情報の受容・処理

　画像情報がもたらす生体情報へのかかわりを調べることは，二つの大きな意味がある。一つは，測定した生体指標による定量化を行い，主観評価実験の結果などとあわせて，画像システムのシステムパラメータを視覚系の特性に整合させる客観的な根拠を得ることである。他の一つの意味は，すでに，システムパラメータが定められた画像システムで表示されるコンテンツの評価のために生体情報を指標として用いることである。しかしながら，コンテンツ評価に際して，生体情報のみでは，十分な評価が困難と思われる感性情報などについては，主観評価実験によるアプローチが多い。一方，ブレインイメージングを中心として，画像がもたらす感性情報などに，アプローチがなされており，今後は多くの知見の集積も遠くはないと思われる。最後に，将来の画像システムの中で重要な位置を占めると思われる立体・3次元画像表示について概説を行う。特に，立体画像に関しては，その撮像・表示に関して視覚特性から説明を行い，視覚疲労に関しては，その要因に関して述べる。3次元画像にかかわる視覚機能の振る舞いに関しては，多くの研究がなされている途上であり，このため多くを記述していないが，近い将来，多くの知見が公表されることを期待したい。最後に立体・3次元画像の表示装置について紹介した。視覚機能と同様，活発な研究開発がなされている分野であり，これらの研究分野についても，近い将来多くの研究結果に基づいた成書が世に出ると考えられる。

6.1　画像と生体情報

6.1.1　画像情報と眼球運動
〔1〕　眼球運動の種類
（1）　**不随意眼球運動**　　不随意運動である眼球運動は，頭部や身体の動きにかかわらず，外界の像を網膜上で安定させる役割を担っている。この種類に含まれる眼球運動は，前庭動眼反射，前庭性眼振，視運動性眼振，平衡動眼反射がある。
　外界の1点を注視し，頭部を左右に回転させると，眼球は頭部の運動方向と

反対の方向に回転するために，注視している対象物はボケを生じることなく，明瞭に見える．この眼球運動は，頭部の回転を前庭器官が検出し，その回転を補正するように働くと考えられており，前庭動眼反射と呼ばれている．

　前庭性眼振は，回転いすなどに乗り，全暗黒の部屋で，頭部を一定方向に回転させた場合に生じる眼球運動である．最初は，頭部運動が生じるために，前庭動眼反射が生じるが，すぐに眼球の動き範囲の限界に達し，眼球はもとの位置に戻る．しかしながら，連続した回転のため，眼球は再度，頭部の回転方向と逆の方向にゆっくりと動き，もとの位置にすばやく戻る．このゆっくりとした運動と急速な運動から構成される眼球運動を前庭性眼振という．

　静止した被験者の前の視野を外界が動く場合，あるいは，静止した外界を静止した被験者が一定の方向に動いていく場合に生じる眼球運動を視運動性眼振という．この場合の眼球運動は，外界の動きの方向にゆっくりとした動きとその反対方向への急速な動きから構成される．

　平衡動眼反射は，頭部を前方あるいは後方に傾けた場合に生じる頭部の動きとは逆方向に生じ，もとの位置に戻る眼球運動である．一方，頭部を横に傾けた場合にも，頭部の動きとは逆の眼球の回旋運動が生じる．

（2）**随意眼球運動**　　不随意眼球運動は，頭部や身体の運動に伴う注視点位置を補正して網膜上でのブレを防ぎ，明瞭な外界の像を得るために行われる眼球運動と考えることが可能である．しかしながら，網膜構造には解像度特性があるために，頭部あるいは身体の運動とは別に，視対象の明瞭な把握を行うための随意眼球運動がある．代表的なものは，サッカード，追従眼球運動，輻輳・開散眼球運動である．

　サッカードは，視対象に視線を向けるために発生する急速な動きを持つ眼球運動である．最高動き速度は $700°/s$ を超えることもあるといわれている．

　追従眼球運動は，視対象が動き物体の場合に眼球を視対象と同じ速度で動かし，ボケのない明瞭な像を得るために生じる眼球運動である．実際には，視対象の速度が速くなると，追従眼球運動は視対象から遅れるが，その遅れはサッカードによって補われながら，視対象への追従が行われる．

輻輳・開散眼球運動は，視対象を前方から後方に移す場合，あるいは視対象自体が前方から後方に動く場合，左右両眼はたがいに反対の方向に動かなければならない。この前方から後方への視対象に対する視線の移動を開散運動といい，逆に後方から前方への視線の移動を輻輳運動という。いずれも奥行き方向に視対象を補足する場合に生じる眼球運動である。

（3） **固視微動**　不随意，随意眼球運動について説明したが，これらの眼球運動以外にも，視対象を眼球で補足した場合にも眼球は一定位置にとどまるのではなく，小さな範囲で動いているということが知られている。この揺らぎは複数の動きから構成され固視微動と呼ばれている。図 6.1 に示すように，1点を注視している場合にも，眼球は静止していることはなく，固視微動と呼ばれる動きを伴っている。固視微動は，フリック，ドリフト，トレモアの各運動から成り立っている。フリックは振幅が1〜20′，出現頻度は不規則で，0.2 s のこともあるが 3〜4 s のこともある。ドリフトは振幅が約 5′，速度 1′/s で持続時間 1 s 程度である。トレモアは振幅が 1′ 以下と小さく，周波数は 30〜80 Hz である。なお，これらの固視微動を静止させた静止網膜像では，像の知覚は不可能といわれている。このため，固視微動は単なる揺らぎではなく，外界の受容のための役割をも担っていると推測されている。

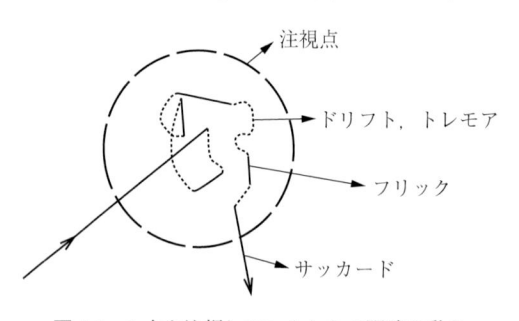

図 6.1　1点を注視しているときの眼球の動き
© 1986 IEICE[1]

〔2〕 **注視点の定義**

外界から視対象に視点を移動させ，詳細な情報を得ている状態を注視している状態と定義し，眼球位置を注視点と定義する。注視点を定義することにより，この点を計測し，眼球運動の状態から，観視者の外界の情報の受容方法，あるいは情報処理過程に関する分析などが可能になる。また，注視点の移動は，当然ながら行為・行動とも密接な関係があり，行動分析においても重要な

役割を担うと推測される。

　これまで説明したように，外界の視対象から詳細な情報を得るためには，眼球運動で視対象を中心窩でとらえる必要がある。しかしながら，この情報を得るための注視した点は固視微動もあり，必ずしも一定の位置に視点にとどまっているわけではない。このため，視点が静止した状態であるという条件で注視点を定めることはできない。一般には，網膜中心部のある一定の範囲を定め，その範囲内でとらえた視点の集まりを注視点として定義し，情報の採り込みを行ったとみなすことが多い。この注視点を定義した例を図 6.2 に示す[1]。図に示すように，眼球運動速度 V_{th} とデータのサンプリング時間から算出される範囲 D_{th} 内に，現在の位置からつぎの位置もあれば，同一注視点と定めている。この例では V_{th} を 5°/s，サンプリング時間間隔を 0.5 ms としている。したがってこの場合は，D_{th} は 2.5° の範囲となる。一般には，サンプリング時間の下限は考慮しなくてよいが，ある注視点からつぎに異なる注視点にサッカードで移動し，さらに最初の注視点に戻る場合もあるので，正確を期すためにはサンプリング時間の上限は存在し，それは 150 ms 程度といわれている。

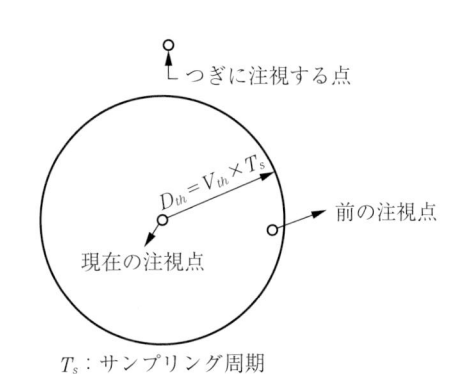

図 6.2　注視点の定義—その 1
© 1986 IEICE[1]

　さらに，動き視標に対しては，5°/s までの速度には，完全に追従可能なことが見込まれるため，眼球運動が 5°/s 以下で，160 ms 以上続いた状態を注視点とみなしてきた。しかしながら，この考え方に対して，図 6.3 のように，視覚刺激とそれに対応する眼球運動がほぼ同速度ではなく，視覚刺激に対して追従運動とサッカードを繰り返して視覚刺激を捕捉する場合にも，視覚刺激の知覚に問題がないことが実験的に示されている[2]。このため見直しがなされ，眼球運動速度が 11°/s 以下で，165 ms 以上続いた場合を注視点とみなすほうが，

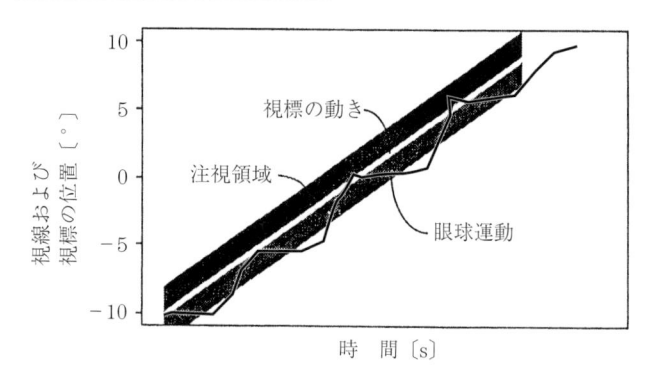

図6.3 注視点の定義—その2（福田亮子ほか：人間工学，**32**-4（1996））

妥当性があると実験的にも確認されている．なお，30°/sで動く視対象には，この定義からは注視点が存在しないことも確かめられている．

〔3〕 眼球運動測定装置

眼球運動の測定方法に関して，以下に概略を説明する．

（1） **EOGによる方法**　眼球は，角膜側が正，網膜側が負の約10～30μVの電位差がある．この電位差を眼の左右，あるいは上下に電極をつけて測定し，その電位差から視線方向を測定する．

（2） **角膜反射法**　適当な光源を用意し，光源からの光を角膜に当てると，光は角膜前面，角膜後面，水晶体前面，水晶体後面の各屈折面で反射され，それぞれ第1～4プルキンエ像という反射像をつくる．この中で，最も明るい第1プルキンエ像が角膜と眼球の回転中心の違いにより，眼球運動に伴って平行移動するのをカメラにより撮影・測定する．

（3） **サーチコイル法**　コイルを組み込んだコンタクトレンズを装着し，磁界の中に入る．この状態で眼球を動かすと，コイルに磁界となす角度に応じた電位差が生じることを利用して，この電位差から視線方向を測定する．

（4） **強膜反射**　角膜（黒目）-強膜（白目）の光の反射率の違いを利用し，眼球に照射した光の反射光から眼球運動を測定する．

（5） **画像解析**　眼球の画像をカメラで撮像し，その画像を解析する．一

般には瞳孔の中心を求めて，測定する．

〔4〕 **画像観視と眼球運動**

画像に対する注視点の研究は多くあり，その基本的な性質，例えばエッジ部分に注視点が集まる傾向，あるいは同じ画像に対しても，画像観視前のインストラクションにより，注視点が変化することなどはよく知られている例である．さらに，注視点のみを表示し，他の部分を非表示にし，視対象が文字であれば理解可能か，または事物であれば認識可能かというような研究課題も試みがなされている．同様なことを画像に適用すれば，注視点に対応する部分に高精細度な画像を表示し，それ以外の部分では比較的低解像度な画像を表示したとしても，視覚情報の受容からいえば，中心視では視力が高く，周辺視では視力が劣っていることから，高精細度な画像が受容されると期待される．このようなディスプレイ装置の研究開発も行われている．

ところで，テレビジョンシステムの違いによる画面に関しても注視点も測定され，システムの要因が注視点の分布にどのように影響を与えるかという点から，検討がなされている．図 6.4 は，その結果である[3]．図は，NTSC 方式（525 本）の画面と HDTV（1 125 本）の画面の注視点の分布を測定した結果を示している．コンテンツにもよるが，一般的には NTSC 方式では，画面の大きさや鮮明度の関係からどうしても画面の中央に出演者などをズームアップ

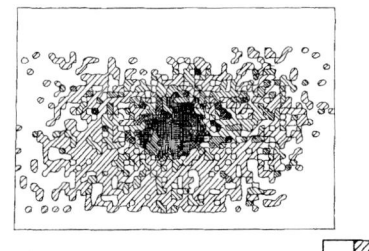

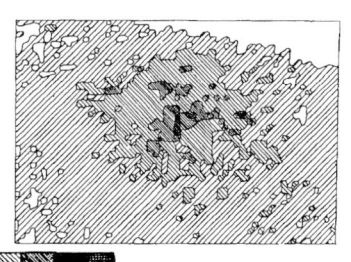

注視点数　0　10~19　30~39
　　　　　1~9　20~29　40~

（a） 525 本方式を観視した場合　　　（b） 1 125 本方式を観視した場合

図 6.4　525 本方式／1 125 本方式の観視時の注視点分布
（山田光穂ほか：テレビ会誌，**40**-2 (1986)）

して撮影する必要があり，注視点は画面の中央に集中する．ところが，HDTVは高精細な大画面を有効に利用し，かなりロングの画面を撮影し，周囲の雰囲気も送ることができるため，注視点は画面全体に分布する．この注視点の広がりを標準偏差の3倍で示したのが図6.5である

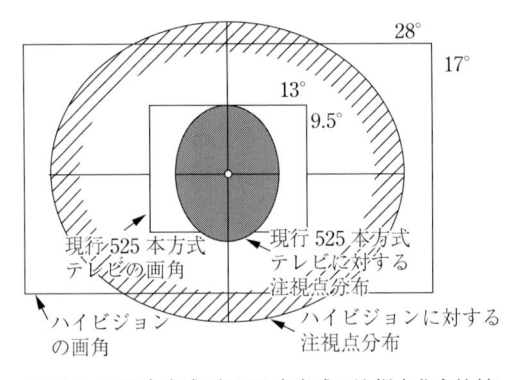

図6.5 525本方式／1125本方式の注視点分布比較（山田光穂ほか：テレビ会誌，**40**-2（1986））

る[3]．厳密には，両者はアスペクト比が異なるため，画面両端の映像に若干差があるが，この点を無視すればHDTVのほうがNTSCよりはるかに注視点が画面全体に分布している．これは広い画面から情報が受容されていることを示すとともに，臨場感のような高次の情緒的なレベルの高まりを示すものでもあると説明されている．

注視点は静止画像，動画像を問うことなく定義可能であるが，特に動き画像を含むテレビジョン画像では，画像の動きと眼球運動の振る舞いを知ることは重要である．一般に，等速直線運動をする視覚刺激には，その視標と同速度でトラッキングするか，速度的にトラッキングが不可能であれば，サッカードを行い，視標をとらえ，さらにトラッキングするような挙動を行う．図6.6には，正弦波状に2Hzで運動する視標に対する眼球運動の軌跡を示す[4]．この図で，規則的な波形は，視標である正弦波であり，不規則な波形が眼球運動を示している．眼球運動の波形からサッカード成分を取り除き，連続的な波形を結ぶとほぼ規則

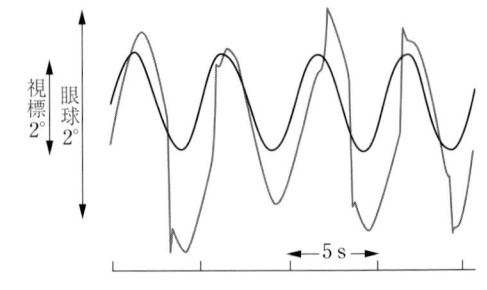

図6.6 正弦波状の動き視標に対する眼球運動（渡部　叡：NHK技研月報，**18**-2（1966））

的な正弦波が得られる。一方，直線運動する視標に対しては，視標の速度が5°/s までは追従が可能であるが，その速度より速くなると，追従運動で追うことができなくなり，サッカードと追従運動で視標を追うことになる。また，視標の動き始めに関して，眼球運動が生じる潜時は 200 ms ともいわれている。

実際に，動き画像を表示した場合にその画像の動きと眼球運動を測定した例を図 6.7 に示す[5]。この図は画面全体が横に動く，いわゆるパンニングする画面に対する眼球運動を測定した結果である。画面のパンニングの速さは，それぞれ 2.8, 4.2, 7.1°/s である。前二つの速さの場合，25％程度の分布であるが，それぞれ画面のパンニングの速さにピークを持つ眼球運動の速度分布となる。しかしながら，7.1°/s で画面がパンニングする場合は，相当する眼球運動は 10％程度であり，ピークは約 5°/s となっている。このように，5°/s 以上で動く画像に関しては，追従は困難である。

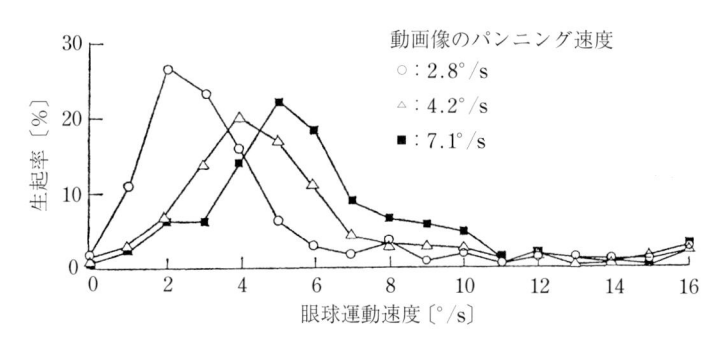

図 6.7 パンニング画像での眼球運動速度分布（山田光穂ほか：NHK 技研 R & D, No.2 (1988)）

一般には，動く視標に関しては，身体と頭部を固定して眼球運動だけでも，ある視野の範囲内であれば，追跡することが可能であることは容易に想像できる。しかしながら，実際には注視点からつぎの注視すべき視標の位置に関しては，必ずしも眼球運動のみでなされているわけではなく，頭部の運動も眼球運動に加えて生じる場合も多い。図 6.8 は，ある条件下での視標を注視した場合の頭部運動，眼球運動，（頭部＋眼球）運動の大きさを示した結果である[6]。ここでいう条件とは，まず，現在注視している点からつぎの注視点の位置が予

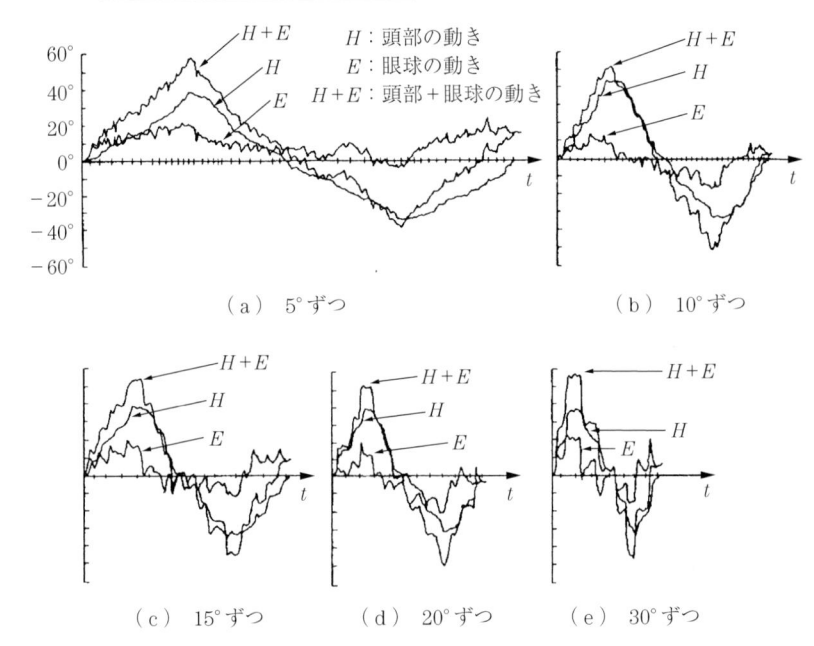

図 6.8 予測可能な視標提示下での頭部・眼球運動（山田光穂ほか：テレビ会誌，**43**-7（1989））

測可能なことである．さらに他の条件として，注視すべき位置の感覚が，5，10，15，20，30°と比較的大きな値であることである．この図によると，いずれの場合も眼球運動がまず生じ，つぎに頭部運動が生じている．また，眼球運動は，注視する位置に比べて大きくなった頭部運動をも補正するような動きが示されている．全体の中で，頭部運動の占める割合は，移動が 10°を超えると 65 %を占めると報告されている．ただし，注視すべき位置が離れており，予測不可能な場合は，必ずしも頭部と眼球が協調して振る舞うことはないとの例証も示されている．

〔5〕 **インタフェースとしての眼球運動**

これまで述べたように 2 次元の表示がなされる画像では，情報の受容ということで眼球運動の機能を知ることはきわめて重要であり，同時に画像の表示方法，コンテンツの生成においてもその知見を有効に活用することも重要である．しかしながら，眼球運動は単なる情報の受容を知るために，測定・評価す

るばかりではなく，ヒトの意思を表示するためのインタフェースとして使用することも可能である．図 6.9 は，眼球運動を，言語を通じて意思を表すための手段として用いた場合の文字入力と装置の一例である[7]．図（a）に示すように，この機器は ALS 患者の支援のために開発された．装置としては，文字情報を表示するための CRT に表示された文字列の中で，どの文字が選択されているかを知るための眼球運動測定装置，および，それらの制御機器から構成されている．図（b）が入力画面の一例であり，眼球運動装置は，リンバストラッカー（強膜反射による測定）と呼ばれる方法がこの機器では採られている．図（c）が，例示した機器のおおまかな仕様である．近年は情報機器の発達に伴い，同種の機器では，この例よりも勝る例があるかと思われる．このような

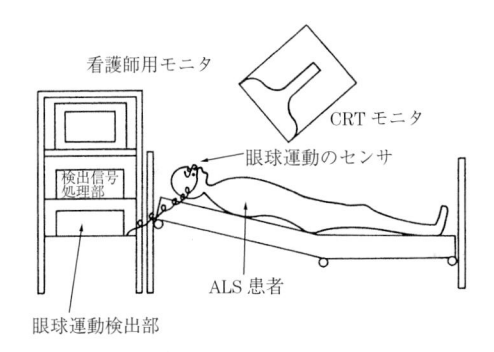

（a） 装置の概要

（b） 入力画面の一例　　　　　（c） 開発した装置のおおまかな仕様

図 6.9　眼球運動による文字入力・機器操作装置
© 1986 IEICE[7]

機器ではハードウェア仕様のみではわからないユーザビリティの問題があり，この視点からも効率的な支援機器の開発が継続されると思われる。

6.1.2 画像情報と姿勢制御
〔1〕 姿 勢 制 御

視覚情報はヒトの姿勢制御に関しては，きわめて重要である。視覚系を中心として姿勢制御にかかわるのは，前庭迷路系，筋骨格系である。また，視覚系ではなく，他の五感，すなわち聴覚，触覚，味覚，嗅覚を考えれば，これらの感覚も，寄与の大きさの違いはあると思われるが，姿勢制御に関係すると推測される。

姿勢保持，特に直立姿勢の保持に着目すれば，外乱として視覚情報が入力されれば，直立姿勢保持のために筋運動系が機能する。図 6.10 に下肢の筋を示す。地上の重力１Ｇの環境での立位姿勢の保持に関しては，重心線が足関節のやや前方にあるために，ヒトの体軸は前傾しやすい。このため，抗重力筋活動は，下腿部後面の筋が収縮することによって行われ，立位保持がなされている。このことは，表在筋では下腿部の内・外側腓腹筋，ヒラメ筋からなる下腿

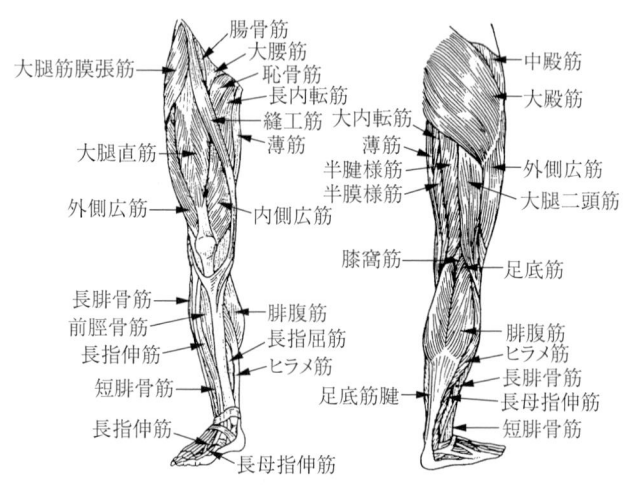

図 6.10 下肢の筋（視覚デザイン研究所 編：
美術解剖図ノート（1984））

三頭筋への負荷レベルが EMG 測定によると大きいことから知られている。さらに，直立位で前後に重心が動くと，下腿部では下腿三頭筋の拮抗筋である前脛骨筋の負荷レベルも大きくなる。このことは，これらの筋の EMG を測定することによって姿勢変動を測手することが可能なことを意味している。さらに近年は，EMG の測定によらず，各身体部位にマーカをつけ，マーカの変移を測定したり，あるいは，身体をカメラで撮影し，画像解析により，姿勢変動を求めている例もある。

　一方，身体の変位を身体各部の計測によって求めるのではなく，身体全体の変動の結果を表していると思われる重心動揺の測定も行われている。図 6.11 に直立姿勢と重心線を示す。ヒトの重心の位置は直立姿勢の支持面から 55〜57％の高さにあり，重心線は脊柱を3点で縦断し，くるぶしから前方 4.93±1.95 cm の部分を通るといわれている。このため重心の位置は，基本的には3次元座標軸で測定されるべきであるが，一般には支持面に投影した2次元面座標で測定される場合が多く，この2次元平面で表した変動を重心動揺と称している。

　視覚刺激が姿勢制御に明確に影響を与えるということを示したのは Swinging Room で有名な David Lee の実験が有名である[8]。また，画像の表示とのかかわりでいえば，姿勢制御とのかかわりの研究も

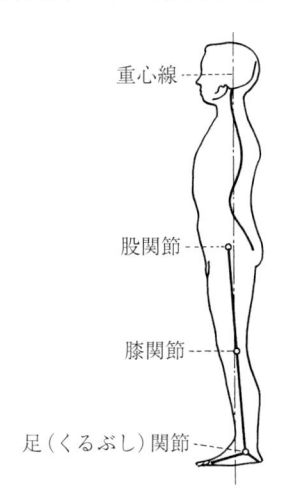

図 6.11　直立姿勢と重心線

進められており，特に姿勢変動，あるいは重心動揺の測定は，画像の表示画角との関係で述べられることが多い。すなわち，画像の表示画角と密接な関係があると思われる臨場感の評価に関して，臨場感がいまそこにいるような感じを受けると理解するならば，姿勢制御は画像表示の影響を大きく受け，結果として影響が大きいことは臨場感が大きいのではないかとする考え方である。

　この場合，大きく二つの画像の表示方法がある。一つは静止画像表示であり，他は動画像表示である。後者の動画像表示の場合は，当然ながら前述した

視覚誘導性自己運動（ベクション）を伴うことになる．また，姿勢変動であるが，主観的な評価方法と，他覚的に行うために測定による方法がある．なお，動画像表示で主観的な評価方法は，一般には，ベクションの評価で行われている方法である．

〔2〕 **静止・動画像と姿勢制御**

HDTVのシステム基本パラメータである画角に関して行われた実験結果を例示する．実験装置の概要を図6.12に示す[9]．この実験では，表示画像は静止画像である．また，評価は主観的な方法を採り，提示された線分が，その線分の提示前に表示された画像によって，方向感覚が誘導される大きさを定量的に評価し，表示画角との大きさと臨場感の関係を求めている．なお，臨場感を「表示された画像空間と観察者のいる空間とが同一空間のように感じ，観察者の主観的座標系が画像情報によって影響され，傾いたり，移動しているように感じる状態」としている．実験装置では，画像を広視野で表示するために，1.7 m直径半球ドームスクリーンが用いられ，投射には魚眼レンズが使用されている．図6.13が測定の手順である．図中PSは暗黒状態で線分を表示し，基準状態とする．DTは同様な暗黒状態で観視者の主観的座標軸を決定し，PSとの差は±30′以下のずれとする．PAは座標軸誘導のための広視野画像を物理的な垂直軸より$\theta°$傾けて表示する．ITは暗黒状態で線分を表示し，左右いずれかに傾いて見えるか判定させる．このようにして，定量化された主観的な誘導角の測定結果を

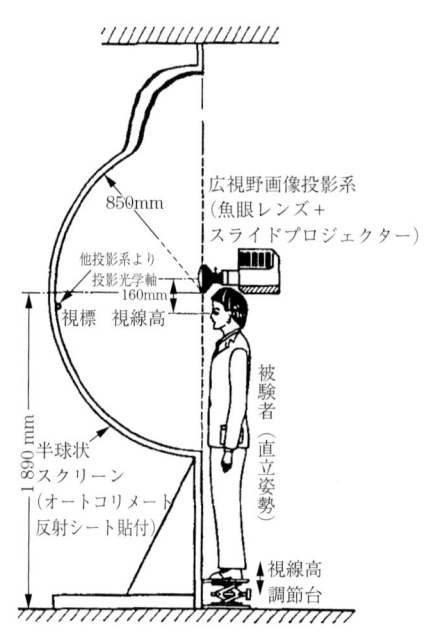

図6.12 広視野画像による誘導角を測定する実験装置（畑田豊彦ほか：テレビ会誌，33-5 (1979)）

6.1 画像と生体情報

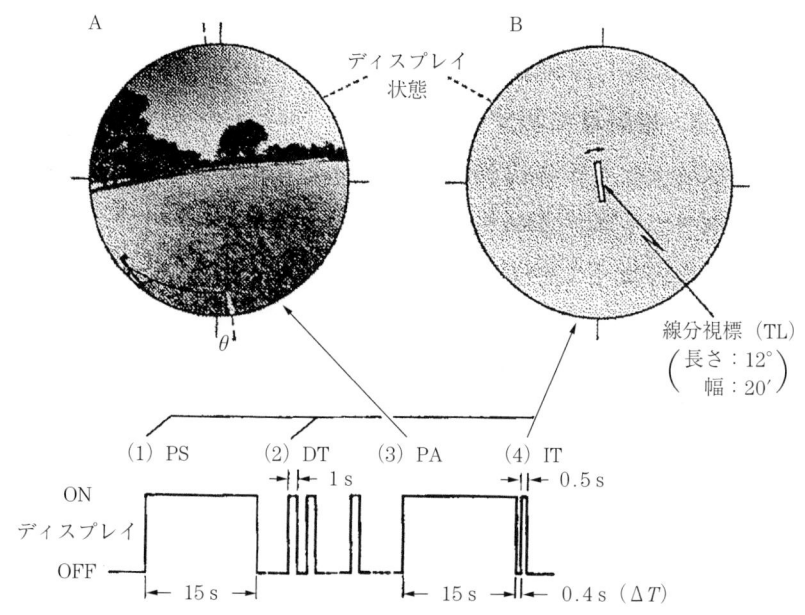

A
B
ディスプレイ状態

線分視標（TL）
$\begin{pmatrix} 長さ：12° \\ 幅：20' \end{pmatrix}$

(1) PS　(2) DT　(3) PA　(4) IT
ON　　　　　1 s　　　　　0.5 s
ディスプレイ
OFF
←15 s→　　　　←15 s→　0.4 s（ΔT）

PS：標準物理座標軸の決定時間，DT：暗黒状態での主観的座標軸の決定時間，
PA：誘導画像の呈示時間，IT：誘導量測定時間，θ：誘導画像の傾き角

図 6.13　広視野画像による誘導角の測定手順（畑田豊彦ほか：テレビ会誌，33-5（1979））

$K \log \left(\dfrac{r^2}{a} + 1 \right)$

誘導画像
格子図形，傾き角：$-17°$：－■－
吊り橋，傾き角：$-10°$：－○－
広　場，傾き角：$-10°$：－●－
被験者4名平均

誘導角 〔°〕　誘導画像の呈示画角〔°〕

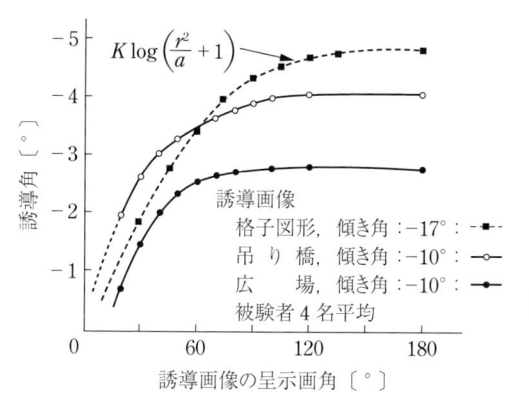

図 6.14　広視野画像による誘導角の測定結果（畑田豊彦ほか：テレビ会誌，33-5（1979））

図 6.14 に示す．この図には，表示した広視野画像の画角が横軸に，また，誘導された角度が縦軸に示されており，提示画像は3種類が使用されている．この図から，提示画像によるいくばくかの差異も見られるが，一般的な傾向とし

て，画角20°近辺から誘導効果が生じ始め，80〜100°以上で飽和状態になる。つまり，この実験結果から，誘導効果を臨場感と読み変えれば，HDTVでは標準観視視距離 $3H$ からは観視画角30°となり，臨場感に富む画像の表示がなされていると判断できる。

一方，動画像を表示画像として，他覚的な評価手法として姿勢変動をも測定されている1例を図 **6.15** に示す[10]。重心動揺計の上に観視者は直立姿勢で位置し，下方から投影された視覚刺激はSで表示され，周辺はS′およびS″で表示される。なお，視覚刺激は前後方向の運動である。まず，このような視覚刺激に対する観視者の立位姿勢の変動を図 **6.16** に示す。視覚刺激はこの図の左下に示すようなチェッカーパターンである。図（a）が前進する場合であり，図（b）が後進する場合である。図（a）では，視覚刺激が前進している場合は，姿勢は前傾し，停止すると後傾するが，やがて正立する。同様に図（b）では刺激が後進している場合は，姿勢は後傾するが，刺激が止まると前傾し，やがて正立する。つぎに，姿勢の変動を重心動揺として測定し，周波数

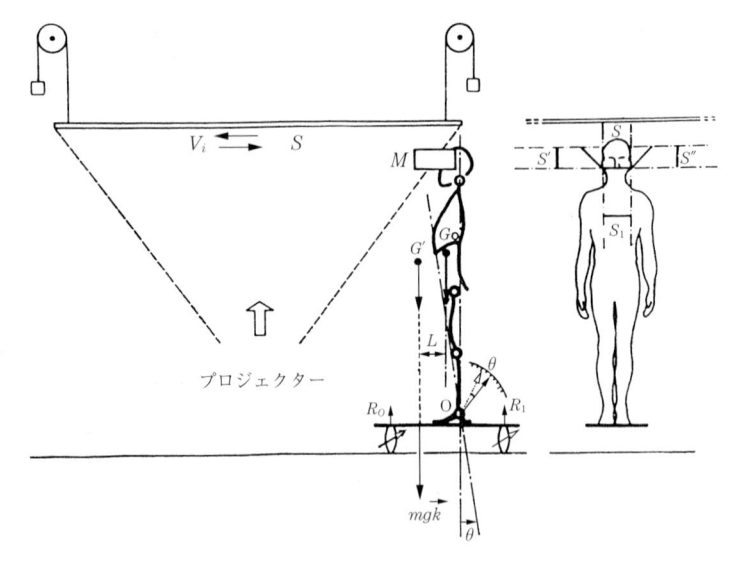

図 **6.15** 動き視標による姿勢制御の実験概要図（F. Lestienne, et al.：Exp. Brain Res., **28**（1977））

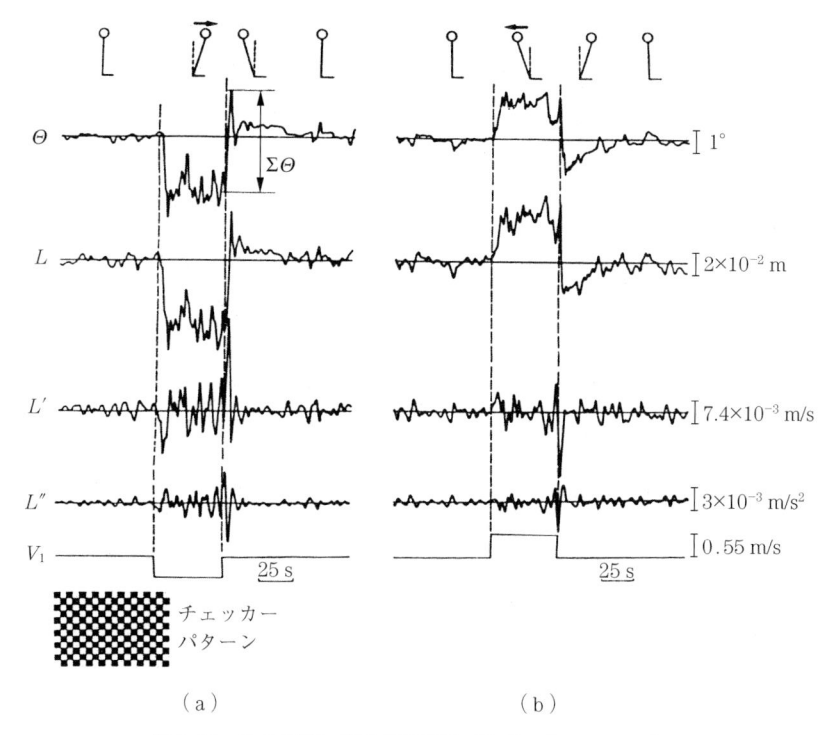

図 6.16 動き視標に伴う姿勢変動 (F. Lestienne, et al.：
Exp. Brain Res., 28 (1977))

スペクトルとして表した結果が図 6.17 である。図 (a), (b) は 2 人の観視者の結果である。図において点線は, 視覚刺激が静止している場合の重心動揺の周波数スペクトルである。実線は, 視覚刺激が運動している場合である。なお, 視覚刺激は図の左下に示すようなチェッカーパターンが用いられている。点線および実線で表される周波数スペクトルを比較すると実線の場合の周波数スペクトルの振幅が点線に比べて大きい。すなわち, 揺らぎが大きくなっていると推測される。また, 点線に比べて, 図中に示す二つの矢印間, 点線矢印 $0.015\,\mathrm{Hz}$ から実線矢印 $5\,\mathrm{Hz}$ 間で周波数スペクトルにピークが見られることである。この周波数ピークは個人差が存在する。このように, 動きある視覚刺激は, 姿勢制御に明確に影響を与えることが理解される。

ところで, このように視覚刺激が姿勢制御に影響を及ぼすことが示される

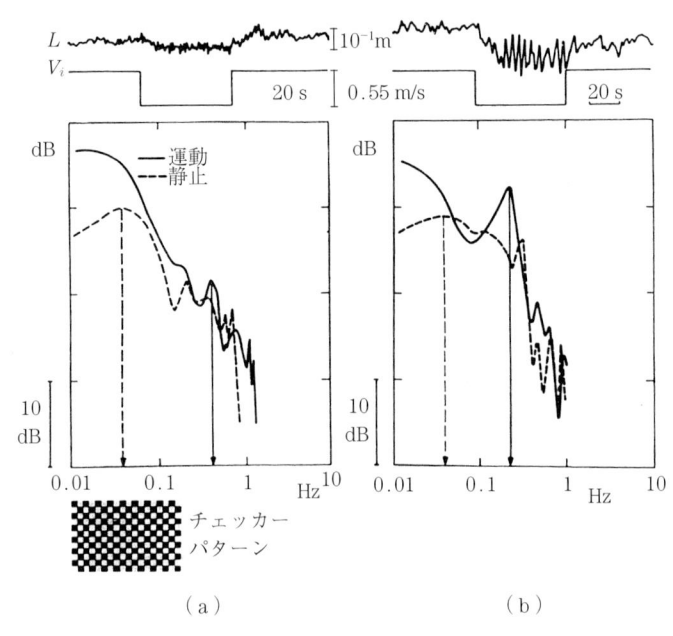

図 6.17 視標の動き視標に伴う姿勢変動の周波数スペクトル
(F. Lestienne, et al.：Exp. Brain Res., **28**（1977））

と，この効果を利用した画像の「臨場感」の評価の試みがなされている．前述したように，評価の基礎には，臨場感をいままさにそこにいるかのような状態と解釈するならば，提示した画像に動きを加えると姿勢の変動が生じ，その変動は画像との結びつきが大きいほど大きいと推測され，それは「臨場感」が大きいためにそのようになったと考えることができるであろうとの推測に基づいている．このような考え方で行われている一例を**図 6.18** に示す[11]．図のように，刺激は広視野表示スクリーンを用いて行われ，表示画像は通常の2次元平面画像と左右両眼に対応する画像を表示し，両眼融合による立体画像となっている．表示された画像は円形マスクが施され，表示画角は 10〜80° までであり，視距離は約 1 m である．なお，画像は表示画像の中央を回転の中心とし，回転は±12°で左右に往復回転運動し，0.3 Hz の一定速度である．

このような画像を観視している場合の観視者の姿勢変動として重心動揺を測定し，その測定値を周波数スペクトルで表した結果を**図 6.19** に示す．図（a）

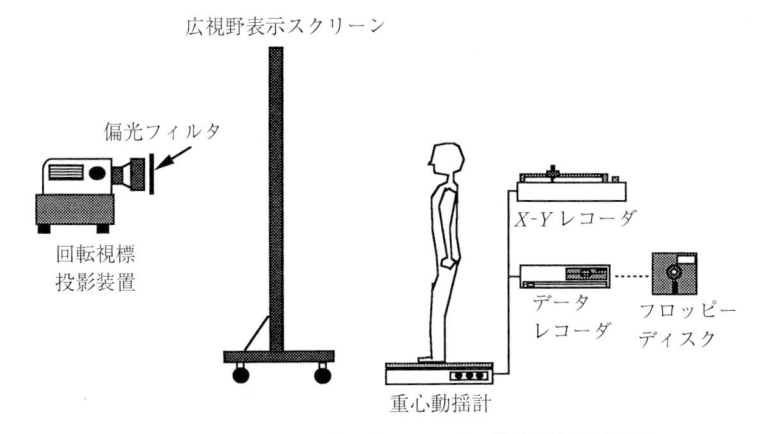

図 6.18 広視野平面・立体画像による重心動揺測定装置概要
(清水俊宏ほか：信学論, **J80-A**-6 (1997))

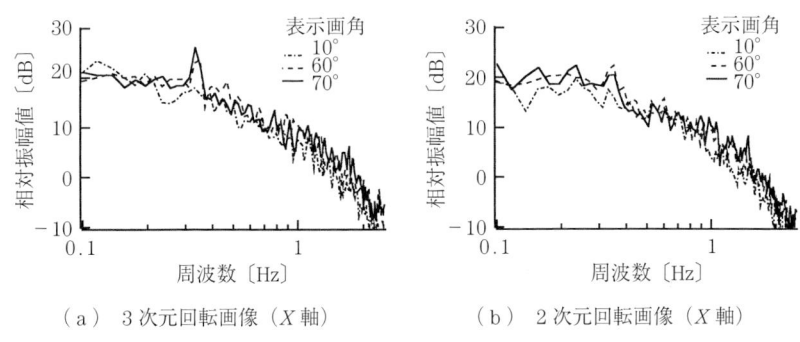

(a) 3次元回転画像 (X 軸)   (b) 2次元回転画像 (X 軸)

図 6.19 広視野平面・立体画像による重心動揺の周波数スペクトル
(T. Shimizu, et al.：SPIE, **1666** (1992))

が立体画像の結果であり，図（b）が平面画像の結果である．二つの結果の図を比較すると，立体画像では，表示画角 60°，あるいは 70°で 0.3 Hz 近辺に明確なローカルピークを見いだすことが可能である．一方，図（b）では，立体画像のような明確なローカルピークを見いだすことはやや困難であり，同時に，図（a）に比べて，低域部分での面積が大きいように読みとれる．このことは，重心動揺としては不安定であるが，画像の往復運動とは同期しない不安定さのみを示しており，図（a）の場合のような画像の往復運動と密接な関係を示唆するような重心動揺の不安定さではないことが示されている．

この結果から推測すると，広視野の立体画像は，同画角の平面画像に比べて，大きな臨場感を提供することが可能であることが理解される。

6.1.3 視覚情報と他感覚情報

〔1〕 視覚と前庭感覚情報

一般に，感覚器は五感と呼ばれるように，視覚，聴覚，触覚（力覚），味覚，嗅覚が挙げられる。しかしながら，同等に重要な感覚として，平衡覚が挙げられる。平衡覚は，筋・骨格系からも得られるが，前庭迷路系の寄与は大きい。前庭迷路系は，自分自身が止まっているのか，あるいは動いているのか，などの自己定位の検出に機能するが，その検出メカニズムから，加減速度の検出を行い，等速運動での検出はなされない。図6.20に前庭迷路系を示す。検出器は内耳にあり，直線運動や頭の傾きを検出する卵形嚢にある耳石である。他は回転の角速度を検出する半規管であり，水平・前・後とたがいにほぼ垂直に位置している。

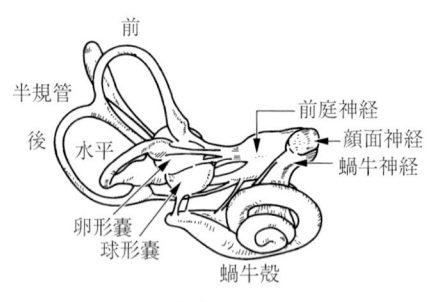

図6.20 前庭迷路系の仕組み

これらの機能に関しては，例えば検出器としての特性は調べられている。ここでは，視覚情報との協調・競合との関係で調べられている例を示す。まず，身体の方位を耳石で検出する場合，つまり，直線運動をする場合である。実験は図6.21のような装置で行われている[12]。図（a）は，筋骨格系と視覚系に入力を与えた場合である。図（b）は前庭迷路系と視覚系に情報を入力している。視覚系の情報に関してはHMD（head mounted display）を用い，カメラからの入力以外の外界情報が認知されないようにしてある。結果の一例を図6.22に示す。図は9方向（0〜±20°）で方向知覚の誤差を示した結果である。頭部で方向を示した場合と指示棒で方向を指示した場合の結果が示されているが，指示棒の場合は知覚した方向を運動機能で示すために，知覚系と運動系によるモダリティ変換の影響があると考えればよい。この結果では，耳石

6.1 画像と生体情報　　227

(a) 視覚と筋運動系による
　　方向知覚実験

(b) 前庭系（耳石）と視覚
　　による方向知覚実験

図6.21　前庭系（耳石）・視覚・筋運動系による方向知覚実験
（L. Telford, et al.：Exp. Brain Res., **104**（1995））

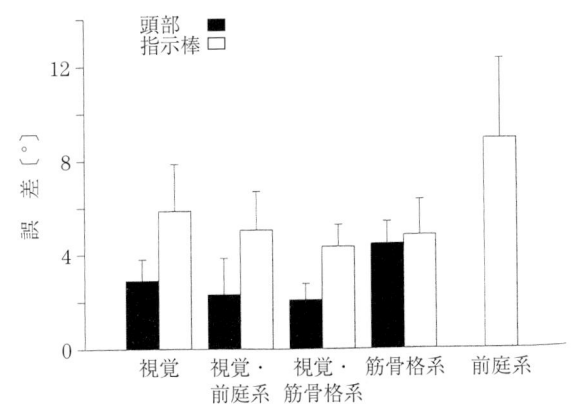

図6.22　前庭系（耳石）・視覚・筋運動系による方向知覚
の実験結果（L. Telford, et al.：Exp. Brain Res., **104**
（1995））

による方向知覚は他の視覚，筋骨格系に比べて劣ることが推測される。

　一方，前庭迷路系での検出機能の一つである三半規管による回転運動の検出と視覚系での協調・競合関係に関する実験装置の一例を図6.23に示す[13]。この場合は，三半規管への入力情報である回転角速度はターンテーブルによって与えられ，視覚系への情報は直線運動の場合と同様にHMDを用いて行われ

228   6. 画像情報の受容・処理

図 6.23 前庭系（三半規管）・視覚系による方向知覚実験

ている。また，方向指示は手もとのポットで行われているので，運動系へのモダリティ変換を認めた上で行われていると考えてよい。結果を図 6.24 に示す。図（a）は，視覚情報が反時計方向に 210°回転する場合であり，図（b）は時計方向に 210°回転する場合である。図中の点線上の黒丸の位置にそれぞれ身体は角加速度で回転させられる。この結果から，視覚情報と三半規官への情報が競合する場合，三半規管への入力が大きいならば，視覚情報に

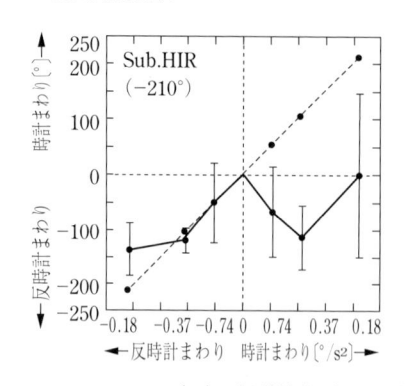

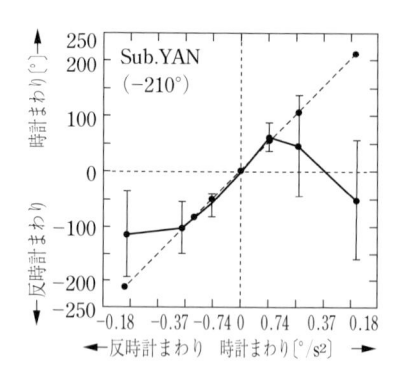

（a） 視覚情報（カメラ）が反時計方向に 210°回転

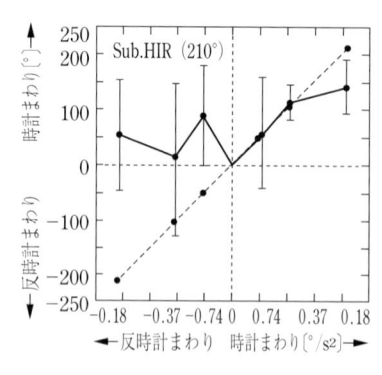

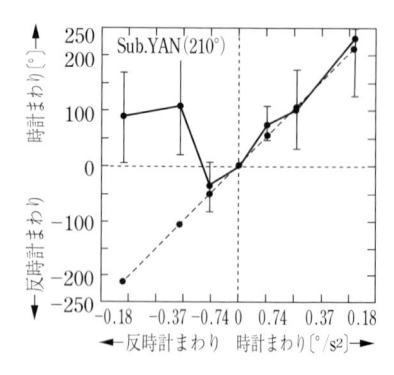

（b） 視覚情報（カメラ）が時計方向に 210°回転

図 6.24 前庭系（三半規管）・視覚による方向知覚実験結果

かかわらず，正しい方向知覚を得ることが可能であると推測される。三半規管への入力が小さい場合は，視覚系の情報が優位に働くが，必ずしも正しい方向知覚は得られない。また，三半規管への入力と視覚系への入力が協調関係にある場合は，大きな過評価で方向知覚がなされることはないことも示されている。

さらに，近年は前庭迷路系に，外部から電気的な刺激を負荷し，この負荷に応じて，ヒトの行動制御を行う研究も進められている。

今後，テレビジョン画像の表示では，大画面化が進むと考えられる。このような大画面での動画を観視する場合は，自己定位の機能が大きく影響を受けて動揺病が生じる場合が考えられる。動揺病は，画像からの影響の場合は映像酔いとも称される。類似した現象は，乗り物であれば，船酔い，宇宙酔い，あるいは同じ画像でも映画では映画酔い，また，シミュレータではシミュレータ酔いとも称されている。まだ酔いの生成メカニズムが十分理解されたとはいえないが，その防止には多くの研究が進められている。

〔2〕 **視覚と音響情報**

視覚と聴覚の情報がヒトの知覚・認知にもたらす影響を調べた研究例は多い。特に研究例としては，音源の知覚にかかわる研究例が多いようである。また，他の感覚との協調・競合関係と同じように，モダリティ間現象，また，クロスモダリティマッチングが挙げられる。

音源と視覚情報の知覚を空間的な配置で見ると，例えば電話器本体とベルの音源は12°離れていても同じ方向と知覚される。テレビ受像機では，10°以内であれば，音像は視覚情報に引かれるとされている。このような結果は，HDTVのような大画面表示では音場生成の難しさとして推測される。

さらに，テレビジョンについては，図6.25のような音像と映像の位置ずれに対する評価結果が示されている[14]。音響技術者と一般評定者に関する結果であり，推測されるように，音響技術者のほうが厳しい結果となっている。この結果から，図中に実線で示した評価2と3の間の許容限は，それぞれ評定者に応じて約11°と約20°という結果になっている。したがって，NTSC方式では，標準視距離からの画面の画角は10°程度なので，スピーカと映像の位置ず

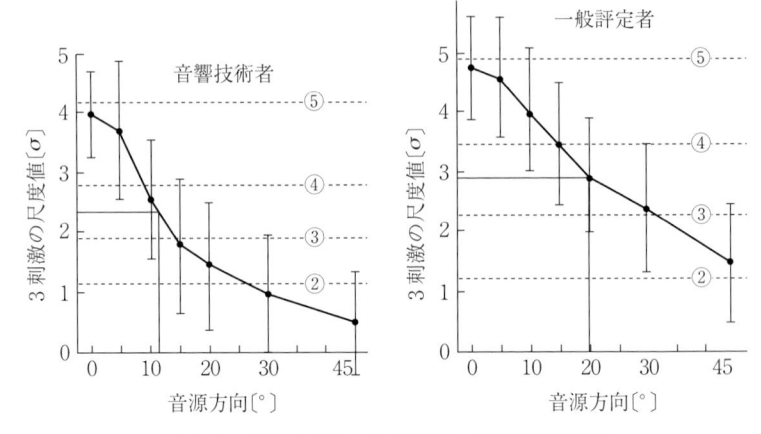

図 6.25 音像と映像の位置ずれに対する評価結果
（小宮山 摂：音響会誌，**52**-1（1996））

れは許容範囲に収まっている。一方，HDTV では，標準視距離からの画角は 30°となるため，音像と映像のずれが課題となり，解決策として，HDTV では音響システムにセンターチャネルを置いている。

　一方，音像と映像の時間同期性は，テレビジョンシステムでは，リップシンクの問題として取り扱われていることがよく知られている。数値的には，音声が進みの場合で 1（映像）フレーム，遅れの場合で 2～3 フレームが許容限とされている。ときに，モダリティ間の知覚の統合が不可能な値として挙げられる 200 ms では，許容できないとされている。

　これらは空間的，あるいは時間的に音響情報，視覚情報のモダリティ間現象を扱ったものであるが，前述した重心動揺によって音響情報と視覚情報に関して，「臨場感」に関する実験的な検討も行われている。検討は，**図 6.26** に示すような実験装置で行われている[15]。視覚情報である映像は直径 3 m の半球ドームスクリーンに魚眼レンズで投影され，実験では，ランダムドットステレオグラムによる矩形波の立体映像が用いられている。一方，音響情報はヘッドホーンによって供されるが，前方 2 m の前額平行平面上で，半径 3 m の上部から円弧を描き，左右水平面の位置まで運動するように提示されている。なお，映像は静止状態，音像と同方向，逆方向の動きで提示され，動きは左右±10°，

6.1 画像と生体情報　　*231*

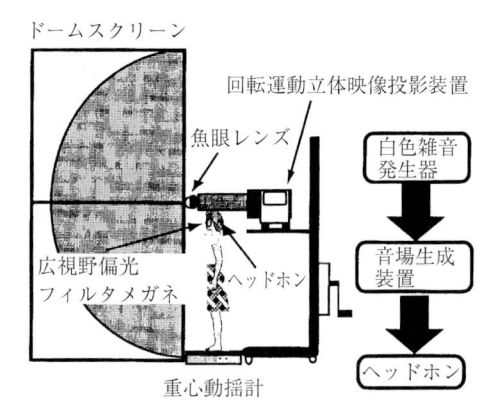

図 6.26 視覚情報と音響情報の協調作用の実験
© 2000 IEICE[15]

0.29 Hz の往復反復運動である．重心動揺を解析した結果を**図 6.27**に示す．図（a）は映像の表示画角が 20°，図（b）は 130°の場合である．結果は提示した音響，映像刺激と重心動揺波形から算出した周波数誤差率の平均値で示している．この周波数誤差率が小さいほうが，重心動揺波形が刺激の周波数に引き込まれたと推測され，刺激として大きな「臨場感」の提示が可能と推測される．図（a），（b）から理解されるように，静止映像に関しても，音響情報は広視野映像の表示効果を強くする．しかしながら，図（b）のように表示画角が小さい場合は音響情報と表示映像との関係は明確には見られない．一方，広視野提示を行った動画像に関する結果（図（b））から，映像と音響の情報が同期すれば大きな「臨場感」を提示可能なことが見込まれる．

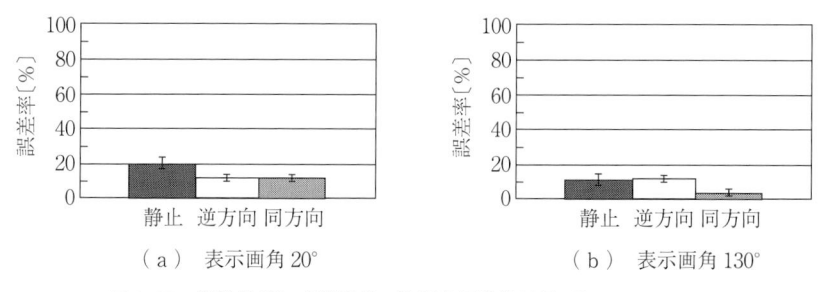

（a）　表示画角 20°　　　　（b）　表示画角 130°

図 6.27 視覚情報と音響情報の協調作用実験結果 © 2000 IEICE[15]

〔3〕 視覚と触覚情報

触覚には，大まかにいって二つの機能があると考えられている。一つは，刺激の強度への反応である。したがって，触覚のこの機能には，他の感覚器官で見られる刺激強度が意識に上がらなくなる順応，あるいは強度の二つの刺激が加えられた場合に，弱い刺激は，それが単独で加えられた場合に比べて，より弱く感じる対比などの効果が見られる。また，皮膚の限られた部位に，機械的な刺激が比較的早い速度で繰り返し加えられると，振動感覚やテクスチャを知覚する。この振動する周波数に関しては，周波数による閾値が存在する。

もう一つは，空間定位にかかわる機能である。刺激が与えられた部分を，明瞭に指摘することが可能であり，この機能では，例えば2点が刺激された場合，2点間の距離が弁別の可能性が問題とされる触覚による2点弁別，さらに2点間の刺激の同時性か，非同時性かが問題とされ，非同時であれば，2刺激が独立しているか，運動している刺激として知覚されるかという触覚による仮現運動の機能があり，他の五感ときわめて類似した機能がある。

この他にも触覚は，他の感覚機能と協調し，外界の対象物の湿性，粘性，弾性，塑性などを知る機能，あるいは対象物をなぞる場合では，指の位置感覚から，対象物の形状を把握する機能などもある。

ところで，視覚情報と触覚情報の協調・競合した場合の知覚として，図6.28(a)のような図形を表示し，かつ，触覚デバイスで表示図形をなぞることを可能とした実験が行われている例がある[16]。図に示す図形は，Neckerの立方体と呼ばれる図形で，図形の形状知覚が一義的になされないことから，多義図

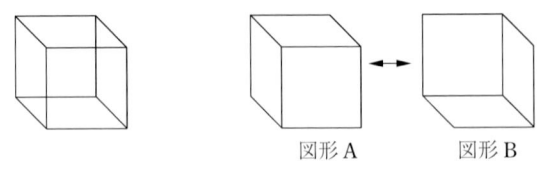

（a） Neckerの立方体　　　（b） 双安定知覚像

図6.28　視覚情報と触覚情報の協調・競合下での提示視標（安藤広志：計測自動制御学会講演論文集，IC 2-1 (2007)）

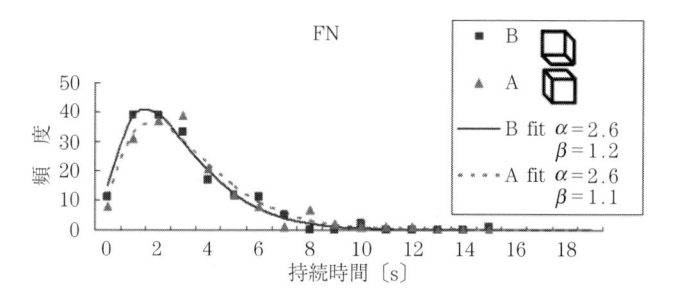

6.1 画像と生体情報　*233*

（a）触覚情報はなく視覚情報のみ

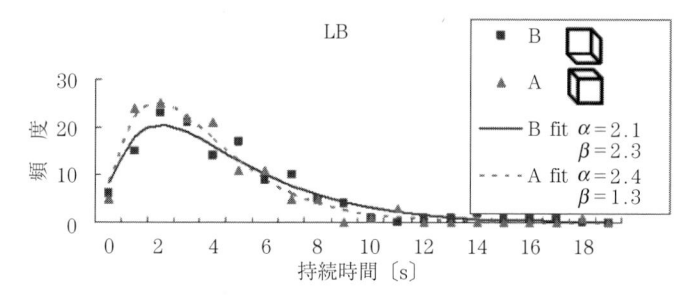

（b）視覚情報はあり，触覚情報は形状Bで与えられる

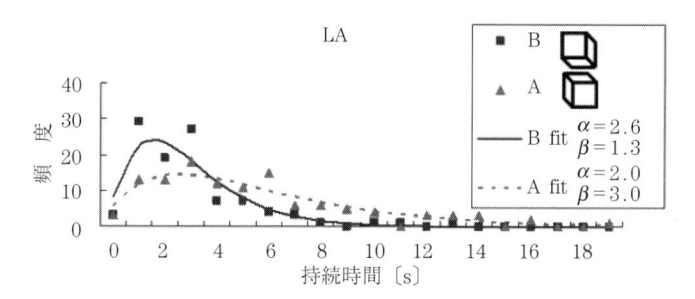

（c）視覚情報はあり，触覚情報は形状Aで与えられる

FN：視覚情報のみ　LB：形状Bの触覚情報　LA：形状Aの触覚情報
α, β：フィッティングカーブのパラメータ。この場合，多義図形の
　　知覚交替はガンマ分布の確率密度関数で表される。

図 6.29　視覚情報と触覚情報の統合実験結果（安藤広志：
　　　　　計測自動制御学会講演論文集，IC 2-1（2007））

形の一つとして知られている。実験では，図（b）のような二つの図形を触覚への刺激図形として提示している。

　結果の1例を図 6.29 に示す。図（a）は触覚刺激がない場合，つまり，単に提示図形を観視していた場合である。同様に，図（b）は図 6.28（b）のAのような図形，図（c）は図 6.28（b）のBのような図形を提示した場合の結果である。なお，視覚刺激の観視では，光点を表示し，その光点に沿って，図形の観視を強いている。縦軸が知覚された回数，横軸がその時間である。一般に，多義図形の見え方は，ガンマ分布の確率密度関数で記述できることが指摘されているが，図 6.29（a）は，ほぼそのような結果となっている。一方，図（b），（c）では，触覚の形状と一致して知覚される像が，正の方向にシフトしていることが示されている。つまり，触覚情報と視覚情報が一致したために，その形状の知覚効果が長くなったと推測可能である。このことは，触覚情報による視覚情報の制御の可能性をも示していると考えられている。

　触覚情報を基本とした場合は，視覚障害者に放送での情報，例えば，GUIによって提示されるディジタルテレビの画面情報，あるいは点字デバイスによるテキスト情報のサービスなどが，現在，試みられている[17]。これらは，あくまでモノモダリティによる情報提供を目指している。しかしながら，本項で示すように，健常者に関しては，マルチモダリティあるいはクロスモダリティを考慮した知覚，感覚への働きかけが有効ではある。さらに，その上で，知覚-運動系を考慮したデバイスや操作が考えられるべきかと思われる。今後は，このような視点から研究開発されたテレビジョンの「リモコン」に代表される操作デバイスが現れてくるものと思われる。

6.2　画像と感性情報

6.2.1　感性情報の定義

　感性を広く定義，図示した結果が図 6.30 である[18]。すなわち，感性情報は基本的には視覚，聴覚，嗅覚，味覚，皮膚感覚（触覚），体内感受性（前庭系

を含む）の 6 種類の感覚と，その上に位置する認知機能を統合した形での表出として定義される。当然ながら，感覚対象あるいは環境により，すべての感覚が同一に機能するということではなく，いずれかの感覚が強調されたり，あるいは，認知機能が感覚の出力とは異なり，強く働くということもある。

一方，研究開発の対象とされてきた感性情報は図 6.31 のような位置づけで解釈される[19]。図に示す感性の中で，右端に属する「深い感性」，「鋭い感性」などの「豊かな感性」は，現在の情報科学ではなじまない。「豊かな感性」を研究対象から除外し，知性と感性とのかかわりがあり，交差する分野である「浅い感性」を研究の対象としている。

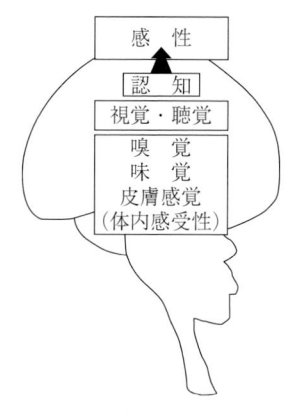

図 6.30 感性の構造（長町三生：ヒューマンインタフェース学会誌，3-4 (2001)）

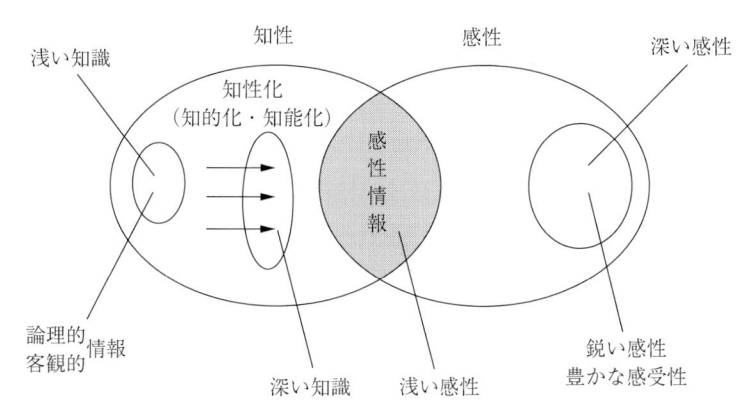

図 6.31 感性情報処理の研究対象（一松 信，村岡洋一 監修，日本学際会議 編：感性と情報処理―情報科学の新しい可能性―，共立出版 (1993)）

これらの結果として，研究対象とその方法をどのように考えるかというと，例えば感性は，感受性，知覚・認知の能力や特定の情報を濾過したり，抽出したりする受信能力を意味するとともに，考え方や生き方，表現や提案，さらに

は創造の方法などを発信する能力をも意味すると述べられている[20]。また，工学やビジネスにおける感性は，外界の刺激は感覚受容器に伝えられた後に発生する「感覚-知覚・認知-感情・情動-言語などによる表現」間での一連の情報の流れという心理学的な定義で考えるか，あるいは感覚から心理までの反応，または感覚と感情という大まかな枠組みで十分ではないかとの指摘もある[21]。

6.2.2 感性情報の抽出
〔1〕 官能検査・感性評価
（1） **SD 法** SD 法の背景となる刺激-反応モデルとして，図 6.32 のような考え方が例示されている[22]。つまり，SD 法の基本的な考え方は，そのモデルとして，刺激に関しては，意味は言葉などの刺激自体の受容，投影，統合，表象の 4 段階から構成されているとの考えに基づいている。結果として，意味は言葉の集合によって分類可能ということがいえ，意味を多次元の数値としてみなすとの方法論を確立している。

この刺激に関する 4 段階であるが，図 6.32 によると，まず，外界の刺激 S_a，S_b が感覚受容を経て，投影となる投射水準 s_a，s_b となる。これらの s_a，

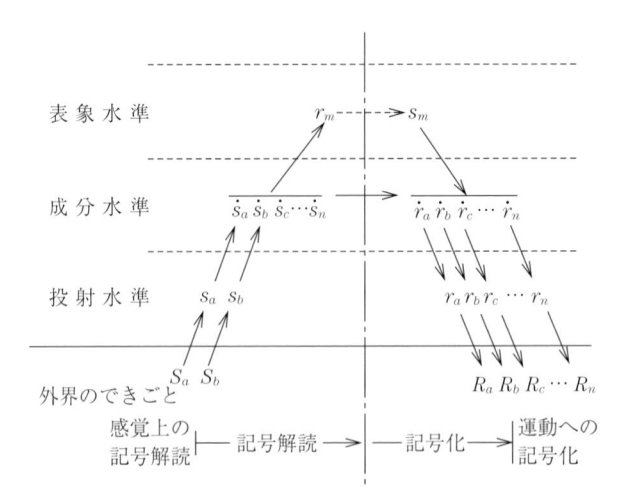

図 6.32 SD 法の背景となる刺激-反応モデル（岩下豊彦：SD 法によるイメージの測定，川島書店（1983））

s_b は統合水準のまとまり表象である $\overline{\dot{s}_a \dot{s}_b \dot{s}_c \cdots \dot{s}_n}$ を形成する。この統合として形成される $\overline{\dot{s}_a \dot{s}_b \dot{s}_c \cdots \dot{s}_n}$ に s_a, s_b 以外が組み込まれるのは，外界の刺激 S_a, S_b が S_c, …, S_n とともにある経験を繰り返していれば，s_a, s_b に基づき，$\overline{\dot{s}_a \dot{s}_b \dot{s}_c \cdots \dot{s}_n}$ が一括りで統合され形成されると考えているからである。

つぎに反応であるが，$\overline{\dot{s}_a \dot{s}_b \dot{s}_c \cdots \dot{s}_n}$ の形成後は，二つの反応経路が考えられる。一つは，形成された統合水準 $\overline{\dot{s}_a \dot{s}_b \dot{s}_c \cdots \dot{s}_n}$ に対する応答がすでにできあがっている場合である。このときは，同じ統合水準で $\overline{\dot{r}_a \dot{r}_b \dot{r}_c \cdots \dot{r}_n}$ が形成される。もう一つは，外界の刺激 S_a, S_b, …, S_n に対して，一定の反応が十分条件づけられていない場合である。この場合，$\overline{\dot{s}_a \dot{s}_b \dot{s}_c \cdots \dot{s}_n}$ は，表意水準に送られ，先行経験での反応パターン r_m から検索を行う。r_m は，反応への記号化過程の自己刺激であるので，記号化過程 s_m を導き，s_m は統合水準での反応 $\overline{\dot{r}_a \dot{r}_b \dot{r}_c \cdots \dot{r}_n}$ の形成を進める。ただし，r_m, s_m の関係が上位中枢過程か，あるいは低水準課程を想定しているかは，はっきりは示されていない。反応 $\overline{\dot{r}_a \dot{r}_b \dot{r}_c \cdots \dot{r}_n}$ から投射水準に送られ，r_a, r_b, r_c, …, r_n が，反応の結果として，それぞれの運動器官に R_a, R_b, R_c, …, R_n という運動を行わせる。このように，SD 法はきわめて不十分ではあるが，人間の感覚受容，情報処理，運動出力を念頭において検討された方法によって導出されたということが理解される。

一方で SD 法は，その背景に持つ意味論から切り離して，方法論から考えると，評定尺度法と因子分析の結合とみなせる。具体的には，広範囲な複数尺度を用意し，諸コンセプトの評定を行い，その評定データから尺度間相関係数マトリックスを求め，因子分析を施すという方法論を採ることになる。このときの「コンセプト」の採用の確定に関しては

① 評定にかなり個人差を生じるものであること
② 言語による提示を行う場合，指示対象が多義的であるものを避けること
③ 評定者がよく知っているものを選ぶこと

が指摘されている。ここでいうデータの数値化とは，複数尺度にマーキングされた反応を数値に直す作業である。さらに，相関係数の算出は，尺度間に関する偏差積率相関係数（ピアソンの相関関数）を求めることになる。この場合に

は，相関係数は，諸コンセプトに対する評定者の反応を数値化した全評定スコアに基づく場合と，コンセプトごとの諸評定者の平均評定値の変動に基づいた算出が考えられる。一般には，前者の算出方法が望ましいとされている。このようにして求められた尺度間相関係数を用いて，因子分析を行うことになる。その結果として，対象の持つ含意的な意味の測定が可能となる。

（2） **主成分分析・因子分析**　　得られた多種類のデータの各要素間に相関があるとみなされるとき，これらのデータを用いて全体の変動を説明したい場合がある。この場合，たがいに相関があるデータの各要素に関して，無相関な各要素によって，全体の変動を示す一つの特性値に要約する方法が主成分分析である。

つぎに示す m 種類のデータが n 組だけ得られたとする。

$$\{x_{i1}, x_{i2}, \cdots, x_{im}\} \quad (i=1 \sim n) \tag{6.1}$$

このとき，特性値を与える k 個の主成分 z_l $(l=1 \sim k)$ は，m 種類のデータ x_j $(j=1 \sim m)$ の重み付け平均で表すことができ，第 l 主成分 z_l は

$$z_l = b_{l1}x_1 + b_{l2}x_2 + \cdots + b_{lm}x_m \quad (l=1 \sim k) \tag{6.2}$$

となる。ただし，係数には

$$b_{l1}^2 + b_{l2}^2 + \cdots + b_{lm}^2 = 1 \quad (l=1 \sim k) \tag{6.3}$$

の拘束条件をつける。

第 l 主成分 z_l は，m 種類のデータ，n 組から，その特性値として選ばれるのであり，このことは m 次元の空間を k 次元の空間にマッピングすることであるから，各主成分は無相関であり，同時に分散が大きいものから選ばなければならない。分散が大きいものから選ぶということは，得られる情報量を最大にする。つまり，情報の損失を最小にするということである。このため

① 第 1 主成分 z_1 の係数 $\{b_{11}, b_{12}, \cdots, b_{1m}\}$ は，上記の拘束条件のもとで，z_1 の分散が最大になるように選ぶ。

② 第 2 主成分 z_2 の係数 $\{b_{21}, b_{22}, \cdots, b_{2m}\}$ も，拘束条件を満足し，z_1 と z_2 が無相関になる条件で，z_2 の分散が最大になるようにして求められる。

③ 以下，同様にして，第1主成分 z_l の係数 $\{b_{l1},\ b_{l2},\ \cdots,\ b_{lm}\}$ の係数が求められるが，拘束条件の満足，$z_1,\ z_2,\ \cdots,\ z_{l-1}$ の各主成分と無相関で，かつ，z_l の分散が最大になるようにして求められる。

なお，具体的な計算は，行列理論の固有値と固有ベクトルの計算に帰着する。

ところで，係数 b_{lj} とデータ x_j，線形結合で表される主成分 z_l の値を計算した結果を主成分スコアと呼び，主成分におけるサンプルの順位を表す。また，主成分とデータとの相関係数を主成分負荷量と呼ぶ。この値は，抽象化された主成分へのデータの位置づけを表しているとみなせる。

一方，主成分分析がすべての変数，得られたデータの全体に共通する因子を考えているが，加えて，因子分析ではそれぞれの変数に固有な特殊因子を想定して行う分析方法である。主成分分析と異なり，より少ない因子で全体の変動を説明しようとする場合には有効な分析でもある。

（3）クラスタ分析・判別分析法 クラスタ分析とは，多くの分析対象に対して，それぞれの対象間の類似度，あるいは距離（非類似度）をもとに，類似するものを一つのクラスタとし，分析対象全体をクラスタに分割する方法である。クラスタ分析は，外的な基準を必要とせず，分析対象のそれぞれの対象のデータさえあれば，分析可能な方法となっている。また，クラスタ分析では，形成した下位のクラスタが，さらに上位のクラスタに含まれる場合を階層的手法，このような包含関係がない場合を非階層的手法と呼んでいる。

クラスタ化を行うには，対象の類似性となる規範を定め，算出しなければならない。この規範が類似度，あるいは距離（非類似度）と呼ばれる。いま，二つの分析対象を $p,\ q$ とし，それぞれの対象が m 個の変量を持つとすると

$$X_p = \{x_{p1}, x_{p2}, \cdots, x_{pm}\} \\ X_q = \{x_{q1}, x_{q2}, \cdots, x_{qm}\} \tag{6.4}$$

となり，分析対象がこのような連続的な変量を持てば，あるいは，連続的な変量に変換できれば，類似度か距離の算出が可能となる。一般的には，距離，類似度に関しては，つぎの代表的な種類がある。

① ユークリッド距離：分析対象 X_p, X_q を m 次元の空間内の点としてユークリッド距離を求める。
② 重み付きユークリッド距離：分析対象 X_p, X_q の m 個の変量が類似度に与える影響が異なる場合には，ユークリッド距離を求める際に，重み付けを行う。
③ マハラノビス距離：一般には，ユークリッド距離は，空間の持つ確率分布上の等確率線の分布密度を考慮していないが，マハラノビス距離は，空間の確率分布まで考慮して算出する距離と考えられる。類似度としては，分析対象 X_p, X_q の内積が表すとして用いられる。

つぎに，計算された距離，類似度から分析対象をクラスタ化する。つまり，各対象間で類似度の高い対象でクラスタを形成する。例えば，図 6.33 に示すように，図中の 3，4 が類似度が高い，あるいは距離が短い場合，最初にクラスタとして扱われる。問題は，この新しく形成された対象と他の対象（あるいは他のクラスタ）の類似度（あるいは距離）をどのように計算するかである。この方法には，大きく二つの方法があり，組合せ的手法と非組合せ的手法である。組合せ的ということは，計算しようとする類似度あるいは距離が，過去に算出した値を用い，回帰的に算出可能ということを意味する。例えば，図 6.33 で，クラスタ (34) とクラスタ (25) との距離〔(34), (25)〕が距離〔(34), 2〕，距離〔(34), 5〕と距離〔2, 5〕から回帰的に求められれば，計算コストの面で効率がよい。このような方法には

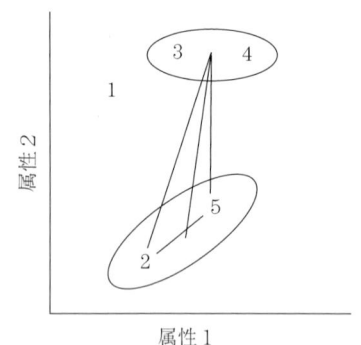

図 6.33 クラスタ分析での距離の計算

① 最短距離法（single linkage 法）
② 最長距離法（complete linkage 法）
③ 重心法（セントロイド法）
④ 群平均法（unweighted pair-group method using arithmetic averages）

⑤ ウォード法（Ward's method）

が知られている。非組合せ手法としては，WPG（weighted pair-group）法，モード法が知られている。非組合せ手法は，組合せ手法が計算効率中心すぎで，かつ距離定義の不自然さとの批判への反省から生まれた手法でもある。このように，クラスタ分析には，構成要素としての多くの手法があり，その方法の使用には，分析対象に対する深い洞察力も必要とされる。

一方，判別分析法は，分析する対象が m 個の変数を持つ場合，その対象がどの範疇に属するかを判定する手法である。判定方法は，判別関数 z を

$$z = a_1 x_1 + a_2 x_2 + \cdots + a_m x_m$$

と定義して行われる。ただし，x_i（$i=1 \sim m$）は，分析対象の特性を表す変数である。このため判別関数では，変数の分布を考慮した距離の概念が重要となる。一般には，確率分布の形状を考慮しているマハラノビス距離が適用される。

〔2〕 生理学的な方法

主観的な評価方法のみならず，生体情報の測定・解析による感性情報の抽出も試みられている。画像の感性情報とかかわりの深い生体情報の測定対象は，つぎの生体機能に関するものが挙げられる。

① 眼球運動：眼球運動は脳内で行われている視覚情報処理機能を反映する外部へのパラメータと考えることができる。このような観点から画像を観視している場合の眼球運動を用いて画像の特徴やその認識メカニズムを明らかにしようとさまざまな研究が行われている。

② 瞬目：反射性瞬目は神経支配がはっきりしていることから，自律神経系と関係で述べられることが多い。一方，自発性瞬目に関しては，テレビジョン番組を観視している場合の「興味」の問題として瞬目の研究が行われている。

③ 瞳孔：瞳孔運動は，神経生理学の研究でも有用な指標となるといわれているが，心的な活動や状態を知る指標として有効との研究例が多い。

④ 皮膚電気活動（皮膚電位）：基本的には，発汗である精神性発汗と温熱性発汗のうち，精神性発汗に着目し，電気的にとらえたものが，皮膚電気

活動である。皮膚電気活動の測定は二つに大別され，一対の電極間に微弱な電流を流し，抵抗変化を調べる通電法，あるいは一対の電極間の電位差を測定する方法が採られている。皮膚は，交感神経系から「脅威状況」にあうと適切な湿潤レベルに調節されることから「最初の心理的な防御機構」とみなされ，この湿潤レベル変化である精神的な発汗を，環境に対する行動的適応とみなし，心的変化の指標とするものである。

⑤ 脳波：脳波は，脳内の神経細胞の集団が示す電気活動を表すと考えられ，時系列信号として測定することが可能である。このため，脳波は，行動，思考，情動にかかわる情報を含んでいると考えられている。脳波は，閉眼安静の状態で，8〜13 Hz の周波数成分の正弦波が出現する。これを α 波と呼んでいる。ところが，この安静状態から離れて，考えごとをしたり，興奮状態になると，13〜20 Hz の周波数成分が現れてくる。この周波数成分の脳波を β 波と呼ぶ。この他に，成人では睡眠中，あるいは，幼児では目覚めている場合でも，0.5〜8 Hz の低い周波数成分が現れる。この周波数帯域の脳波は二分され，0.5〜3 Hz の δ 波，4〜8 Hz の θ 波と呼ばれる。これらの脳波は，覚醒レベルに依存し，持続的に出現することになる。

また，何らかの事象が生じると，それに応じて変化する一過性の微小な電気活動がある。この電気活動は，事象関連電位（あるいは，誘発電位）と呼ばれており，狭義には，知覚・注意・認知・記憶などの心的過程に対する電位のみを指す場合もある。これに比べて，前述した脳波は，周波数成分こそ異なれ，持続的に出現しているため背景脳波とも呼ばれることがある。事象関連電位については，背景脳波よりも信号成分が微弱なことから，加算的に信号検出を行い，SN比の向上を行う必要がある。事象関連電位は，聴覚，視覚，体性感覚刺激で固有の波形応答を示し，その特性解析は，波形の正負のピーク（プラス電位を P，マイナス電位を N），さらにピークが現れる時間を組み合わせて呼ばれている。視覚系を中心に $P100$，$P300$，$N400$ などがよく知られている。

一方，前述したように，通常の覚醒レベルでは，α波，β波の出現が中心であるが，頭頂部直前の正中部では，精神活動（例えば問題解決中にθ波が出現すること）が見いだされた。この脳波は$F_m\theta$波と呼ばれており，正確には前頭正中部付近に最も優勢に出現するθ律動で，普通は6～7 Hzの周波数を持ち，精神作業などで増強される。一定の睡眠段階に現れると定義されている。視覚情報処理，あるいは注意の配分などとも関係づけが示されている。

⑥ ブレインイメージング：近年は，感覚刺激と大脳皮質などでの活動状況を測定する技術がよく用いられるようになってきた。この技術が感性情報処理の評価にも用いられるようになってきている。その代表的な測定器がfMRIである。fMRIは，脳内の神経細胞が活動すれば，それだけ多くの血液が流れ，酸素を消費するので，血流量が増え，酸素を失った還元型ヘモグロビンも増えることになる。このように，脳活動に伴って「脳血流量」や血液中で酸素を運ぶヘモグロビンの，酸化型と還元型のバランスの割合である「脳酸素代謝率」が変化し，核磁気共鳴現象によって発生するMR信号が変化する。この「MR信号の変化」を画像化する測定器がfMRIで，脳内活動を間接的に表現したデータであると考えられている。fMRIは，空間分解能はまだしも，時間分解能は十分とはいえず，このため，時間分解能が高いSQUIDと組み合わせて用いられることもある。また，fMRIは，使用環境が大きく制限されるため，近赤外光脳機能計測装置（光トポグラフィと称される）が用いられることもある。これは，神経活動に伴って脳局所の脳血液灌流が増加することを指標としており，波長800 nm付近近赤外線は頭皮・頭蓋骨を容易に透過して頭蓋内に広がっていくことを利用し，反射光をわずか離れた頭皮上の点で計測すると，脳活動の様子が血液のヘモグロビンの増減という指標で計測することが可能である。これを多点で同時連続計測し，頭の外から脳の活動する様子を観察する。

⑦ その他：他の生理的な指標として呼吸，心拍などが測定されることもあ

る。特に,自律神経系に影響が及ぼされると考える場合に多い。

6.2.3 画像システムとのかかわり

〔1〕 感性とシステム要求

これまでに,主観的な方法および生理的な指標の物理的な計測による方法での画像システム,あるいは,そのシステムによるコンテンツに関して,感性情報にかかわるような情報の抽出,または,システムの情報表現に関して,感性情報を中心に評価などを紹介する。

HDTVは,開発当初は「高品位テレビジョン」と呼称され,単なる高精細度テレビジョンではなく,人間の視覚機能に整合したテレビジョンであるとし,研究開発が進められた。しかしながら,単に視覚機能への整合性ばかりではなく,画像そのものに関しても,研究が行われている。例えば,画質の心理要因に関して,SD法や主成分分析を用いて,画像評価に内在する因子が八つあることが示されている。これらの因子を**表6.1**に示す[23]。八つの因子は,量的,明るさ,リアリティ,やわらかさ,まとまり,動的,質感・美しさ,安定感と呼称されるものとなっている。さらに,HDTVの研究開発に続いて,いわゆる平面画像としてのHDTVと左右両眼に対応する2枚の画像で供される両眼

表6.1 画像評価に内在する因子と種類(大谷禧夫ほか:テレビジョン学会視覚研究委員会資料,23-1 (1971))

因子名	因子に含まれる形容詞対
量的因子	強い-弱い,迫力のある-迫力のない,引き締まった-緩んだ,大きい-小さい,生き生きした-沈んだ,精巧-粗雑
明るさの因子	軽い-重い,華やかな-くすんだ,明るい-暗い,軽快-鈍重
リアリティの因子	具体的-抽象的,現実的-幻想的,はっきりした-ぼやけた,克明な-大まかな
やわらかさの因子	柔かい-硬い
まとまりの因子	まとまった-散漫な,すっきりした-ごてごてした,的確な-的外れな
動的因子	おもしろい-つまらない,変化のある-単調な,流麗な-ぎこちない
質感,美しさの因子	美しい-みにくい,滑らかな-ざらざらした,きれいな-汚い
安定感の因子	落ち着いた-落ち着かない,大きい-小さい

融合立体画像に関しても心理的な因子分析が行われている。この結果を**表6.2**に示す[24]。この結果によると，平面画像であるHDTVは，美しさ・精細感，力量感，調和感，快適感，大小・遠近感，濃淡感，連続感，清新さの八つの因子が抽出されている。心理因子として，順位や「語句」は異なるものの，意味するところは前者の結果に近いと思われる。一方，立体HDTV画像では，美しさ・精細感，自然感，生命感，安定感，濃淡感，大小・遠近感，現実感，連続感が八つの因子として抽出されており，平面画像との比較では，自然感，生命感，現実感が平面画像では見られない評価であり，感覚的には，立体画像では平面画像以上に，実際の場面に臨んだような感覚に関する因子が抽出されているように思われる。

　一方，心理的な評価ばかりではなく，生体機能から画像システムが感性に訴求するような機能をも評価されている。代表的な例の一つとして**図6.34**のような結果が示されている[25]。この測定，評価には脳波であるα-EEG（α波）が用いられている。α-EEG を「視覚を含む感性情報の総合的な評価指標となりうるかもしれない」ととらえ，「本来の環境の中でやすらいで生きているとき快適性が最大となり，α-EEG はそのポテンシャルを最も高める」と考え測定した結果である。図から，映像表現のコンテンツにもよるが，「自然の事物」の映像では，NTSCに比べHDTVでのα-EEG のポテンシャルは高く，HDTVの画像表示システムとしての「感性情報」への訴求力の高さが示されている。しかしながら，この研究では，HDTVシステムが必ずしも，完全な映像情報を提供しているとは断定はせず，人間，特に脳機能との整合性を持った映像システムのさらなる必要性を論じている。

〔2〕　**感性とコンテンツ評価**

　これまでは，おもに映像あるいはシステムの要因に帰する感性情報について紹介したが，コンテンツに関する感性情報も研究がなされている。一般論として，コンテンツに関しては，例えば空間周波数情報，あるいは色彩情報の処理方法によって影響を受けると思われるが，高次の人間情報処理の面からもさらに，研究がなされている。例えば，感性スペクトル解析手法と呼ばれている方

表6.2 HDTVと立体HDTV画像の心理因子(成田長人ほか：映情学誌, **57**-4 (2003))

(a) HDTV		(b) 立体HDTV	
美しさ・精細感 (x_1)	寄与率 19.6%	美しさ・精細感 (x_9)	寄与率 21.9%
形容詞対	因子負荷量	形容詞対	因子負荷量
鮮やかな―くすんだ	−0.94	きれいな―汚い	0.92
地味な―華やかな	0.84	みにくい―美しい	0.90
きれいな―汚い	−0.83	繊細な―粗野な	−0.89
粗い―細かい	0.82	粗い―細かい	0.79
大まかな―詳細な	0.77	鮮やかな―くすんだ	−0.78
みにくい―美しい	0.74	大まかな―詳細な	0.75
繊細な―粗野な	−0.72		
力量感 (x_2)	寄与率 18.6%	自然感 (x_{10})	寄与率 19.2%
形容詞対	因子負荷量	形容詞対	因子負荷量
力強い―弱々しい	−0.91	違和感のある―違和感のない	0.91
静かな―騒々しい	0.89	疲れる―楽な	0.84
柔かい―硬い	0.86	見やすい―見づらい	−0.82
すべすべした―ざらざらした	0.83	奥行きのある―平板な	0.76
		力強い―弱々しい	−0.75
		不自然な―自然な	0.73
異和感 (x_3)	寄与率 16.4%	生命感 (x_{11})	寄与率 13.3%
形容詞対	因子負荷量	形容詞対	因子負荷量
平面的な―立体的な	0.95	生き生きした―沈んだ	−0.94
複雑な―単純な	−0.89	おもしろい―つまらない	−0.86
奥行きのある―平板な	−0.88	印象が薄い―印象深い	0.81
まとまった―散らばった	0.78		
印象が薄い―印象深い	0.77		
快適感 (x_4)	寄与率 15.4%	安定感 (x_{12})	寄与率 10.9%
形容詞対	因子負荷量	形容詞対	因子負荷量
不自然な―自然な	0.93	まとまった―散らばった	−0.93
違和感のある―違和感のない	0.86	すっきりした―ごちゃごちゃした	−0.89
見やすい―見づらい	−0.82	すべすべした―ざらざらした	−0.78
快適な―不快な	−0.73		
大小・遠近感 (x_5)	寄与率 8.8%	濃淡感 (x_{13})	寄与率 8.2%
形容詞対	因子負荷量	形容詞対	因子負荷量
小さい―大きい	0.85	白っぽい―黒っぽい	−0.82
遠い―近い	0.85	濃い―薄い	0.82
くっきりとした―ぼやけた	−0.71		
濃淡感 (x_6)	寄与率 6.5%	大小・遠近感 (x_{14})	寄与率 7.9%
形容詞対	因子負荷量	形容詞対	因子負荷量
白っぽい―黒っぽい	−0.84	小さい―大きい	0.87
		遠い―近い	0.80
		くっきりとした―ぼやけた	−0.75
連続感 (x_7)	寄与率 4.6%	現実感 (x_{15})	寄与率 5.8%
形容詞対	因子負荷量	形容詞対	因子負荷量
ぎくしゃくした―滑らかな	0.77	現実的な―幻想的な	−0.65
		透き通った―曇った	0.59
		落ち着いた―落ち着かない	0.56
		明るい―暗い	−0.54
清新さ (x_8)	寄与率 4.0%	連続感 (x_{16})	寄与率 5.4%
形容詞対	因子負荷量	形容詞対	因子負荷量
すっきりした―ごちゃごちゃした	−0.50	ぎくしゃくした―滑らかな	0.91
ゆがんだ―ゆがみのない	0.47		
おもしろい―つまらない	−0.41		

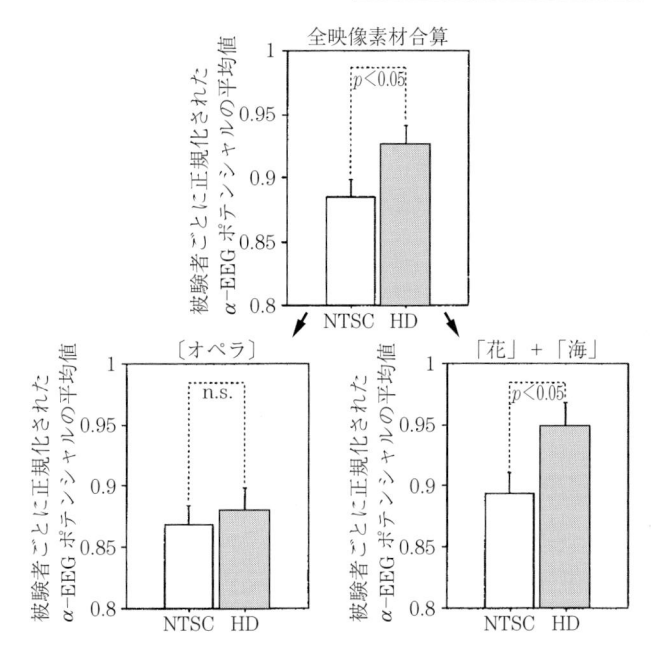

図 6.34 NTSC/HDTV 画像での α-EEG ポテンシャルの平均値（大橋 力ほか：テレビ会誌，**50**-12（1996））

法では，「怒り」，「喜び」，「悲しみ」，「リラックス」の4種類の感性に対応した脳波を，θ波，α波，β波の帯域に分け，電極対に対し，各周波数帯域の相互相関係数によって得られる135個の変数の組の，波形の特徴量から導出している[26]。このような方法によるとコンテンツに関して，映像の表示系でのパラメータを操作することなく，あるいは映像の輝度レベル，または空間周波数領域や時間軸方向の表示などを操作することによっても，感性にかかわる影響を表出させることが可能なことが知られている。

映像システムで，時間軸方向の表示を可変させることが，最も可能性があるのは，いわゆる高速フレームレートで撮像し，通常のフレームレートで再生するスローモーション再生表示の場合である。**図 6.35** は，スローモーション再生の場合，各フレームを通常のフレーム時間より長くした場合の「迫力感」の評価を行った場合である[27]。フレーム時間の伸長にあたっては，各フレームに

248   6. 画像情報の受容・処理

(a)

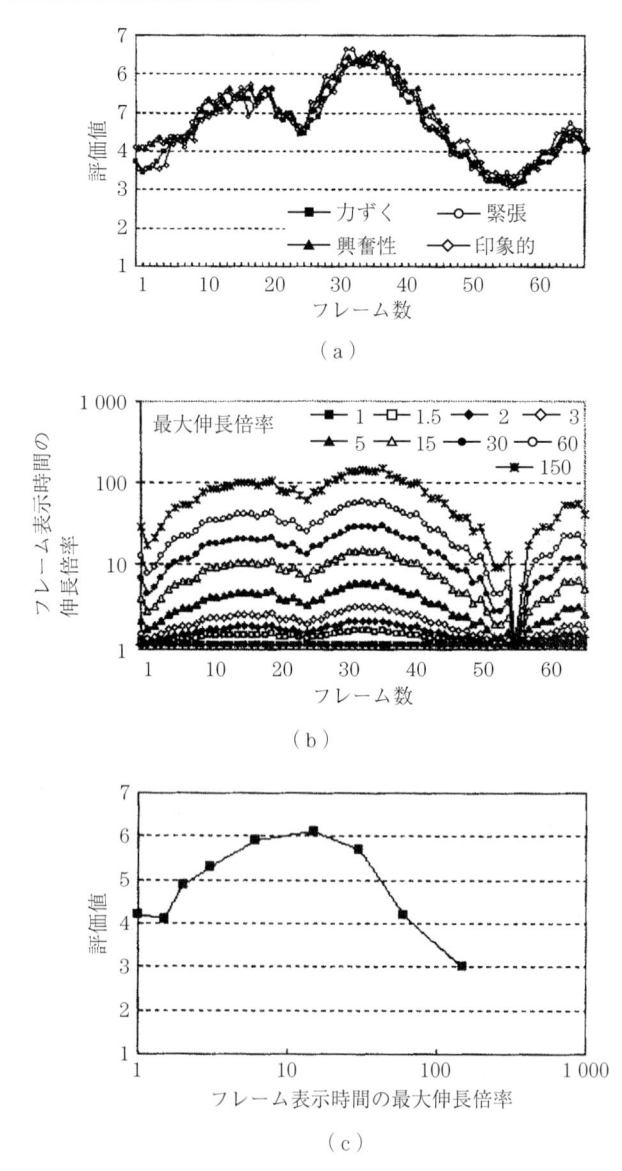

(b)

(c)

図 6.35　迫力感性増幅を意図した映像標示（井出口　健 ほか：映情学誌, **54**-1（2000））

対して評価を行い，この評価値を正規化し，フレーム伸長時間の最大値に乗じている。したがって，評価値の高いフレームは，相対的に長い提示時間となっている。図の結果によると，提示時間を2倍（1/15 s）程度から評価値の上昇が見られ，6〜15倍（1/5〜1/2 s）で評価値が最大となっている。しかしながら，30〜150倍（1〜5 s）に伸長すると，評価値は減少する。このことは，時系列で流れていく映像信号を可変差時間軸再生することにより，感性への訴求が可能なことを示している。なお，実用的なレベルでは，この方法では再生時間の全体時間が長くなる。このため，再生時間の全体時間を変化させることなく，時間軸を可変再生させる方法も行っている。

6.3 画像と奥行き情報

6.3.1 立体視機能
〔1〕立体視

ヒトは，二つの眼によって対象となる物体を見る。さらに，この対象となった物体に，両眼それぞれ最も視力の高い網膜位置を対応させるように，眼球の制御を行う。両眼で見る対象の1点に視線を合わせた注視点以外では，網膜上で考えれば，両眼が左右に 65 mm 程度ずれているために，左右の網膜像では位置が違うことになる。この左右の網膜像のずれ，つまり網膜像の差のことを両眼視差と呼んでいる。

この状態を図 6.36 に示す。この図では，眼前にある視対象 A を中止した場合の両眼での見込み角を θ_A とすると，その近傍の対象物は見込み角が θ_B となる。このときの二つの対象の左右両眼の網膜像の差 $\theta_R - \theta_L$ を両眼視差といい，二つの視対象となっている物体に対する見込み角の差 $\theta_A - \theta_B$ にも等しい。

ところで，両眼視差は奥行き知覚に関しては最も大きな要因であると推測はできるが，それ以外にも奥行き知覚の要因は考えられる。奥行き知覚は，両眼のみでなくとも得られることは日常の生活でも理解される。例えば，単眼によるピント調節機能はその例である。また，単眼で頭部を左右に振りながら視対

250   6. 画像情報の受容・処理

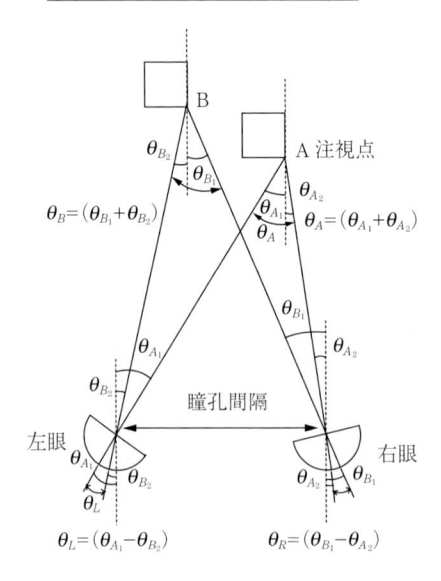

図 6.36 両眼視差

$\theta_B = (\theta_{B_1} + \theta_{B_2})$
$\theta_A = (\theta_{A_1} + \theta_{A_2})$

瞳孔間隔

左眼　　　　　　　右眼

$\theta_L = (\theta_{A_1} - \theta_{B_2})$　　$\theta_R = (\theta_{B_1} - \theta_{A_2})$

$\theta_A - \theta_B = (\theta_{A_1} + \theta_{A_2}) - (\theta_{B_1} + \theta_{B_2})$
$\qquad = (\theta_{A_1} - \theta_{B_2}) - (\theta_{B_1} - \theta_{A_2})$
$\qquad = \theta_L - \theta_R$

象を見ると奥行き知覚が得られる運動視差も該当し，比較的大きな奥行き知覚を得ることができる。これらの奥行き知覚の要因は，人間の持つ本来の生理的な機能によるものである。さらに，生理的な要因に起因するが，ある程度の補助手段を講じれば，奥行き知覚が得られる現象に「プルフリッヒの振り子」がある。これは，両眼に入力される情報のうち，片眼の情報に遅延を加えることにより，奥行き知覚が生成される現象である。

　一方，これら生理的な要因によって得られる奥行き知覚以外にも，奥行き知覚が生成される現象もある。例えば，近景では物体の重なり，陰影，あるいはきめなどの絵画的要因がその代表的な例として挙げられ，また，遠景では大気中で生じるレイリー分散による空気透視，あるいは遠近法的な知覚などがその要因として代表的な例である。

〔2〕　ランダムドットステレオグラム

　ところで，このような奥行き知覚の要因による「奥行き感」の検出に関しては，視対象の個々の図形知覚に依存しなくてもよいことが知られている。つまり，図形知覚を単眼で行い，さらに単眼それぞれで得られた図形から奥行きを検出するばかりでなく，単眼では図形形状がわからない視対象を，両眼で注視

して奥行きを知覚し，その奥行き情報から図形形状を知覚する機能がある。このような機能に対応する視覚刺激を，ランダムドットステレオグラム（Random Dot Stereogram：RDS）という図形を視対象とすれば容易に理解される。特に，ドットが時間的に変動する場合はダイナミックランダムドットステレオグラムと呼んでいる。図6.37にRDSの例を挙げる。

左眼用のランダム　　　右眼用のランダム
ドットパターン　　　　ドットパターン

図6.37　ランダムドットステレオグラム（RDS）の例

　図6.37のドット配列は図6.38のようになっている。ドットの配列で，左右の両眼に対応するドットが左右両眼に対応して表示位置が同じ場合，もしくは，右または左にシフトしている場合がある。しかしながら，左右のドットの対応関係を解決し，それぞれの対応点を一つの点として知覚する。その結果，奥行きの知覚がなされ，奥行きを手がかりに図形形状の知覚がなされる。このような事実から，奥行き知覚は図6.39のような機構が考えられている。図6.39に示すように，両眼の視野内の視対象は，左右両眼のそれぞれの単眼視野でとらえられ，視対象の図形知覚がなされている。また，それぞれの単眼の情報が統合され，奥行き・両眼図形知覚がなされる。一方，他の経路として，それぞれ左右両眼の視野の情報が用いられて奥行きの知覚がなされ，その後，奥行き・両眼図形知覚がなされる。このようにして，奥行き知覚と図形知覚がなされていると推測することが可能である。

〔3〕　対応決定問題

　各ドットの対応関係，つまり，それぞれ左右両眼視野での視対象に関して，対応する部分を一致させることを，対応決定問題を解くと称し，RDSからの

252   6. 画像情報の受容・処理

1	2	3	4	5	6	7	8	9	10
11	12	13	14	15	16	17	18	19	20
21	22	23	24	25	26	27	28	29	30
31	32	33	32	33	34	35	38	39	40
41	42	43	42	43	44	45	48	49	50
51	52	53	52	53	54	55	58	59	60
61	62	63	62	63	64	65	68	69	70
71	72	73	74	75	76	77	78	79	80
81	82	83	84	85	86	87	88	89	90
91	92	93	94	95	96	97	98	99	00

左眼用のランダム
ドットパターン

1	2	3	4	5	6	7	8	9	10
11	12	13	14	15	16	17	18	19	20
21	22	23	24	25	26	27	28	29	30
31	32	33	34	35	36	37	38	39	40
41	42	43	44	45	46	47	48	49	50
51	52	53	54	55	56	57	58	59	60
61	62	63	64	65	66	67	68	69	70
71	72	73	74	75	76	77	78	79	80
81	82	83	84	85	86	87	88	89	90
91	92	93	94	95	96	97	98	99	00

右眼用のランダム
ドットパターン

左眼用ランダム
ドットパターンの1行 31 32 33 32 33 34 35 38 39 40
右眼用ランダム
ドットパターンの1行 31 32 33 34 35 36 37 38 39 40

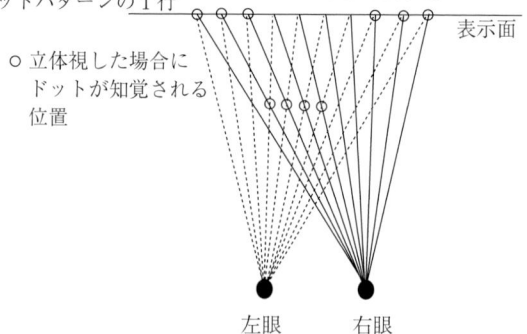

○ 立体視した場合に
ドットが知覚される
位置

表示面

左眼　右眼

図 6.38　RDS のドット配列

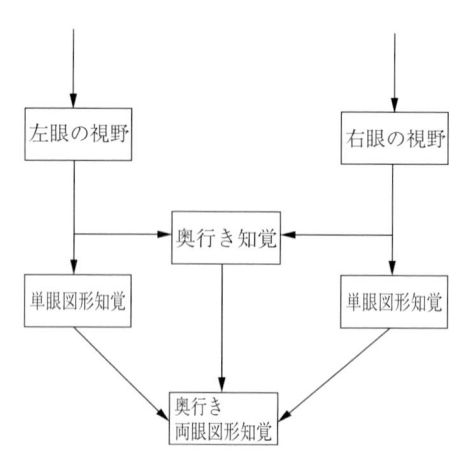

図 6.39　奥行き知覚の機構

6.3 画像と奥行き情報　　*253*

奥行き知覚から理解されるように，視覚情報処理系は，瞬時にこの対応決定問題を解決している．工学的には，この問題はステレオマッチングと称され，多くのアルゴリズムが提案されている．対応決定問題は**図 6.40**に示すようなあいまいさを有し，誤標的の問題としてよく知られている．

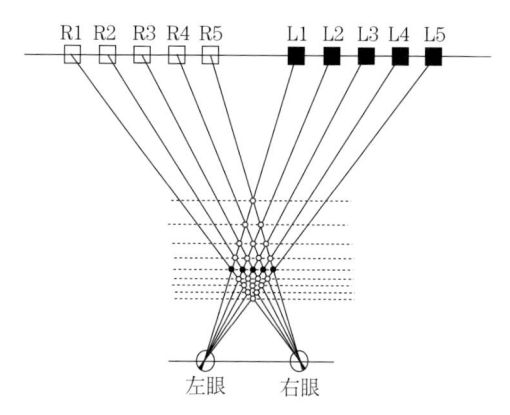

図 6.40　両眼立体視における対応決定問題

このような対応点問題は，これまでに多くの方法が提案されている．ところで，実際にヒトが両眼視差を抽出しているという機能も測定されている．例えば，**図 6.41**に示すように，大脳皮質の細胞には奥行き情報を処理する細胞が見いだされている．V 1，V 2，V 3-V 3 A の領野にある奥行き情報を処理する細胞の多くは，奥行き刺激に対する機能から四つのタイプに分類されている[28]．両眼視差が 0 となる注視点近傍の特定の狭い奥行き範囲に刺激が提示されたときに興奮性の反応を示す tuned excitatory cell（TE 細胞），同じ刺激に対して反応が強く抑制される tuned inhibitory cell（TI 細胞），注視距離よりも近い位置に刺激があると興奮するが，刺激が奥にあると反応が抑制される near cell（NE 細胞），その逆，すなわち注視距離よりも遠い位置に刺激があると興奮するが，手前に刺激があると抑制する far cell（FA 細胞）の 4 種類である．また，tuned near cell や tuned far cell のように，FA 細胞や NE 細胞に似た性質を持ち，さらに大きな視差に選択性を持っている細胞も見いだされている．これらの細胞のうち TE 細胞と TI 細胞は，視差検出にとって重要な役割を担

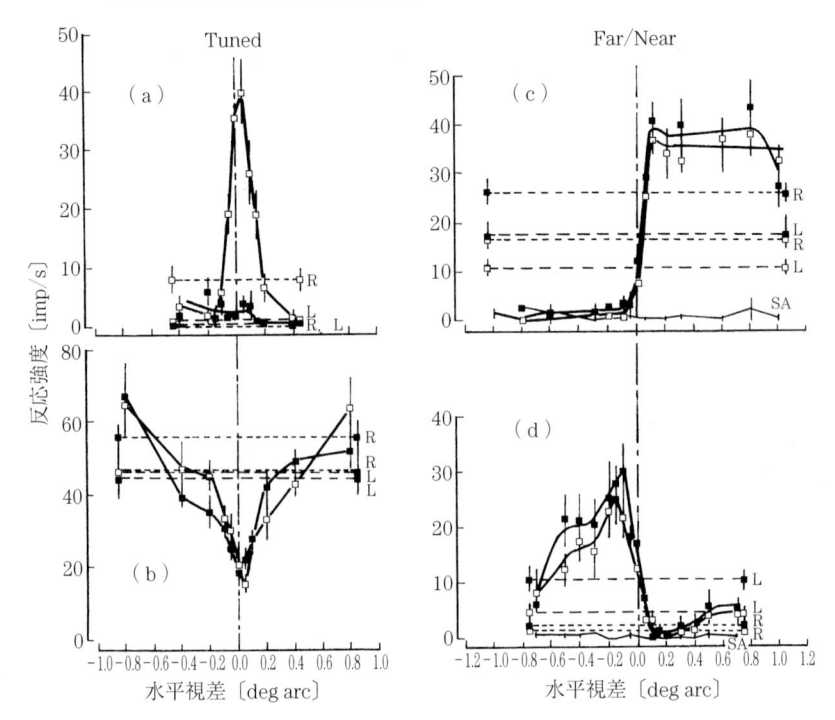

図 6.41 奥行きの検出にかかわる大脳皮質の細胞(T. Poggio, et al.:
Ann. Rev. Neurosci., **7** (1984))

っていると容易に推測することができる.FA 細胞や NE 細胞は,奥行きの定性的な検出や,眼球の輻輳開散運動制御系などへの情報の付与を行っているのではないかと推測されているが,正確な機構は明確にはなっていない.しかしながら,近年ではこのような細胞の存在への議論も再度行われている.

ところで,視対象となる物体に注視点を置き,その周辺の物体には網膜上で視差が生じ,この視差から奥行き知覚が生じると説明したが,注視点の近傍にある物体すべてから奥行き知覚が得られるわけではない.

まず,幾何学的には,水平面で,両眼(正確には両眼の節点)と注視点を結ぶ円をフィート-ミュラーの円と呼び,図 6.42 のように表すことができ,この円上の点は網膜上では両眼視差が生じない.つまり,同じ奥行きの点の集まり

として知覚される。また，垂直面では注視点を通る正中面上の垂線となる。これらはいずれも理論的ホロプターと呼ばれ，それぞれ，水平ホロプター，垂直ホロプターと呼ばれている。一方，実際に，ある注視点を規定し，単一視可能な点の集合をも求めることは可能であり，これらは経験的ホロプターと呼ばれている。理論的ホロプターと同様に，水平面，垂直面で定めることが可能である。

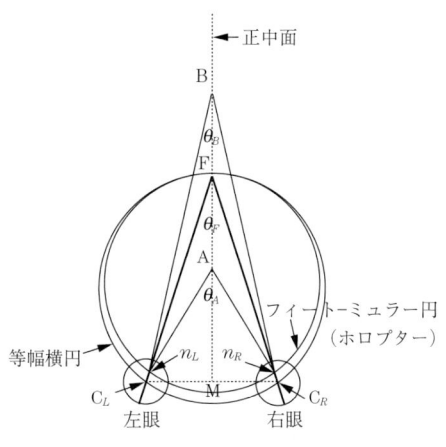

図6.42 フィート-ミュラーの円(ホロプター)

ところで，両眼の網膜上で両眼視差が生じる場合は，両眼で単一視可能な範囲が限定される。つまり，注視点の近傍では，注視した視対象とその近傍の物体から奥行き知覚を得るが，ある範囲以外では，奥行き知覚を得ることが不可能となる。この両眼単一視している状態を両眼融合といい，奥行き知覚を得るためには基本的な条件である。両眼融合可能な範囲は，図6.43に示すように，パヌムの融合域として知られている。

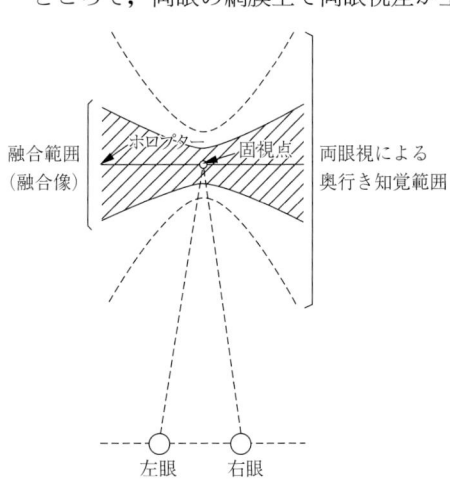

図6.43 パヌムの融合域

6.3.2 両眼融合領域

〔1〕 空間周波数特性

視対象と他の視対象の融合に関して，一般によく知られている条件はdisparity gradient として知られているが，両眼視差の融合特性に関しては，通常の 2 次元映像の場合と同様に，空間周波数領域あるいは時間周波数領域で周波数特性が明らかにされている．図 6.44 が両眼視差の空間周波数特性である[29]．2 次元映像の空間周波数特性とは異なり，馬蹄形の内側のみで奥行き知覚が得られる．例えば，0.5 cpd の空間周波数に着目すると，両眼視差が小さい値では，奥行き知覚が得られない．さらに，両眼視差の値が増すと奥行き知覚が得られる．その上で，両眼視差を増すと，融合が困難となり，二重像が知覚されることになる．つまり，両眼視差の値が小さい場合も，大きい場合も奥行き知覚を得ることは不可能で，奥行き知覚を得るためには，両眼視差の値がある一定の範囲内の必要がある．一方，両眼融合視にかかわる空間周波数に着目すると，その特性は図 6.44 のようになり，0〜3 cpd の範囲の空間周波数成分が両眼視差による奥行き知覚に貢献するのみで，一般的な画像では，3 cpd を上回る空間周波数成分は両眼視差による奥行き知覚に寄与しない．

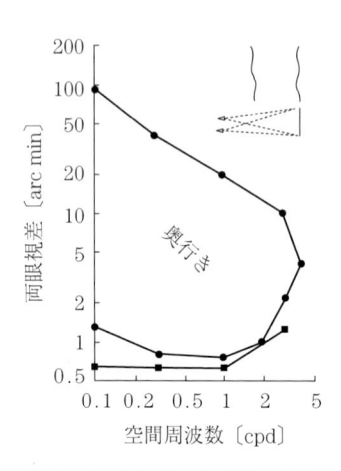

図 6.44 空間周波数領域での両眼融合特性 (C. Schor et al.: Ophthamol. Vis. Sci., **24**-12 (1983))

〔2〕 時間周波数特性

図 6.45 が両眼視差の両眼融合に関する時間周波数特性である[29]．この場合も，空間周波数特性と同様に 2 次元映像の時間周波数特性と異なる特性を示す．奥行き知覚が得られるのは馬蹄形の領域内である．また，ある時間周波数，例えば，1.0 Hz に着目する両眼視差が小さい場合は奥行きの検出は不可能であり，逆に両眼視差が大きい場合は二重像となり，同様に奥行きの知覚が困難となる．一般的な奥行き知覚を生起するパターンを対象とすれば，およそ 10 Hz 以上の空間周波数では，奥行き知覚を得ることは困難となる．

これらの両眼視差に関する空間・時間周波数特性は，表示映像内での両眼視

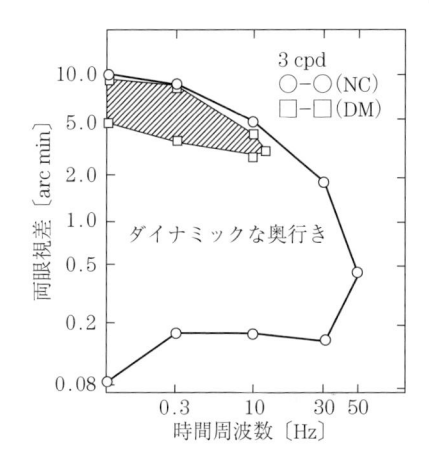

図 6.45 時間周波数領域での両眼融合特性 (C. Schor et al.：Ophthamol. Vis. Sci., 24-12 (1983))

差の部分の占める割合，あるいは表示映像の空間周波数などの立体画像の表示方法，または表示のコンテンツなどによっても，融合可能な周波数特性が変化することが知られている。

6.3.3 運動視差

両眼視差と同様に，奥行き知覚を生起する要因に運動視差がある。運動視差は日常的には，図 6.46 のように説明されることが多い[30]。同図（a）のように，矢印で示す方向に移動している場合，点 F を固視していると，固視している点より奥は，移動する方向と同方向に動き，手前は逆方向に動くことになる。このような状態を具体的に描写すると，同図（b）のようになって奥行き

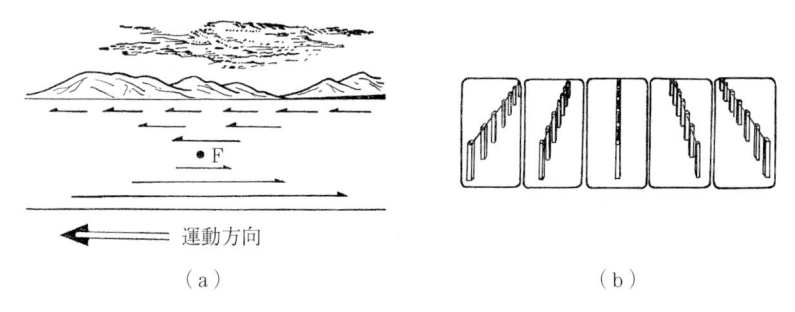

図 6.46 運動視差の説明（渡部　叡ほか：視覚の科学，写真工業出版社（1975））

を検出することが可能であり，運動視差と呼ばれる．運動視差を定量的に把握しようとすると，そのためには，ある程度の条件にかかわる定義を施す必要があるが，広義には，運動視差では観視者の頭部の運動があって，視対象から奥行き知覚を得ることが可能となるといってよい．

実験的に運動視差の役割を調べるには，頭部の運動と連動して，図 6.47 のよ

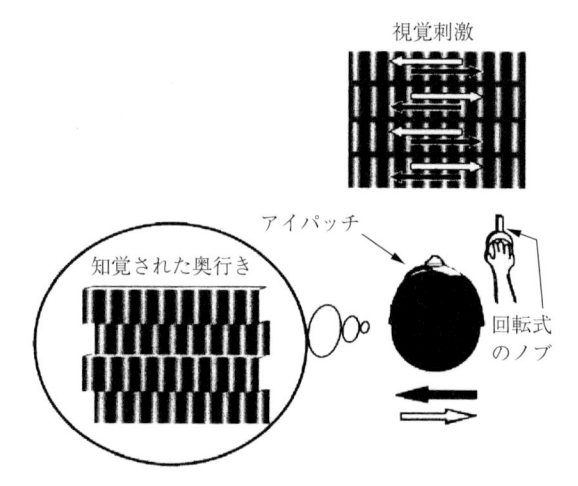

（a） 運動視差の実験における観視者と視標の動き

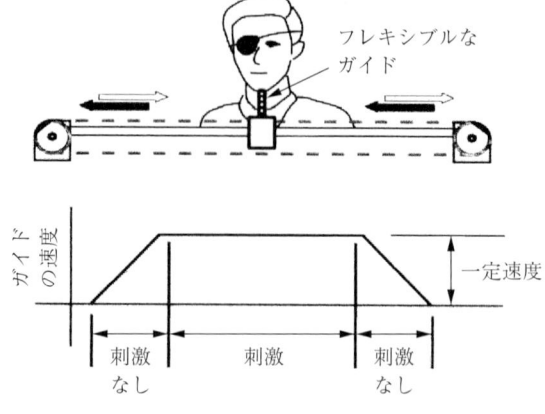

（b） 運動視差の実験における頭部の運動と視標表示

図 6.47 運動視差の実験概要（H. Ono, et al.：Perception, **34**（2005））

うに頭部の動きに応じて左右に動く表示画面内で，垂直方向に分割された視標が用いられることが多い[31]。同図（a）が画面の視覚刺激の表示と観視者との関係を示し，同図（b）が頭部の運動と視覚刺激の表示時間との関係を示している。

運動視差と両眼視差は，両眼視差が左右両眼に同時に幾何学的にはずれた画像を入力することによって得られるように，運動視差は，単眼で，時間的に移動し，かつ視覚刺激も時間的に変化することから得られるように，比較的同様な特性を示すことも知られている。図 6.48 は運動視差と両眼視差の空間周波数の特性である。閾値は異なるが，同様な特性を示している[32]。

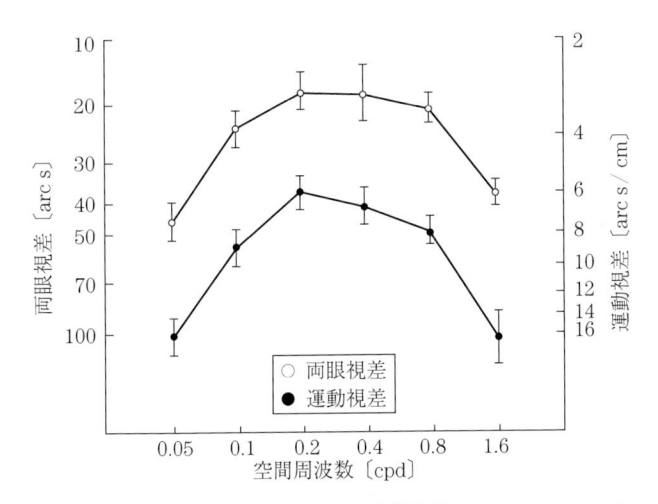

図 6.48 運動視差・両眼視差の空間周波数特性（B. Rogers, et al.：Vision Res., **22**（1981））

ところで，図 6.47 に示すような実験装置による視標を用いて，奥行き知覚が生起する最小の閾値に関して調べた結果が図 6.49 に示す結果である。この図に示すように，運動視差と両眼視差では，奥行き知覚の生起の閾値に関しては大きな差異はない。また，その空間周波数特性も類似している。しかしながら，運動視差から得られる奥行き感は，両眼視差と異なり，図 6.49 に示すような形で説明がなされている。運動視差から得られる奥行き感は，頭部運動と

密接な関係があるが，頭部運動が小さい場合は，視差をどのようにつけても奥行き感は得られない。頭部の運動速度の増大に伴い，ある視差範囲で奥行き知覚が得られるが，動きと奥行きが知覚され，安定した奥行き感ではない。さらに，速度を増すと奥行き感が得られるが，同じ奥行き感を得るためには，速度を増せば視差が小さくてよいという領域があり，やがて速度の増大とともに，ある視差で一定

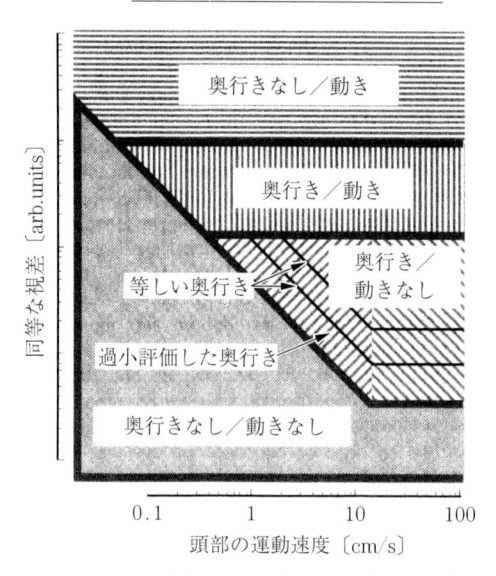

図 6.49 運動視差によって得られる奥行き知覚
（H. Ono et al.：Perception, 34（2005））

の安定した奥行き感が得られる。このように，運動視差から一定の安定した奥行き感が得られる範囲は，両眼視差がもたらす奥行き感とは異なった様相を示す。

6.3.4 立体画像の受容

両眼融合を基礎とする立体画像の知覚では，両眼で視差のある映像パターンを受容するために，両眼で従来の 2 次元映像を受容する場合に比べると異なる結果を示す。本項では，2 次元画像の受容と異なる例を再現された像の歪と左右画像の差異が知覚に及ぼす影響を概説する。

〔1〕 立体画像の再現像の歪み

立体画像では，両眼融合機能により立体像を知覚するために，同一画面上の左右両眼に対応する視覚情報がクロストークすることなく，対応する左右両眼の網膜に投影される必要がある。このため，左右両眼に対応する情報を分離・投影する種々の手法が考案されている。大別すると，光の性質を利用する場合

と光路を制御する場合である．このため前者では，その性質に対応する眼鏡などが必要となり，代表例として，アナグリフや偏光による分離などが挙げられる．一方，後者では，光の性質を利用するための眼鏡などは必要としないが，光路の分離のため，立体視可能な視域が限られることが原理的には生じる．

さらに，立体像が知覚されるに際しては，実空間での奥行き知覚とは異なる現象が生じる．図 6.50 にその例を示す．この例では，スクリーン上の左右両眼に対応する像から得られる立体像では，視距離による奥行き知覚の違いが生じ，スクリーンから離れるに従って，奥行き感が増加することが推測される．

また，図 6.51 に示すような観視位置が異なるか，あるいは移動した場合には，立体像の歪みが知覚されると推測される．この場合では，スクリーンの正面のある位置から，横方向に視点位置を変えると，知覚する像が歪むと推測され，また，奥行き方向に視点位置を変えると，像の大きさがスクリーンより前に立体像が表示される場合は，知覚される立体像が拡大されると推測される．

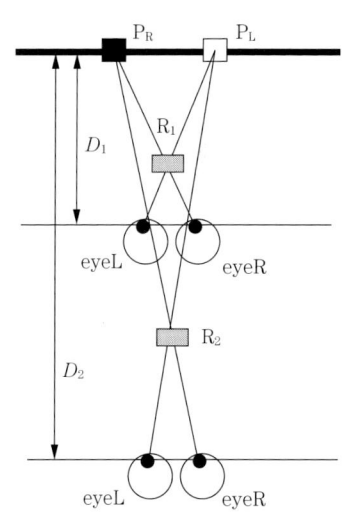

図 6.50　視距離による奥行き知覚の違い

このように，両眼融合機能を基本とする立体画像では，立体像は実際の日常空間とは異なる空間の再現がなされる．このような，空間の再現に関しては多くの研究がなされているが，画像システムの基本的な所要条件としてパラメータを明らかにした研究例は見当たらない．一般的に，再現された立体像が小さく箱庭のように知覚されることを箱庭効果と呼び，また，奥行き方向の個々のオブジェクトに厚みが感じられず，ボードを奥行き方向に並べたように知覚されることを書き割り効果と呼んでいる．

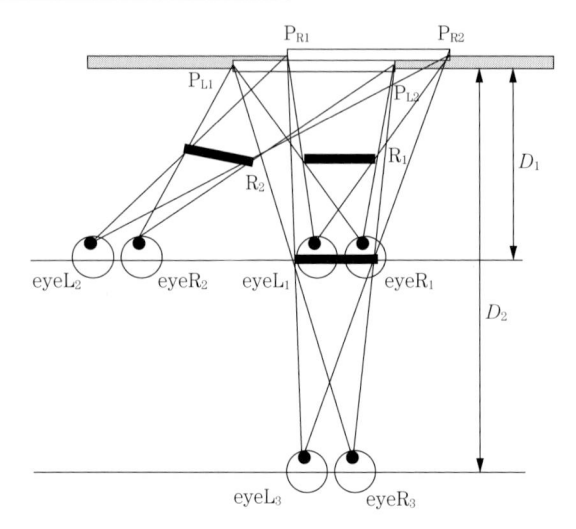

図 6.51 位置の違いによる立体像の歪みの知覚

〔2〕 立体画像の左右画像の知覚

両眼融合を基礎とする立体画像では，左右両眼に対応する画像情報の差異が両眼融合の妨げとなり，結果的には，立体画像の画質の劣化あるいは見づらさなどにつながることになる。このような視覚的に不満足な画像は，視覚疲労につながる可能性があると思われるが，明確な結論は得られていない。本項では，おもにテレビジョン画像を用いて行われ，左右両眼に対応した画像の非対象的な物理特性の許容範囲に関する主観評価実験の結果を述べる。

（1） 幾何学的な形状の差異　　左右画像の幾何学的な形状の差異に関しては，直線性の相対的なずれが水平方向で 22 %，垂直方向が 14 %，画面のラスタのずれは，水平方向は視角で 2°18′，垂直方向は 33′，図形の大きさの差異は 5 %が許容されるといわれている[33]。しかしながら，これらの値は視覚的な負荷を考慮しているとは考えにくい。視覚的な負荷を考慮した場合の数値として，一般的な画像の場合，撮像・表示装置の配置の違いにより，垂直視差と知覚されるような対応関係のある画素のずれは 3′以内，また，垂直軸に関して平行な平面が傾いたり，ゆがんだりしないで奥行きが知覚される画素のずれは 10′以内であるといわれている。さらに，撮像・表示装置での走査による歪みは，

6.3 画像と奥行き情報

5～10′以内でなければならないことも確かめられている[34]）。

（2）明るさ 両眼で異なる情報を受容した場合には，一般には，加算効果があることが認められており，視覚情報のタイプを限れば，この加算効果は40％の向上，すなわち$\sqrt{2}$倍になることが知られている。図 6.52 にこのような振る舞いの結果を示す[35]）。この図には，両眼に同じコントラストの正弦波パターンを提示してこの視標を基準とし，各単眼へのコントラストの値を変化させ，基準とした視標とマッチするコントラスト値を求めている。例えば，左右両眼にコントラスト100の刺激を与えた場合，左右の単眼のみの場合ではコントラスト150の刺激でマッチング可能なことが，図 6.52 に示されており，左右両眼での加算が約$\sqrt{2}$倍されていることが示されている。この両眼加算効果のモデルについては多くの提案がなされている。

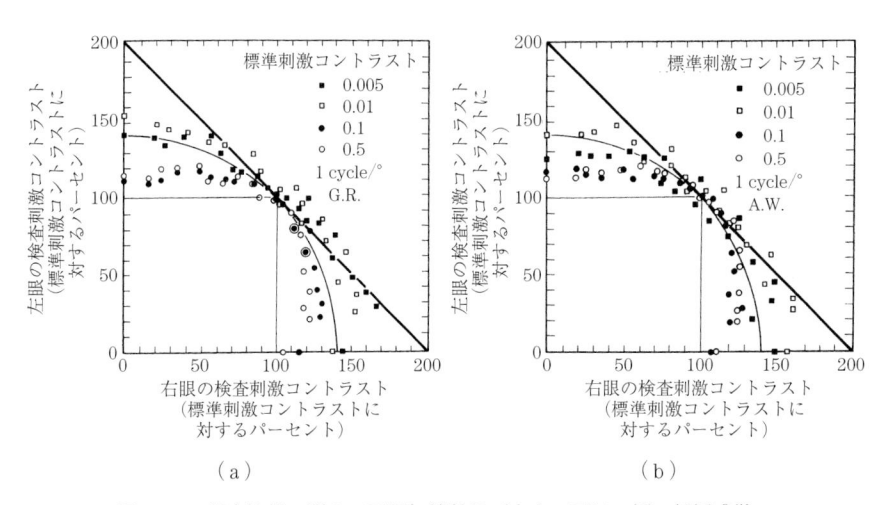

図 6.52 輝度情報に関する両眼加算効果（大山 正ほか編：新編感覚・知覚心理学ハンドブック，誠信書房（1994））

また，左右画像に輝度差がある場合は，視覚的な負荷が増大したり，奥行き知覚の成立時間を遅延するということが知られている。この輝度差の妨害の大きさに関して行われた主観評価実験の結果を図 6.53 に示す[36]）。評価実験は画面全体，あるいは垂直方向の画面上の1/4が動く場合を含めて行われ，結果か

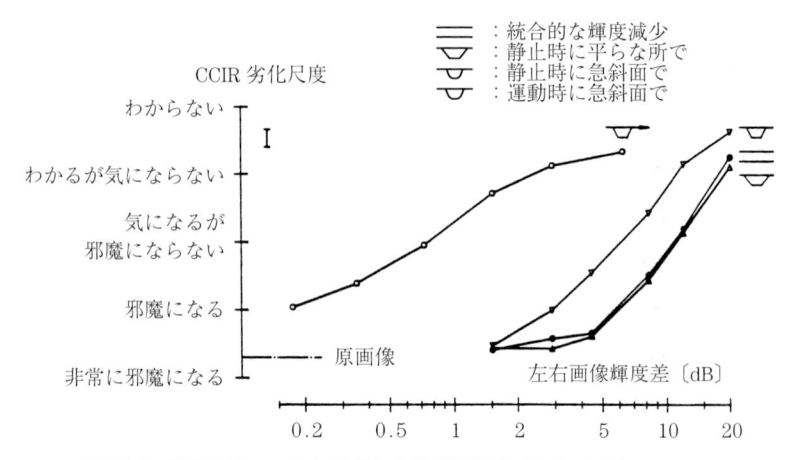

図6.53 輝度の違いによる妨害の主観評価結果（I. P. Beldie, et al.：SPIE, **1457**（1991））

ら，許容値は画面全体もしくは比較的大きな輝度差がある場合は6dB，画面の1/4が急激に輝度差を持つ場合は3dB程度であることが明らかになっている．特に，輝度差がある部分が動く場合は，許容値が0.2dB程度と非常に厳しくなる．このような輝度差を伴い，かつ水平方向に動く場合はプルフリッヒ効果が生じ，歪みを持った奥行きのある画像として知覚される可能性が大きい．一方，コントラストが10：1でも立体像の奥行き位置は変化しないことも確かめられている．

（3）色相 奥行き知覚が色度情報のみで可能であるか，不可能であるかは必ずしも明確にはされていないが，輝度情報をも含む，いわゆる色相の両眼の差異に関しては実験的に明らかにされている．色相の違いと両眼融合の結果は図6.54のように50％以内の確率で視野闘争が安定して見える各色相での許容限界が求められたものである[37]．プラス側で最も許容限界が小さい波長は470nmと600nmで，許容限界は15nmであり，マイナス側では，490nmと600nmである．実際の立体テレビジョン画像に色表を提示した実験結果では，赤系統の色は妨害が生じやすく，また，彩度が低いほど妨害が生じにくい．

（4）左右の時間ずれ 左右両眼に対応する画像の表示において，左眼に

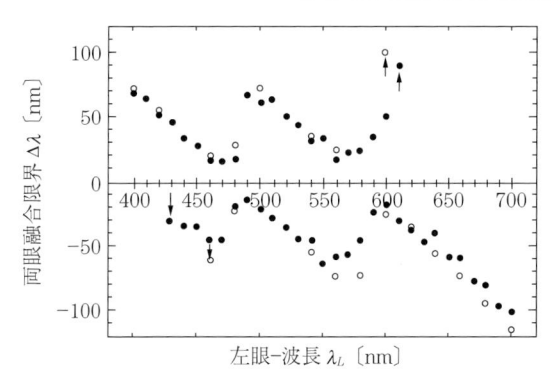

図 6.54 色相の違いと両眼融合（M. Ikeda, et al.：Vision Res., **20**（1980））

対応する画像に比べて右眼に対応する画像を遅延させて視標のサイズを判定させ，両眼立体視成立のための2枚の画像の最小限の時間遅延が**図 6.55** のように求められている[38]。この結果によると，36 ms までの時間遅延では両眼立体視が成立しているが，50 ms を超えると両眼立体視の成立が崩れる可能性があることが推測可能である。

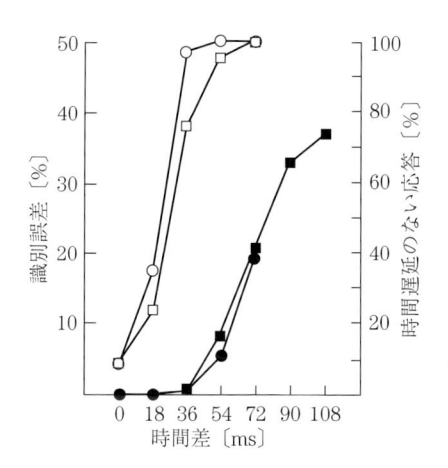

図 6.55 立体視標の識別に関する時間差の影響（J. Ross, et al.：Vision Res., **14**（1974））

（5）鮮鋭度 両眼融合の立体映像で，2次元映像に比べて，見かけの鮮鋭度もこの両眼加算効果を示すような結果となっている。**図 6.56** は，両眼融合による立体画像と2次元平面映像の鮮鋭度の知覚を評価した結果である[39]。

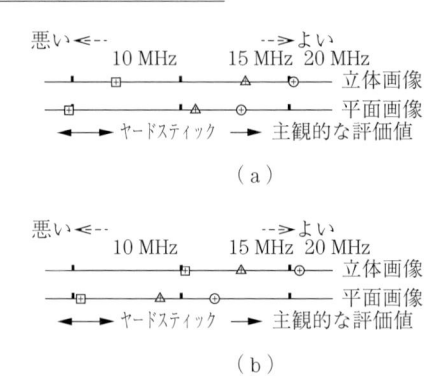

図 6.56 立体画像と2次元平面画像の鮮鋭度の比較

この図によると，立体画像は同周波数帯域の平面画像に比べ画質がよく，例えば，帯域 15 MHz の立体画像は，帯域 20 MHz の平面画像と同程度の画質と受け取られている。

一方，立体画像の片方の画像の帯域を 1/2 に帯域制限を行っても，像の位置の変化は 20 % であることや鮮鋭度はほとんど変化しないことが知られている。

（6） クロストーク　右眼に対応する画像から左眼に対応する画像，あるいはその逆の漏れをクロストークと称する。幾何学的な視覚パターンを用いた結果は**図 6.57** に示されている[40]。この図では，画面のコントラスト比を横軸にとり，視差を変え，検知限を求めている。検知限は，画面のコントラストが大きく，視差が大きいほど，大きくなる。幾何学的なパターンでは，実際の画

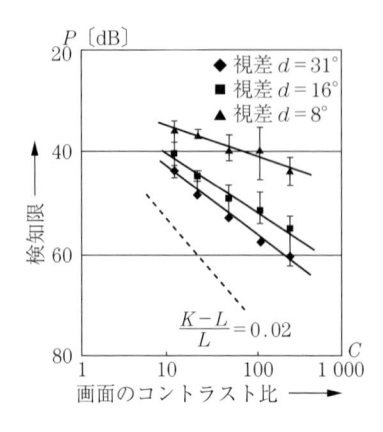

図 6.57 左右画像のクロストーク検知眼
（花里敦夫ほか：3次元画像コンファレンス講演論文集，**10**-3（1999））

面では約 55 dB が，クロストークが検知されないためには必要となる．なお，図中の点線は日常生活レベルの値をウェーバー比で近似した値である．さらに，一般には，クロストークの検知限の値は，やや緩和され，25～30 dB 程度となる結果が得られている．

（7） 雑　音　両眼融合の立体映像に白色雑音を付加し，雑音の検知限を調べると，左右両眼に対応する画像に同じ白色雑音を付加した場合よりも，左右両眼に対応する画像に無相関の白色雑音を付加した場合には，検知限が低下することが知られている．立体画像に相関，無相関の白色雑音を付加した場合の結果を**図 6.58** に示す[41]．この図に示すように，無相関の雑音を左右両眼に対応する 2 枚の画像に加えた場合の評価実験結果では，妨害の知覚では，すべての SN 比で，立体画像のほうが同等か，もしくは高い評価であることが明らかになっている．さらに，「わかるが気にならない」の評価では，立体画像は 2 次元画像に比べて 3 dB の許容値となっている．

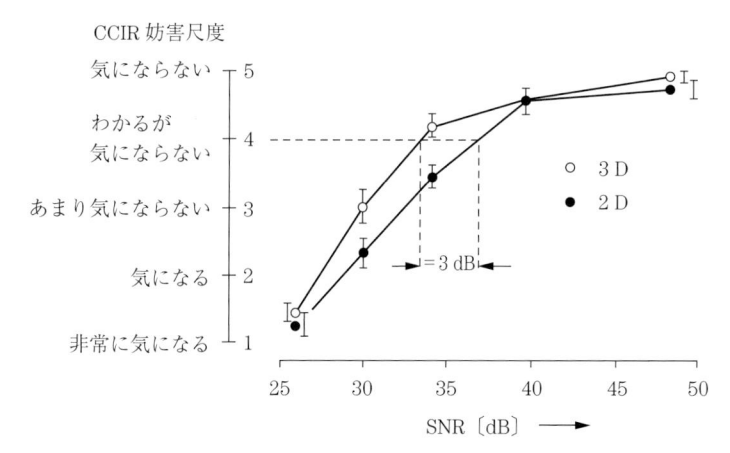

図 6.58　立体・2 次元画像の雑音付加時の妨害の知覚（S. Pastoor, et al.：Soc. Info. Display, **30**-3 (1989)）

6.3.5　立体画像と視覚疲労

両眼視差を活用した両眼融合方式の立体画像は，基本的には，左右両眼に対応する 2 枚の画像を用いるために，新しい画像システムあるいは画像表示デバ

イスが開発されると,それらを利用した立体画像システムの構築が,つねにといってよいほど図られてきた。したがって,両眼融合による立体画像の装置は偏光フィルタのように光学的な性質を利用するか,あるいはレンチキュラシートのように,光路で左右両眼に対応する2枚の画像を分離する方式が最もポピュラーな立体画像システムであるといっても過言ではない。

一方,両眼融合方式による立体画像は,他の立体・3次元画像表示の方法に比べ,比較的容易な構成にもかかわらず,画像の品質に注目すれば,かなり高いレベルに到達しているため,産業,医学,教育の面では実用に供されている。

しかしながら,立体画像の受容の基本となる融合機能や画像が視覚機能に及ぼす影響は,かなり未解決の問題が多い。例えば,両眼融合の機能に関しても,若年者の機能の特性は理解されつつあるが,高齢者,幼年者などに関する知見は十分とはいえないと思われる。また,両眼融合方式の立体画像による視覚機能への影響に関する知見も十分とはいえない。この中でも特に,視覚的な疲労に関して,未知の問題が多いと思われる。また,その影響も非常に大きいと考えられる。本項では,この立体画像が与える視覚疲労に関して説明する。立体画像の視覚疲労の要因は,おもにつぎの四つによると指摘されている。

① 左右画像の幾何学的な歪み

② 左右画像の電気的な特性の差

③ 輻輳・調節の矛盾

④ 過度な両眼視差

これら四つの視覚疲労の要因と推測される項目に関して,①,②は,基本的にはハードウェアに依存することであり,「歪み」あるいは「特性の差」を視覚機能の閾値以下に抑えることで解決が図れると考えられる。一方,③,④は,視覚機能に大きく依存することであり,立体画像の知覚,受容の点からは本質的な問題である。

両眼融合方式の立体画像による視覚疲労の研究は,国内では,特に眼科学を中心とする分野で行われ,一部は工学,特に画像情報の受容という観点からも行われてきた。これらの結果では,視覚疲労が生じるとした場合が多い[42],[43]。

しかしながら一部には，視覚疲労が生じることに，いくばくかの疑問を示している結果もある[44]。また，視覚疲労の原因には，③ を挙げている場合が多い。

　視覚疲労が生じるとした実験結果の場合でも，回復は比較的短時間でなされるとした結果も示されている。また，実験で，一般的な立体画像を表示した場合は，30 分前後の表示の場合が比較的多い。これは，おそらく表示する立体画像の制作に依存するためと思われる。一部，いわゆる幾何学的なパターンを表示した場合は，1 時間を超す画像表示もある。さらに，前者の場合は，どの程度画像に注視しているかは，不明な場合が多い。一方，後者の画像では，表示パターンの差異の検出タスクを課し，被験者に画像への注視を強制している場合もある。さらに，両者にいえるが，共通して視距離は 1～2 m 前後か，それ以下の場合がほとんどである。これまでの結果では，観視時間の必要な長さ，また，一般的な立体画像を対象とした場合の，画像に対する注視の度合は明確ではなく，比較的，長い視距離の場合の視覚疲労の有無も明確ではない。

〔1〕 視覚疲労と調節機能

　これまで説明したように，両眼融合による立体画像では，いわゆる「視覚疲労」が指摘されることが多い。しかしながら，「疲労」そのもののメカニズムを解析することはかなり困難な作業であり，一般には「疲労」にかかわるであろう生体指標を基準とし，立体映像の観視前後でこの生体指標を測定し，「視覚疲労」の有無を調べている場合が多い。

　視覚疲労の測定・評価に関する生体指標に関しては

① 文章を読む速度と理解力

② 視線移動の正確さ

③ 瞳孔直径

④ 瞬目率

⑤ まぶしさに対する感度

⑥ 暗順応時間

⑦ フリッカ値

⑧ 近視化と内斜位

なดが,深く関係する要因といわれている。その中で,最も有望なことは,眼の屈折力の測定であると結論している[45]。

一般に,奥行き方向を見る場合は,眼球は輻輳・開散運動(以下,輻輳運動と称す)を行い,注視点が両眼網膜上の中心窩に位置するように制御する。この場合,ピント調節もこの視対象に対して,焦点を合わせるように機能する。つまり奥行き方向に視対象を注視する場合は,眼球運動,調節機能が働き,また図6.59に示すように,これら二つの機能にはクロスリンクが存在する。さらに眼球運動の制御機能には存在しないが,調節機能には焦点深度が存在する。

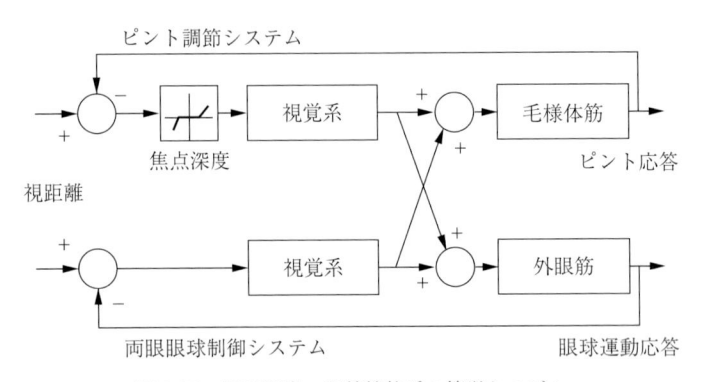

図6.59 眼球運動・調節機能系の簡単なモデル

ところで奥行き方向に視対象を注視したときに,眼球運動と調節機能のかかわりを簡潔に表したものを図6.60に示す。この図は,ドンディアーズライン(Donder's line)として知られている[46]。図中の直線がドンディアーズラインである。また,ドンディアーズラインを囲むように描かれた曲線の内側が,両眼単一視可能な範囲であり,ドンディアーズラインをはずれた部分では,眼球運動の輻輳による注視点とピント調節による焦点位置が異なってい

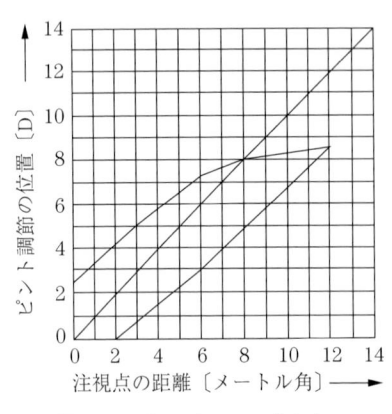

図6.60 ドンディアーズライン

ることになるが，両眼単一視が可能である．なお，この範囲の境界では視対象がボケて知覚される．

このドンディアーズラインを中心とする範囲内では，視対象が単一像として知覚されるが，視覚疲労は一定ではない．視覚疲労を基準としてパーシバルは手前3 Diopter（以下，Dと略す），かつ両眼単一視可能な範囲の内側，それぞれ1/3を快適視域として定義している．この範囲は図 6.61 に示すようにパーシバルの快適視域（Percival's zone of comfort）として知られている[46]．

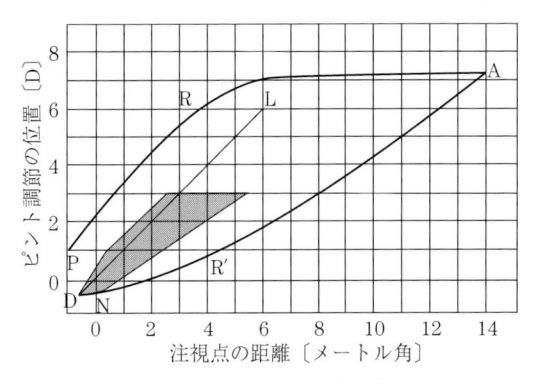

図 6.61 パーシバルの快適視域

一方，ピント調節機能から考えると，注視点に眼球運動が向けられた場合，同時に，その焦点位置は，制御はされるものの，視覚疲労との関係は明確ではない．さらに，調節機能には焦点深度という特質がある．図 6.62 が立体画像を視標として，輻輳位置とピント調節位置を測定した結果である[47]．この結果から理解されることは，眼球機能の焦点深度内である±0.2 Dでは，眼球の輻輳運動である注視点とピント調節による焦点の位置は一致するということである．

しかしながら，この焦点深度を考慮しないで，立体視標に対する眼球運動と調節機能を測定した例を図 6.63 に示す[4]．この図には，スクリーンを約1.5 Dに配置し，立体視標を約±0.5 D前後に表示させた場合の眼球運動・調節反応が示されている．立体視標の前後の運動に伴い眼球運動が大きく変化した場

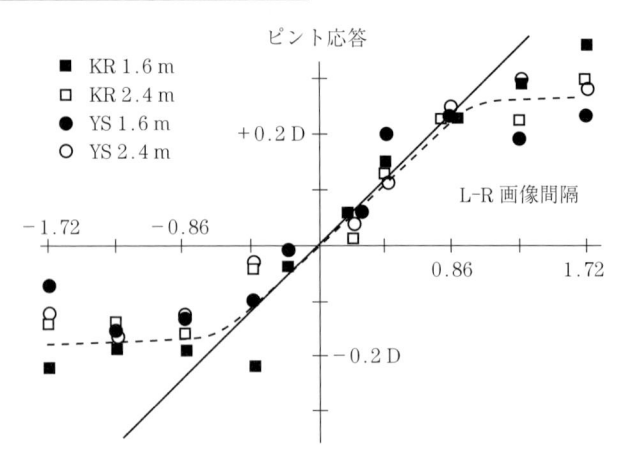

図 6.62 立体視標に対するピント調節位置―その 1
© 1990 IEICE[47]

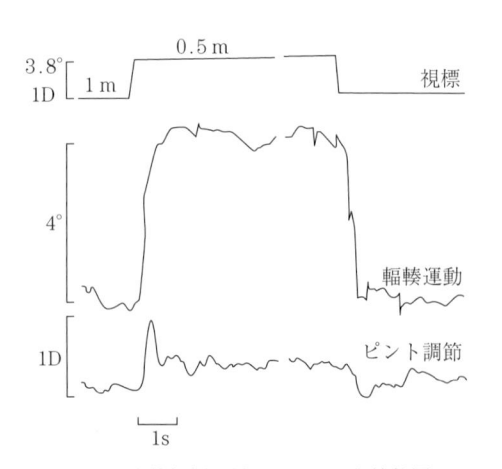

図 6.63 立体視標に対するピント調節位置―その 2（渡部　叡ほか：NHK 技研月報, 18-2（1966））

合，同様に調節応答も見られるが，調節応答は過渡応答的な反応を示し，ある一定レベルまで下がっている。したがって，この結果から，立体視標の奥行き位置に応じて，眼球の輻輳運動は行われるが，調節機能は，実視標があるスクリーン面にのみ機能することなり，輻輳運動と調節機能のバランスが崩れる。この状態は，実世界の物体を観視する場合と異なり，「輻輳・調節の矛盾」と称され，このことが原因で視覚疲労が生じると説明されていた。

〔2〕 立体 HDTV/HDTV での立体画像での視覚疲労

立体画像が与える視覚疲労を実験的に検討し，明らかにした結果を図 6.64 に示す[48]。この図は HDTV により制作した立体 HDTV と同コンテンツを，立体 HDTV と HDTV で表示した場合でともに約 1 時間観視し，それぞれの

6.3 画像と奥行き情報　　273

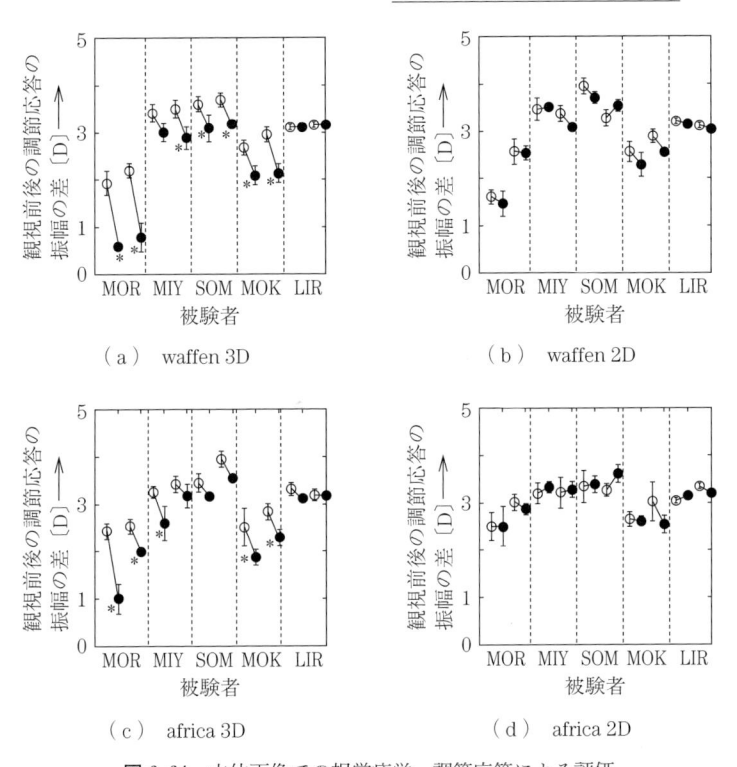

(a) waffen 3D

(b) waffen 2D

(c) africa 3D

(d) africa 2D

図 6.64 立体画像での視覚疲労－調節応答による評価

コンテンツの観視前後の調節応答の振幅の変化を 5 人の被験者に関して求めた結果である．図（a），（b）が一つのコンテンツ（「waffen」と呼称）であり，おもに撮影では，カメラは交差法が採用されている．図（a）が立体 HDTV，図（b）が HDTV による表示である．一方，図（c），（d）が同コンテンツ（「africa」と呼称）であり，図（c）が立体 HDTV，図（d）が HDTV による表示を観視した結果である．この撮影に関しては，カメラは平行法が用いられている．

いずれの結果のグラフにおいても，横軸が被験者であり，縦軸が観視前後での調節応答の振幅の差（単位：D）である．調節応答の測定では，調節測定器の内部視標を用い，$-0.16\,\text{D}$ から $-0.51\,\text{D}$，さらに $-0.16\,\text{D}$ というように，近方に向かい遠方から矩形的に変化するように設定した．したがって，調節応

答の振幅の差は，$-0.16\,\mathrm{D}$ と $-0.51\,\mathrm{D}$ の視標にピント調節を合わせた場合の差と理解してよい．また，図 6.64 では，白丸が観視前の調節応答の振幅の差を，黒丸が観視後の調節応答の振幅の差を示している．また，＊は応答の振幅差が観視前後で視覚疲労の目安となる 0.5 D の低下があった場合につけている．

この実験結果から HDTV のコンテンツを約 1 時間観視した場合は，観視前後でほとんど調節機能に差は見られない．つまり，平面テレビである HDTV では視覚疲労は生じていないと推測可能である．しかしながら，立体 HDTV では「waffen」，「africa」のいずれの番組コンテンツでも調節応答が 0.5 D 以上低下する被験者があり，少からず視覚疲労が生じていると推測可能である．

つぎに，立体 HDTV を観視した場合の被験者の調節応答の例を**図 6.65** に示す．図は，カメラには交差法が採用されている立体 HDTV コンテンツ

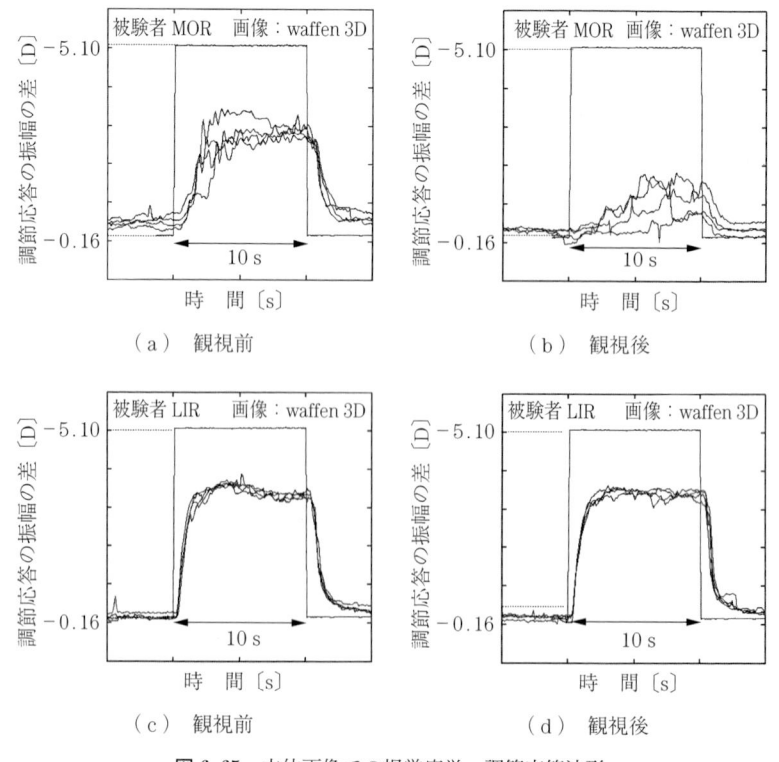

(a) 観視前

(b) 観視後

(c) 観視前

(d) 観視後

図 6.65 立体画像での視覚疲労―調節応答波形

「waffen」を観視した場合の結果である．いずれも同一被験者2名の場合を例示している．図内の矩形波は，測定に用いた視票の位置を示している．図(a)，(b)が同一被験者であり，図(c)，(d)が同様に同一被験者である．また，図(a)，(c)が観視前，図(b)，(d)が観視後の調節応答の波形を示す．この調節の応答波形から判断されるように，図(a)，(b)に示す被験者の場合は，観視前後で調節応答波形に大きな差があり，視覚疲労が生じていると思われる．一方，図(c)，(d)に示す被験者の場合は，立体HDTVを観視した前後では調節応答の波形に大きな差異は認められず，視覚疲労は生じていないと思われる．このように，立体画像を観視する場合，図6.64の結果と併せるとすべてのヒトが立体画像により視覚疲労を生じるとはいえない．逆に，視覚疲労が生じないヒトが皆無というわけではない．

　この結果は，眼球運動と調節機能の矛盾から説明可能と考えられるが，実際には簡単ではない．なぜならば，立体HDTVの観視条件では視距離が4.5 mである．この場合の焦点深度は，被験者の観視位置から約2.4〜50 mの範囲が，計算上は焦点深度内となると考えられる．この範囲内では，図6.62が示すように，ピント調節が立体画像の奥行き位置に整合するために，いわゆる「輻輳・調節の矛盾」はないと考えられる．したがって，これら二つの実験からは，「輻輳・調節の矛盾」だけで，立体画像での視覚疲労は説明できない．

〔3〕 立体画像での視差と動きによる視覚疲労

　「視差」と「動き」に着目した立体画像の視覚疲労の要因に関して，詳細に実験的な検討が進められている例を示す．静止視標に関しては，図6.66に示

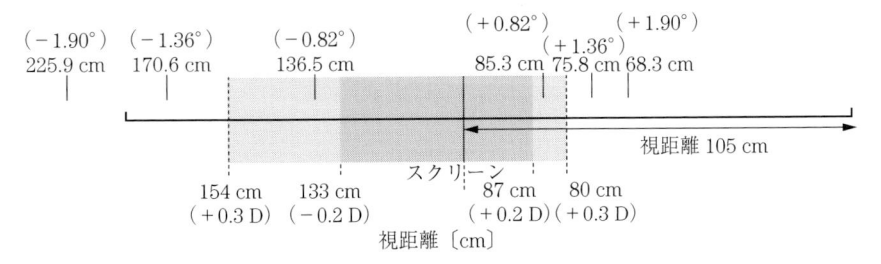

図6.66 静止視標位置

すような，視標の奥行き方向の配置で検討が行われている[49]。この図では，表示スクリーンと観視者と距離を 105 cm とし，立体視標をスクリーンの前後 3 箇所，計 6 箇所配置し，配置位置が 0.2 D と 0.3 D の間，0.3 D をやや超える位置，および 0.3 D を超えた位置となっている。さらに，前述した立体 HDTV 画像「waffen」のシーンカットチェンジのタイミングで図 6.67 に示すようにランダムに動き視標の位置を変化させて表示した。動き視標の位置の変化は，一つは立体画像の視差を最大±0.82° とした奥行き方向であり，他は最大移動量を±0.42° とした水平方向の二つである。

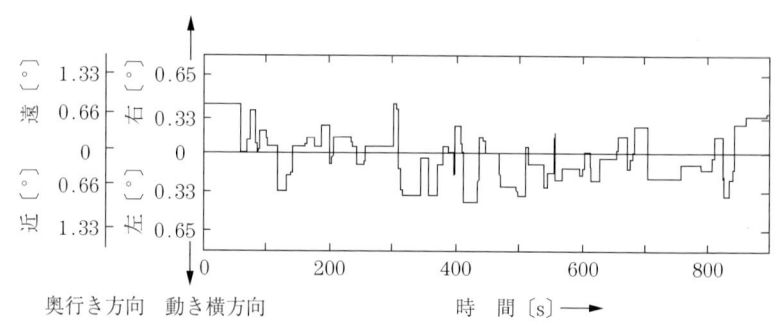

図 6.67 動き視標の位置

このような動きのある視覚刺激と前述したような静止した視覚刺激を併せて，約 1 時間観視した場合の視覚疲労の主観的な評価結果を図 6.68 に示す。縦軸が視覚疲労に関する主観評価値である。評価値「5」が「目はまったく疲れていない」を意味し，「1」が「非常に疲れた」を意味する。この図での中心は画像がスクリーン位置の場合で，通常のテレビジョン画像に相当する。この結果から，視覚疲労を通常のテレビジョン画像と同程度にするには，立体画像が焦点深度を超えないようにすることが必要であると推測される。立体画像の表示位置が，スクリーンより大きく後方でも，前方でも視覚疲労が生じる。また，この図には，左側に静止画像の主観評価結果を示し，右側は動き立体画像に関する結果を示した。右側の部分内で左側が水平方向への動きであり，右側が奥行き方向に動く場合の結果である。この図に示すように，立体画像が奥行

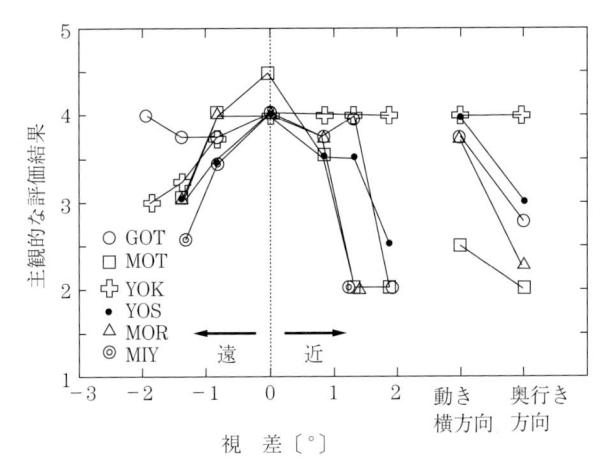

figure 6.68 静止・動き立体画像に関する主観的な視覚疲労評価

き方向に動く場合は，たとえ立体画像が焦点深度内に表示されたとしても，視覚疲労が大きい．水平方向の動きに関しては，大きな視覚疲労は生じていない．

また，図 6.69 は，図 6.68 と同実験での被験者の，立体画像観視前後での調節応答の振幅差を求めた結果である．この図の横軸は，立体画像の視差の値である．縦軸は，立体画像観視前後での調節応答の差である．なお，調節応答の

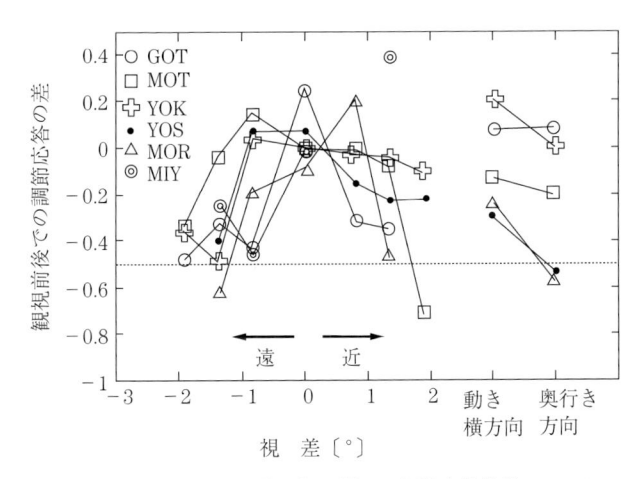

図 6.69 静止・動き立体画像に関する調節応答特性からみた視覚疲労評価

測定には，視覚刺激として約5Dが用いられている。この結果と図6.68の視覚疲労の結果は，比較的同傾向を示しており，視標としての立体画像がスクリーンから離れるにつれ，観視前後での調節応答の振幅差が大きくなっている。0.3Dを超えると，観視前後での調節応答の振幅差が0.5Dに近づくか超えることもあり，視覚疲労が生じていると推測できる。さらに，動き立体画像に対する調節応答特性の結果からも推測されるように，動き立体画像では奥行き方向に動きがあった場合に視覚疲労が生じると思われ，水平方向の動きは大きな影響はないと思われる。

　以上の結果から立体画像では，眼球運動による注視点は，スクリーン前後に位置すると考えられる。一方，画像自体はスクリーン面にあるため，ピント調節位置は，このスクリーン面に働く。立体像が焦点深度外に表示されると，眼球運動はその立体像を注視すると同時に，クロスリンクを通じて，その立体像にピント調節位置を動かすように機能する。しかしながら，調節機能は，スクリーン面にピント位置を動かすように機能する。その結果，ピント調節機能には，異なった指令が生じ，視覚疲労が生じると考えられる。

　一方，眼球運動系による注視点の移動が焦点深度内にとどまるならば，焦点深度内に視標があれば，概観的には，調節機能系自体の運動指令は出力が0であるから，ピント調節位置は，単に眼球運動系からのクロスリンクの指令で動作し，注視点とピント調節位置は一致すると思われる。この仮定は，立体画像が静止していれば正しいと思われる。しかしながら，立体画像が奥行き方向に位置を変えると，眼球運動系は速い応答で変化追従可能であるが，ピント調節系は，時間応答が遅いために眼球運動系ほどの追従はできない。そのため，比較的早い時間間隔で奥行き方向に立体画像の位置が変わる場合は，調節機能は安定する前に運動指令を受けることになり，視覚疲労が生じると考えられる。

　これらが，立体画像での視覚疲労が生じる要因を実験的に示した結果である。これまでにも立体画像の視覚疲労の要因については，多くの研究がなされているが，まだ十分ではない。ここで紹介した結果も，必ずしも十分とはいえない点もあると思われる。この結果を踏まえれば，単に2次元平面を観視する

のみでは，ピント調節機構を考慮する必要はなかったが，奥行き方向，特に視距離が 2.5 m 以内では，調節機構への配慮が必要なことが理解される．さらに，単なる眼球運動と調節機構の制御特性のみならず，時間応答特性も考慮しなければならないとも推測され，これらの特性は，両眼融合によって奥行きを得る立体画像のみならず，ホログラフィを中心とし，近年，研究の進展が見られる「光線空間」の再現による表示方式，および，これらの 3 次元画像システムでのコンテンツ生成への影響を与えると考えられる．

6.3.6 立体・3 次元画像の表示方式

人間が空間情報を知覚するさまざまな要因を，画像によって再現する方式は，つぎのように大別できる[50),51)]（図 6.70）．

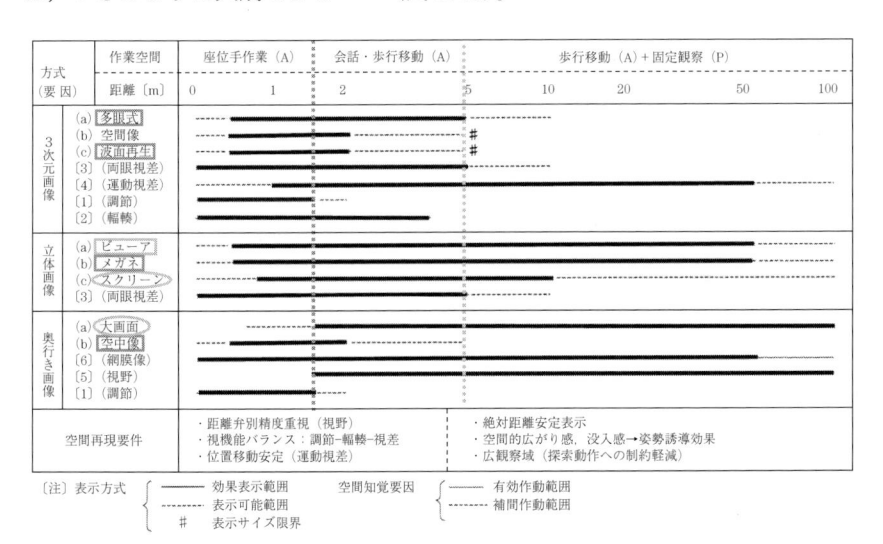

図 6.70　3 次元空間再現方式と空間知覚要因

① 表示面より奥行き方向に空間を再現する奥行き画像
② 表示面の前後方向に空間を再現する立体画像
③ 観察位置の制限がなく自然な空間を再現する 3 次元画像

画像情報による高品位・忠実再現の最終目標は，このうちの自然な 3 次元空

間を再現する方式の実現で,理想的には,物体からの波面状態を完全に再生するホログラフィが挙げられる。しかし,ホログラフィはあまりにも高密度な画像情報を必要とすることから,動画像による空間再現は実用上かなり難しい。

そのため,立体視機能のうちで最も効果的に空間再現に寄与する両眼視差だけで立体状態を表示する2眼式立体方式が,現在では最も利用されている。ただ,2眼式には共通した立体視機能間での不整合点として,つぎのようなものがある（図 6.71,図 6.72）。

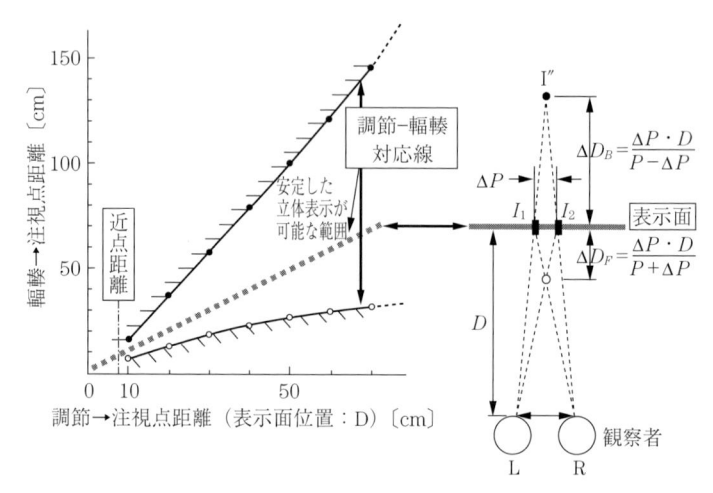

(a) 2眼式立体表示での調節-輻輳の対応許容範囲

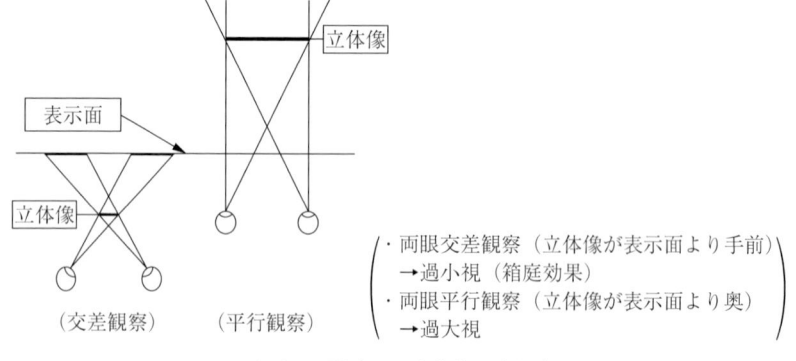

$$\Delta D_B = \frac{\Delta P \cdot D}{P - \Delta P}$$

$$\Delta D_F = \frac{\Delta P \cdot D}{P + \Delta P}$$

(b) 2眼式での立体像の違和感

・両眼交差観察（立体像が表示面より手前）
　→過小視（箱庭効果）
・両眼平行観察（立体像が表示面より奥）
　→過大視

図 6.71　2眼式立体表示での見え方

6.3 画像と奥行き情報

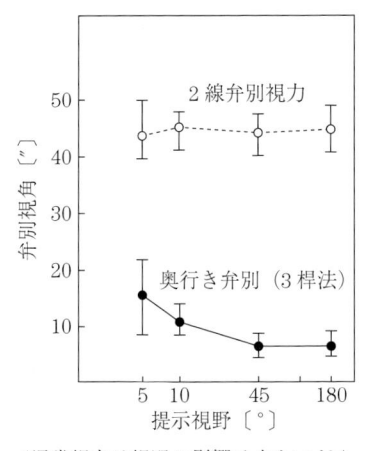

(a) 提示画角
（通常視力は視野の影響は少ないが，両眼視差検出（3桿による前後差検出能力）は45°以上で安定する。）

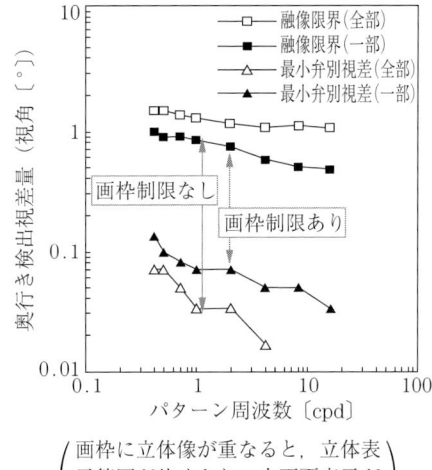

(b) 画枠重畳
（画枠に立体像が重なると，立体表示範囲が狭くなり，大画面表示が有効である。）

図 6.72 画枠・画角による両眼視差検出と立体視成立への影響

① 表示面と画像による空間再現位置の異なる場合が多く，ピント調節と輻輳の両機構の対応関係にアンバランスが生じるため，両機構の許容範囲以上の極端な立体再現が行われると，観察者に視覚負担を与える。

② 両眼視差の急激な変化に対しては，観察側の追従が困難になり，$2°/s$ 以上の移動速度になると，立体視が難しくなる。

③ 再現される立体像が，舞台の背景のような見え方（書き割り効果）になる。この原因はまだ明確にされていないが，多方向からの画像情報表示による改良が検討され，運動視差成分の重要性が検討されている。

④ 自然な状態で観察した場合と比べて，両眼視差だけで前方に表示した場合は物体が小さく見え，後方に表示した場合は大きく見える。大きさに関する恒常性が崩れると，不自然な距離関係の見え方（箱庭効果）になる。

⑤ 両眼への画像に極端な差異があると，視野闘争という不安定な見え方になる。

以上の問題点を改良するために，つぎのような方式によって，図 6.73 に示すような高臨場感ディスプレイの空間効果をつくり出す自然な 3 次元空間再現技術の開発が続けられている[51]。

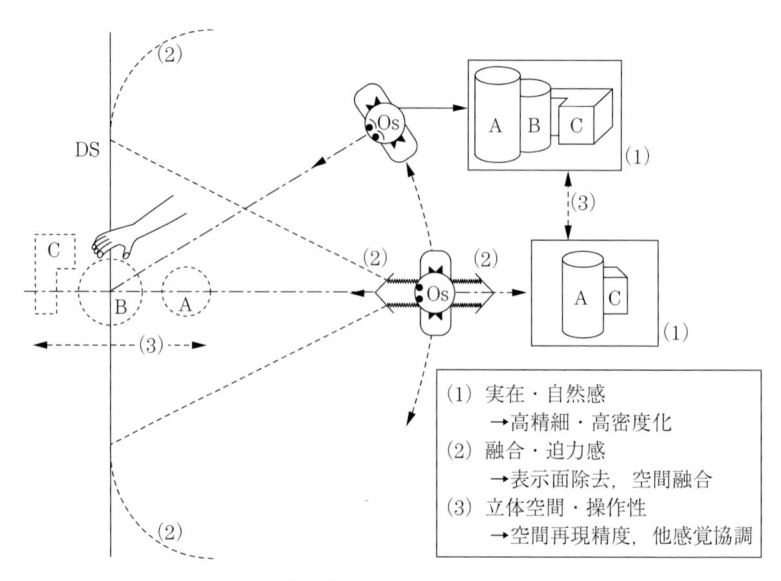

図 6.73 高臨場感ディスプレイの空間効果

① 多方向情報を提供する多眼式
② 観察位置の変化にも対応する観察者移動追従方式と装着型方式
③ 波面をサンプリングした多光束方式

前に述べた 2 眼式の問題点を解決するために，視覚特性を加味した 2 眼式の見え方を拡張する新方式や，より自然な空間再現方式が検討されている。

その一つとして，両眼視差を検出するエッジ部分における輝度分布を工夫した新しい立体方式として，輝度変調型奥行き融像錯視方式（Depth-fused 3 D display 方式）が提案されている。この方式は，両眼視差情報が含まれない同一方向からの画像を，奥行き方向に配置した複数表示面に，見かけの大きさを調整し融像して見えるように表示する。表示物体の奥行き位置に応じて，表示各面での物体輝度情報を変調させ，複数表示面間の位置に存在するように感じ

させる新しい錯視効果を利用した空間表示方式（図 6.74）である。奥行き知覚要因の一つである輝度やコントラストによる進出-後退効果も関係するが，各表示面での輝度比率による物体輪郭部の輝度分布変化から生じる視差判定輪郭位置の変化が奥行き情報として知覚されると推定されている。前に述べた 2 眼式に見られる違和感は低減されるが，観察位置（複数表示面での画像ずれを感じさせない条件）や奥行き再現範囲（表示面間隔）の制約を取り除く改善策が必要である。

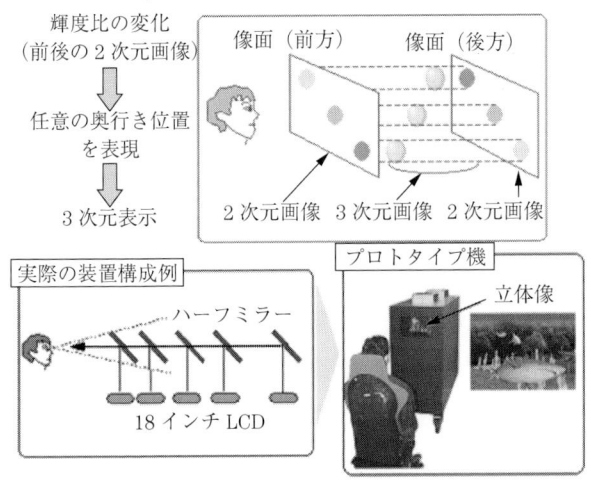

図 6.74 輝度変調型奥行き融像錯視（Depth fused 3D-display）方式（S. Suyama, et al.：Vision Res., 44（2004））

両眼による観察情報を拡張したつぎのような方式も，より自然な空間再現方式として積極的に検討されている[53]。

〔1〕多　眼　式

特定位置からの両眼視差情報のみを提供する 2 眼式の欠点を補うために，多方向からの両眼情報を提供して，観察位置移動（運動視差）も満足できる自由な観察条件での三次元空間の再現を可能にする方式である。2 眼式のシステムを利用して，つぎのような空中像方式での実用化が行われている[54]（図 6.75）。

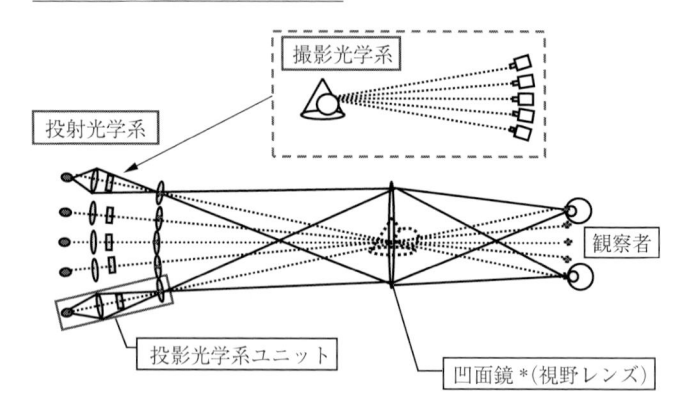

図 6.75 空中像方式による多眼立体表示の原理
(深谷直樹ほか:Vision, **10**-1 (1998))

① 観察者の位置移動に応じた多方向視差画像を順次提示する視点位置追従方式
② 2眼式スクリーンに多方向からの視差画像情報を高密度に提示する方式

〔2〕 超 多 眼 式

多方向からの情報が提示できる多眼式でも，2眼式の問題点である調節-輻輳矛盾は解消されないため，特定位置からの観察時に，微小な視差情報を左右眼の瞳孔内へ同時に複数以上提供して，立体表示位置に観察者のピント調節を可能にする空間表示方式である．現状では，つぎのような試作表示方式が試みられている[55],[56] (**図 6.76**)．

① 集束型光源列からの多光束提示方式
② 微小間隔位置 (0.2〜0.4°間隔) の投射光学系列からの高密度指向性映像提示方式

このような超多眼式の観察時のピント調節応答を計測した結果 (**図 6.77**) から，実物提示と同じように立体像表示位置に調節応答を示すことが報告され，画質面での改良点は残されているが，自然な表示方式として期待される．

6.3 画像と奥行き情報

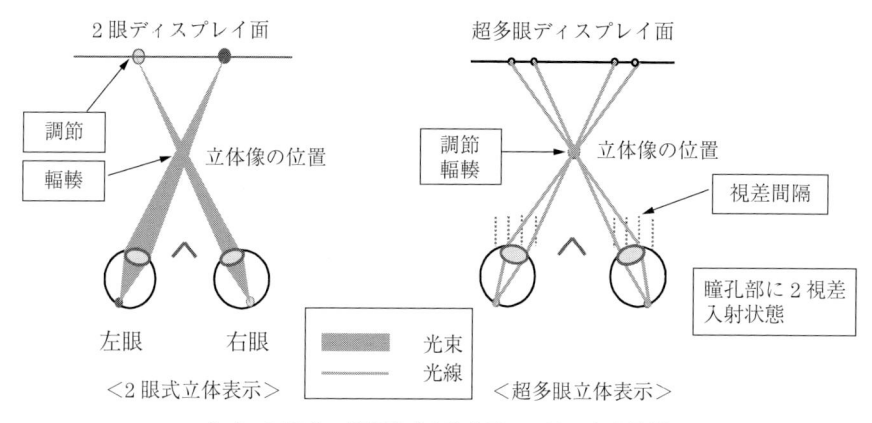

(a) 2眼式・超多眼式立体表示における光束状態

呈示方式	再現範囲	前後空間ボケ	情報量〔ビット/s〕
波面再生	すべての空間情報再現可能	再現可	720 G
超多眼		観視間隔に依存	50〜400 G
視点追従型(2眼式)	観察位置のみ再現	注視点に応じて画像処理	0.2〜0.5 G*

＊現行テレビの情報量相当

(b) 各種空間表示方式でのボケ再現状態と情報量（6章文献60）を改変）

図 6.76 空間表示方式での光束状態と情報量

〔3〕空 中 像 方 式

大型凹面鏡・凸レンズやマクスウェル観察状態をつくり出す光学系（眼球の瞳孔部で光束を集光させ，眼球のピント調節機能に影響されず，網膜上に像をつくる光学系）と投射光学系を組み合わせて，表示物体の像を空中につくり出す方式で，結像に関係ないスクリーン表面などからの妨害光を感じさせない見え方がつくり出せる。超多眼式や頭部装着型ディスプレイ（head mounted display：HMD）などに採用され，個人対象ではあるが，広視野空間を再現する方式として有効である[57]〜[59]。

〔4〕空 間 像 方 式

表示面を空間内で高速に移動させる面走査方式と，多層透明表示面または固体表示素子内で像再現位置を移動させる表示面固定方式によって，空間に3次

286　6. 画像情報の受容・処理

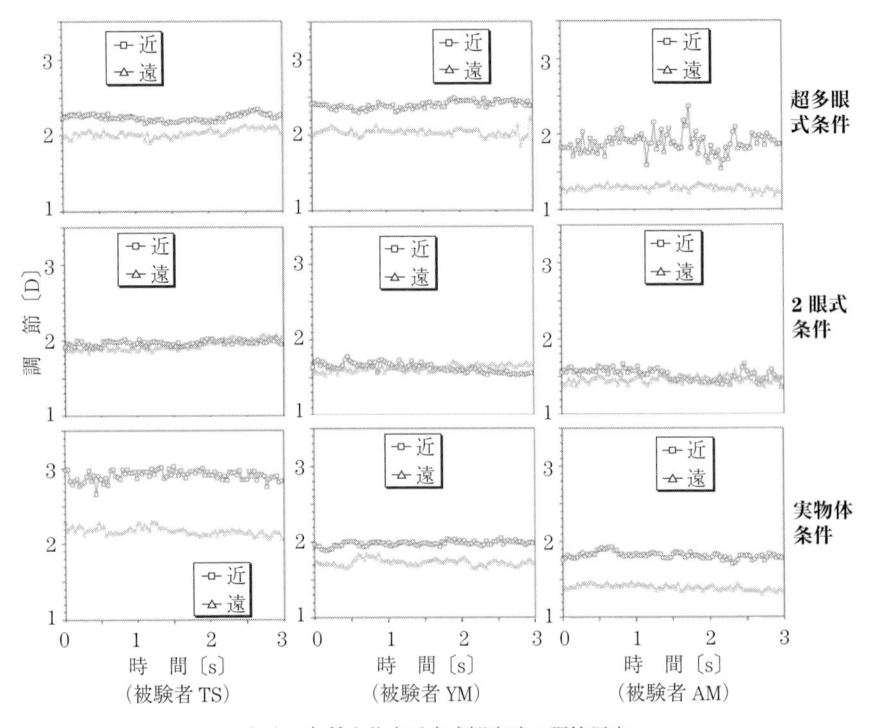

（a）各種立体表示方式観察時の調節反応

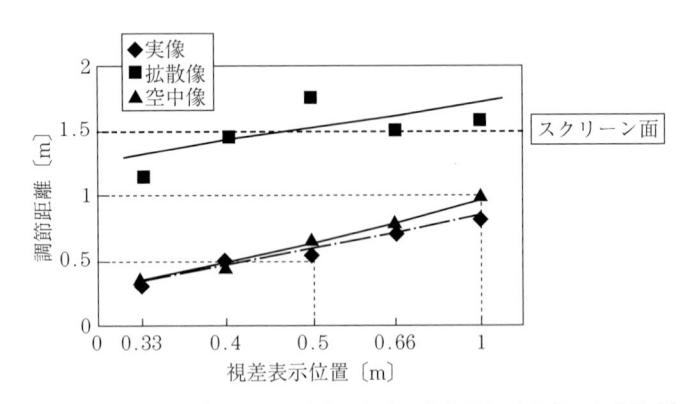

（b）各種立体表示方式での再生像の観察調節位置(6 章文献 60)を改変

図 6.77　立体表示方式での観察状態

元像を形成し,多方向からの観察を可能にした方式が提案されている。スクリーン回転型による全周囲観察可能なディスプレイ (**図 6.78**) や,多層液晶,気体・液体・粉体スクリーン,自発光固体スクリーンなどが試作・検討されており,手作業空間の再現方式として有効である。

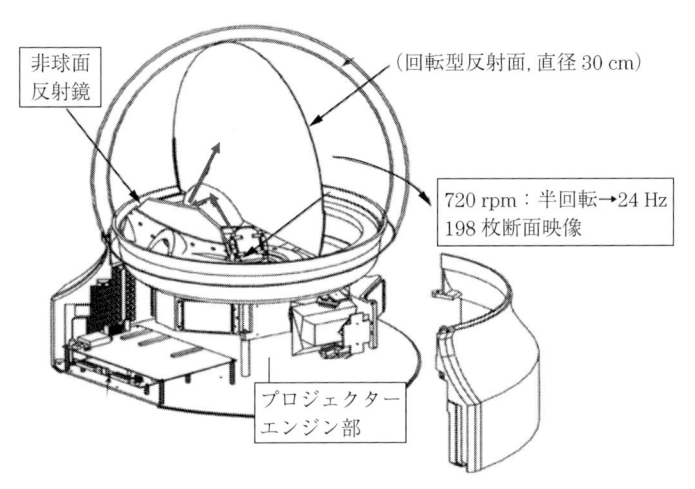

図 6.78 スクリーン回転型空間像方式 (Perspecta (Actuality Systems 社製) (2003))

〔5〕 **波面再生方式**

可干渉性のあるレーザ光の出現により,物体からの光の波面状態を干渉縞で記録し,再現できるホログラフィ技術が実用化された。さまざまな工夫とともに,白色光による記録・再生型,計算機合成,カラー化,実物大の再生像,360°観察可能型なども実現されている。ただ,動画ホログラフィに関しては,光変調素子として超音波光変調器や液晶を用いる試みが見られるが,現行のテレビ画質を実現するには,高密度な情報記録・表示デバイスや高速処理・伝送システムが要求され,かなりの技術面での進歩が必要である。そのため,超多眼式などのように,空間再現に必要な情報が低減できる方式の開発が積極的に進められている。

7 まとめ

本書では，画像工学に関し，特にテレビジョン画像を代表とする空間・時間軸に情報を持ち，かつ明暗と色彩の情報をも有する画像に関して解説を行った。図7.1に，本書で説明した項目の関連を示す。

1章では画像の構成に関し，その基本的な特性に関係する事項を，これまでに得られている知見，あるいは研究結果を基礎にして解説した。特に，2次元情報である画像情報を，1次元情報に変換する走査はきわめて重要な概念であり，その結果としての飛越し走査，順次走査が生じ，これらは結果として，時空間周波数領域で異なる情報量を持つことになる。このような，画像に関し，その基本的な特性あるいはシステム要件の必要・十分な条件を知るために，2章で説明した視覚系と視知覚，また，3章で記述した画像の受容器官である視覚機能の特性を理解することは重要である。視覚特性を基礎として位置づけされた画像システムの評価に関しては4章で説明を行った。画像システムのその出力は人間がとらえ，受容する。したがって，人間の特性に整合した画像システムの研究開発が重要であることはいうまでもなく理解される。しかしながら，人間の受容機能に関する理解はまだ遠く，一部の機能のみといっても過言ではないと思われる。このため，人間による画像の評価がきわめて重要となる。この評価方法の安定性を増し，結果の精度を上げるためには，何らかの洗練された方法の導入が不可欠である。このような評価に関し，その具体的な方法も含め，4章で説明を行った。5章，6章では，それまでの章での説明を踏まえ，5章では画像システム，またはシステムパラメータを視覚機能とのかかわりで説明した。続く6章では，さらに今後の画像システムをも念頭に置きな

1章 画像の構成（仕組み）
・画像情報
　走査
　画素
・ディジタル化
・解像度と動き
・情報量

2章 視覚系と視知覚
　視覚系の構造
　明暗情報
　空間・図形情報
　視野・調節・運動系

3章 色と画像システム
・色知覚
・色識別
・色再現（表色系）

4章 画像と評価
・画質と要因
・画質評価・主観評価／客観評価
・主観評価法・評価実験手法
　心理学的測定
　観視条件／標準画像
・データ解析
・感性画質

5章 画像情報と視覚系
・画像と知覚・認知
・画像パラメータと視覚特性

6章 画像情報と受容と処理
・画像情報と生体情報
・画像と奥行き情報
・画像と感性

光の性質

医　生理学　心理学　統計数理学　応用物理学

将来の画像システム
広視野
高精細度
高階調
色再現

奥行き
（立体・3次元）

インタラクティブ性
（視点・双方向）

携帯性
（明視距離）

マルチモーダル
（触覚・嗅覚）

コンテンツ生成
（感性・情動）

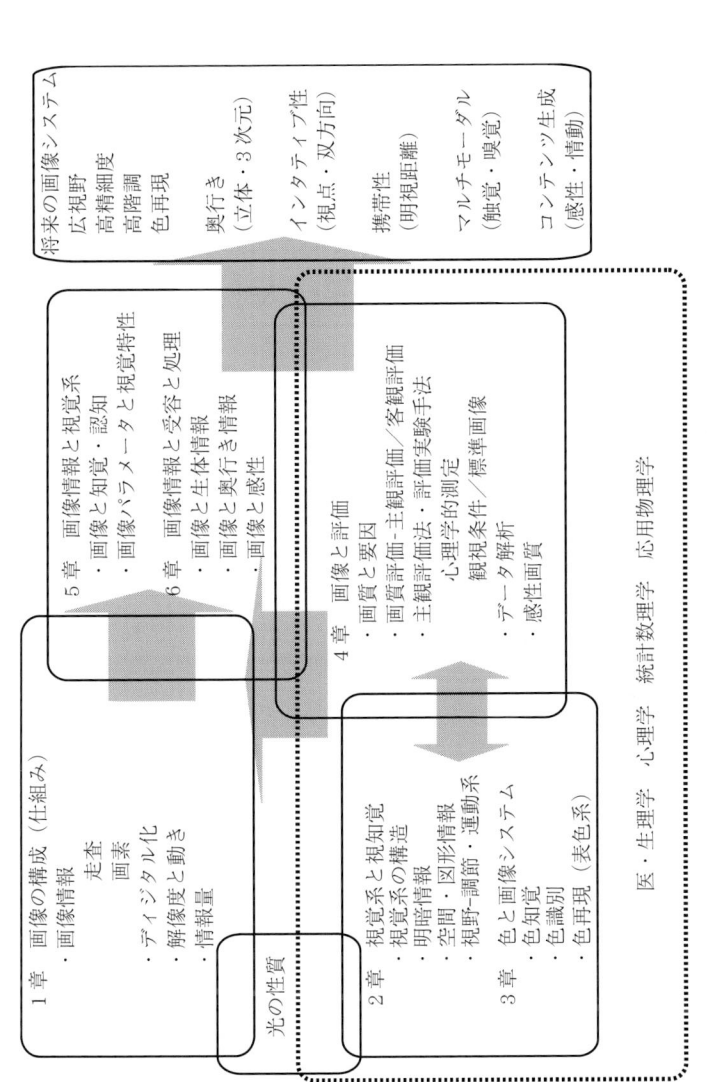

図7.1 視覚機能・機構に基づく画像工学

7. まとめ

がら，視覚機能のみならず，人間の他の感覚情報，あるいは，奥行き・感性情報を踏まえて，画像情報の受容・処理の説明を行った。今後の画像システムへの何らかの示唆となっていれば幸いである。

最後に，基礎となる2〜4章を踏まえ，特に5,6章を中心にして概説した内容を図7.2に示す。人間の五感といわれるが，画像情報を考えれば，基本的には，視覚系が中心にならざるを得ない。しかしながら，聴覚情報，触覚情報，あるいは近年研究が続けられている嗅覚情報なども協調・競合の点から研究開

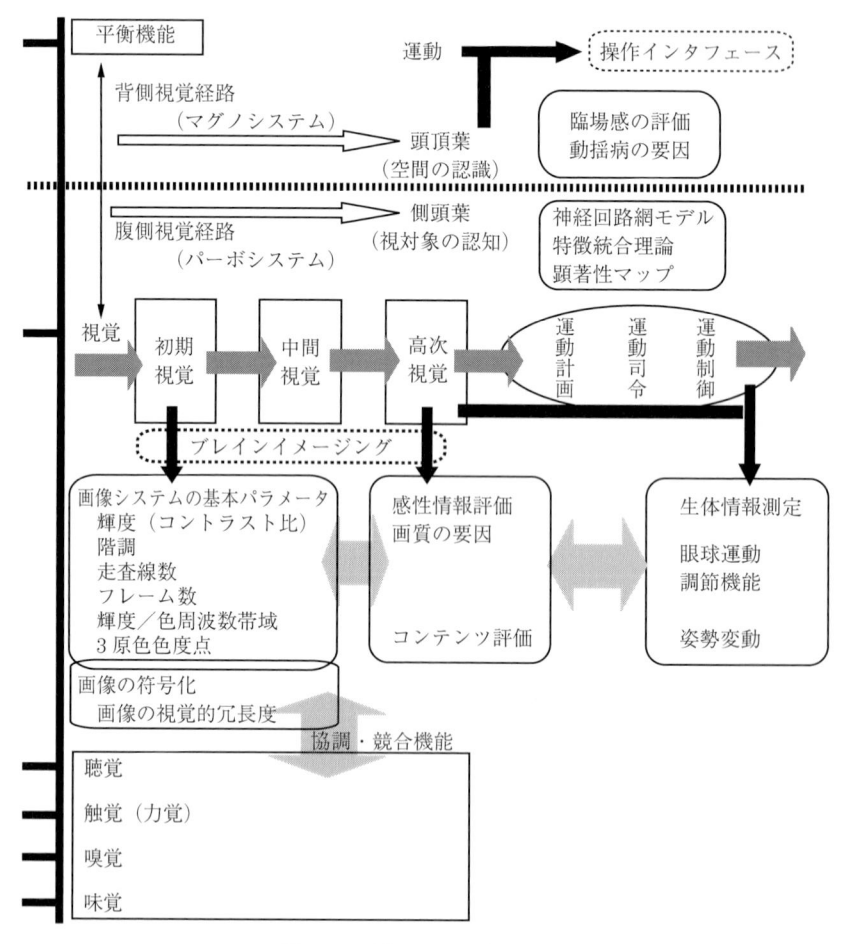

図7.2 画像とヒトの情報処理

7. まとめ

発の必要があり，感覚・知覚統合機能を視野に入れた包括的な研究結果が望まれる。五感には含まれないが，平衡機能はきわめて重要であり，平衡機能が重要な役割を果たす自己定位の機能は，臨場感／動揺病において，無視できない。これらは，前に述べたように，背側視覚経路に代表される空間の認識機能と密接な結びつきにある。

また，画像のシステムパラメータは，いずれもが視覚の初期過程の機能と結びつく場合が多い。多くが心理物理学的手法で閾値を求め，システムに反映される場合が多いと思われる。しかしながら，閾値自体がともすれば，実験装置，ときに実験手法の影響を受けることがあり，見直しの必要性も皆無ではない。

感性にかかわる機能は，現在まだ探るための工学的な定式化が十分にできていないともいえる可能性が高い分野でもある。統計学を背景とした種々の主観的な評価手法は成果を収めてきたが，システムがもたらすコンテンツの評価などは，感性情報による評価が望まれるが，まだ十分とはいえない現状である。

生体計測は，基本的には行動出力によって，内在する処理機能や程度を探る試みでもある。このため，データと内在する結果との関係においては，主観的な評価とのすり合わせが不可欠となる。工学的には，それ自体の目標は単純であるが，画像システムを構築するという点では，多義的な意味の解釈となる。

最後に，本書が「画像」に関する知見・知識の一里塚として役立てば，著者一同，望外の幸せである。また，参考・参照あるいは引用させていただいた文献・図面の筆者の方々には，改めて深謝するともに，先達として心から敬意を払いたいと思う。

引用・参考文献

〔1章〕
1) 長谷川伸：新版画像工学（電子情報通信学会大学シリーズ J-5），コロナ社 (2006)
2) 和田陽平, 大山　正, 今井省吾　編：新編感覚・知覚心理学ハンドブック，誠信書房 (1994)
3) 日本色彩学会　編：新編色彩科学ハンドブック（第2版），東京大学出版会 (1998)
4) 星　猛，林　秀生，菅野富夫，中村嘉男，佐藤昭夫，熊田　衛，佐藤俊英：医科 生理学展望，丸善 (1966)
5) P. Mertz and F. Gray：A Theory of Scanning and Its Relation to the Characteristics of the Transmitted Signal in Telephotography and Television, BSTJ, **13**, Issue 3, pp.464-515 (1934)
6) E. W. Engstrom：A Study of Television Image Characteristics, Proc. IRE, **21**-12 pp.1631-1651 (1933)
7) M. W. Baldwin Jr.：The Subjective Sharpness of Simulated Television Images, BSTJ, **19**, Issue 4, pp.563-584 (1940)
8) 宮川　洋，渡部　叡　編著（テレビジョン学会　編）：画像エレクトロニクスの基礎（画像エレクトロニクス講座1），コロナ社 (1975)
9) 南　敏，中村　納　著（テレビジョン学会　編）：画像工学（増補）―画像のエレクトロニクス―，コロナ社 (2000)
10) 吹抜敬彦：画像のデジタル信号処理，日刊工業新聞社 (1981)
11) D. G. フィンク（田辺義敏　訳）：テレビジョン工学，無線従事者教育協会 (1954)
12) 藤尾　孝：電子画像工学―画像メディアの感性化とシステムの設計―，電子情報通信学会 (1999)
13) 吹抜敬彦：TV 画像の多次元信号処理，日刊工業新聞社 (1988)
14) 高木幹雄　監修（テレビジョン学会　編）：ハイビジョン方式技術，コロナ社 (1996)
15) 映像情報メディア学会　編：テレビジョン・画像情報工学ハンドブック，オーム社 (1990)
16) 宮川　洋　監修，テレビジョン学会　編：テレビジョン画像の評価技術，コロナ

社（1986）
17) E. R. Kretzmer：Statistics of Television Signals, BSTJ, **31**, Issue 4, pp.751-763（1952）

〔2章〕
1) 日本視覚学会 編：視覚情報処理ハンドブック，朝倉書店（2000）
2) H. Davson, ed.：The Eye, Academic Press, New York（1962）
3) G. S. Brindley：Physiology of the Retina and Visual Pathway, Edward Arnold（1970）
4) H. J. A. Dartnall, ed.：Photochemistry of Vision. Handbook of sensory physiology, Ⅶ/1, Springer-Verlag, Berlin（1972）
5) P. O. Bishop, ed.：Central Visual Information（A）. Handbook of sensory physiology, Ⅶ/3, Springer-Verlag, Berlin（1973）
6) 樋渡涓二 編：視聴覚情報概論，昭晃堂（1987）
7) 西信元嗣 編：眼光学の基礎，金原出版（1990）
8) 畑田豊彦：ディスプレイに要求される機能，照明学会誌，**73**-12，pp.724-728（1989）
9) F. W. Campbell and R. W. Gubisch：Optical quality of the human eye., J. Physiol. **186**, pp.558-578（1966）
10) 畑田豊彦：続生理光学3 各種視力，O Plus E，**113**，pp.138-143（1989）
11) 斉藤秀昭：視覚神経系の構造とその情報処理，情報処理，**30**，p.114（1989）
12) W. B. Marks, W. H. Dobelle and E. F. MacNicol Jr.：Visual pigments of single primate cones., Science, **143**, pp.1181-1183（1964）
13) A. Rooada and D. R. Williams：The arrangement of the three cone classes in the living human eye., Nature, **397**, pp.520-522（1999）
14) U. Pessoa：Mach Bands：How many models are possible? Recant experimental findings and modeling attempts., Vision Res., **36**-19, pp.3205-3227（1996）
15) D. H. Kelly：Theory of flicker and transient responses. I Uniform fields., J. Opt. Soc. Am., **61**, pp.632-640（1971），：Visual processing of moving stimuli., J. Opt. Soc. Am.（A），**2**，pp.216-225（1985），：Spatio-temporal variation of chromatic and achromatic contrast threshold., J. Opt. Soc. Am. **73**, pp.742-750（1983）
16) F. W. Campbell and J. G. Robson：Application of Fourier analysis to the visibility of gratings., J. Physiol., **187**, pp.551-566（1968）
17) C. Blakemore and F. W. Campbell：On the existence of neurons in the human visual system selectively sensitive to the orientation and size of retinal images., J. Physiol., **203**, pp.237-269（1969）

18) 森　峰生，畑田豊彦，石川和夫，寺島信義，大頭　仁：臨界融合周波数以上の点滅刺激による明るさ知覚への影響，映情学誌，**52**，pp.612-615（1998）
19) J. H. Maunsell, T. A. Nealey and D. D. DePriest：Magnocellular and parvocellular contributions to responses in the middle temporal visual area (MT) of the macaque monkey., J. Neurosci., **10**, pp.3323-3334（1990）
20) V. P. Ferrera, T. A. Nealey and J. H. Maunsell：Responses in macaque visual area V4 following inactivation of the parvocellular and magnocellular LGN pathways., J. Neurosci., **14**, pp.2080-2088（1994）
21) テレビジョン学会 編：テレビジョン・画像情報工学ハンドブック，オーム社（1990）
22) 大山　正，今井省吾，和氣典二 編：新編感覚・知覚心理学ハンドブック，誠信書房（1994）
23) G. B. Judd：Handbook of Experimental Psychology, John Wiley（1951）
24) 畑田豊彦，坂田晴夫，日下秀夫：画面サイズによる方向感覚誘導効果—大画面による臨場感の基礎実験—，テレビ会誌，**33-5**，pp.407-413（1979）
25) 福田忠彦：運動知覚における中心視と周辺視の機能差，テレビ会誌，**33-5**，pp.479-484（1979）
26) N. Graham, J. G. Robson and J. Nachmias：Grating summation in fovea and periphery., Vision Res., **18**, pp.815-825（1978）
27) 畑田豊彦：生理光学5 濃淡画像と視覚特性，O Plus E，**60**，pp.90-98（1984）：生理光学6 表示条件と視覚のMTF，O Plus E，**61**，pp.95-100（1984），：生理光学7 マルチチャンネル機構と明暗強調効果，O Plus E，**63**，pp.78-85（1985）．
28) 畑田豊彦：生理光学10 動画像と視覚特性，O Plus E，**66**，pp.81-90（1985），：生理光学11 運動視と時空間特性，O Plus E，**67**，pp.105-113（1985）
29) 畑田豊彦：映像観視時の生体の反応，テレビ会誌，**50**，pp.419-422（1996）
30) 斉藤　進：FPD利用の人間工学ガイドラインの検討，FPDのエルゴノミクス課題，人間工学，**33-4**，pp.255-260（1997）．
31) 畑田豊彦：ディスプレイ端末を人間工学の立場で見直す，日経エレクトロニクス，**333**，pp.158-177（1984）
32) 畑田豊彦：VDTと視覚特性，人間工学，**22-2**，pp.45-52（1986）
33) K. N. Ogle：The Eye. 4：Space Vision, Academic Press, New York（1962）
34) B. Julesz：Fundations of Cyclopean Perception, Univ. of Chicago Press, Chicago（1971）
35) 泉　武博 監修：3次元映像の基礎，オーム社（1995）
36) G. F. Poggio and T. Poggio：The Analysis of Stereopsis, Ann. Rev. Neurosci., **7**, pp.379-412（1984）
37) 畑田豊彦，斎田真也：奥行き知覚の要因とメカニズム，テレビ会誌，**43-8**，

pp.755-762 (1989)
38) 長田昌次郎：視覚の奥行き距離情報とその奥行き感度, テレビ会誌, **31**-8, pp.649-655 (1977)
39) 畑田豊彦：生理光学 16 自然視画像と視覚特性, O plus E, **74**, pp.121-130 (1986), ：続生理光学 13 立体視機能 4, O plus E, **130**, pp.118-124 (1990)
40) W. Richards：Response functions for sine- and square-wave modulations of disparity., J. Opt. Soc. Am. **61**-3, pp.907-911 (1972)
41) 矢野澄男, 三橋哲雄：両眼融合視での奥行運動知覚と時間周波数特性, 信学論 A, **J76-A**-6, pp.887-897 (1993)
42) V. S. Ramachandran V. M. Rao, S. Sriram, T. R. Vidyasager：The role of colour perception and pattern recognition in stereopsis., Vision Res, **13**, pp.115-151 (1998)

〔3章〕
1) 日本色彩学会 編：新編色彩科学ハンドブック（第2版），東京大学出版会（1998）
2) 池田光男：色彩工学の基礎，朝倉書店（1980）
3) 大田 登：色彩工学，東京電機大学出版局（1993），色再現工学の基礎，コロナ社（1997）
4) 畑田豊彦，矢口博久，福原政昭，小笠原治，郡司秀明 編：眼・色・光 より優れた色再現を求めて，日本印刷技術協会（2007）
5) G. Wyszecki and W. S. Stiles：Color science—Concepts and methods, quantitative data and formulae., John Wiley&Sons（1982）
6) M. S. Livingstone and D. H. Hubel：Psychophysical evidence for separate channels for the perception of form, color movement and depth., J. Neurosci., **7**, pp.3416-3468（1987）
7) J. Nathans, D. Thomas and D. S. Hogness：Molecular genetics of human color vision,the genes encording blue, green,and red pigments., Science, pp.193-202, 232（1986）
8) 小松英彦：色覚を司る神経細胞, 科学, **65**, pp.454-460（1995）
9) S. M. Zeki：Colour cording in the cebebral cortex：the relation of cells in monkey visual cortex to wavelengths and colour., Neurosci., **9**, pp.741-765（1983）
10) R. L. DeValois and K. K. DeValois：A multi-stage color model., Vision Res., **33**, pp.1053-1065（1993）
11) D. L. MacAdam：Visual Sensitivities to Color Differences in Daylight., J. Opt. Soc. Am., **32**, pp.247-274（1942）
12) T. Yeh, V. C. Smith and J. Pokorny：Colorimetric purity discrimination—

data and theory., Vision Res., **33**, pp.1847-1857（1993）
13) C. McCollough：Color adaptation of edgedetectors in the human visual system., Science, **149**, pp.1115-1116（1965）
14) 坂田晴夫，磯野春雄：視覚における色度の空間周波数特性（色差弁別閾），テレビ会誌，**31**, pp.29-35（1977）
15) 坂田晴夫：視覚の色度時空間周波数特性―色差弁別閾，信学誌，**J63-A**, pp.855-861（1980），：視覚の色度時空間周波数特性―閾上値の網膜部位による見え方，信学誌，**J67-A**, pp.805-810（1984）

〔4章〕
1) 映像情報メディア学会 編：テレビジョン・画像工学ハンドブック，オーム社（1990）
2) 宮川　洋 監修，テレビジョン学会 編：テレビジョン画像の評価技術，コロナ社（1986）
3) 樋渡涓二：視覚とテレビジョン，日本放送出版協会（1968）
4) 映像情報メディア学会：講座 マルチメディアのための品質評価，映情学誌，**54**-1～12（2000）
5) 本書1章
6) RECOMMENDATION ITU-R BT. 500-11 Methodology for the subjective assessment of the quality of television pictures, ITU-R Recommendations and Reports, ITU, GENEVA（2004）
7) 大串健吾，中山　剛，福田忠彦（テレビジョン学会 編）：画質と音質の評価技術，昭晃堂（1991）
8) 渡部　叡：視覚と画像，テレビ会誌，**26**-11, pp.976-982（1972）
9) 三橋哲雄：テレビジョンにおけるヒューマンインタフェース―ハイビジョンのヒューマンファクタを中心として―，テレビ会誌，**44**-8, pp.986-992（1990）
10) R. D. Prosser, J. W. Allnatt and N. W. Lewis：Quality Grading of Impaired Television Pictures, Proc. IEE, **111**-3, pp.491-502（1968）
11) 中山　剛，本城和夫：カラー画像の画質要因と総合評価，信学会画像工学研究会，IT-72-6（1973）
12) 宮原　誠，小谷一孔，堀田裕弘，藤本　強：客観的画質評価尺度（PQS）―Local Featureの考慮と汎用性―，信学論B-I, **73-B-I**-3, pp.208-218（1990）
13) 松本修一：小特集 デジタル動画像の画質評価，映情学誌，**59**-8, pp.1134-1155（2005）
14) 中須英輔：講座 マルチメディアのための品質評価，デジタル映像の評価―画質の客観評価技術―，映情学誌，**54**-3, pp.357-363（2000）
15) 飯田健夫：講座 マルチメディアのための品質評価，感性の客観的計測とヒュ

ーマンインタフェース評価,映情学誌, **54**-12, pp.1712-1718(2000)
16) 山田光穂,福田忠彦:視線の動きを用いたTV画像の分析,テレビ会誌, **40**-2, pp.121-128(1986)
17) 苧阪良二,中溝幸夫,古賀一夫:眼球運動の実験心理学,名古屋大学出版会(1993)
18) 矢野澄男,江本正喜,三橋哲雄:両眼融合視立体画像での二つの視覚疲労要因,映情学誌, **57**-9, pp.1187-1193(2003)
19) 大橋 力,仁科エミ,不破木義孝,河合徳枝,田中基寛,前川督雄:脳波を指標とする映像情報の生体計測,テレビ会誌, **50**-12, pp.1921-1934(1996)
20) 林 秀彦,国藤 進,宮原 誠:高品位映像の評価—脳波を指標とする客観評価法—,映情学誌, **56**-6, pp.954-962(2002)
21) 電波産業会:画質評価マニュアル HDTVの画質評価を中心として(1996)
22) 電波産業会:デジタル映像評価法調査報告書(2000)
23) 長谷川 敬:講座 マルチメディアのための品質評価,心理評価技術,映情学誌, **54**-9, pp.1259-1264(2000)
24) 長谷川 敬:5.主な測定法と解析法のあらまし,NHKエンジニアリングサービス技術セミナー「音質・画質の主観評価法」資料(1987)
25) 畑田豊彦,須佐見憲史:講座 映像情報メディアを支える測定技術,第7回心の状態を測る,映情学誌, **56**-7, pp.1067-1075(2002)
26) J. P. ギルホード(秋重義治 監訳):精神測定法,培風館(1959)
27) 窪田 悟,島田 淳,岡田 想,中村芳知,城戸恵美子:家庭におけるテレビの視聴条件,映情学誌, **60**-4, pp.597-603(2006)
28) 岩井 彌,斉藤 孝:ホームシアター時代の照明,映情学技報, **30**-6, pp.57-60, IDY 2006-15(2006)
29) 熊田純二,金澤 勝,村上仁己:評価に用いるテストチャート—ハイビジョンテストチャートおよび標準テレビ用動画像—,テレビ会誌, **46**-2, pp.134-138(1992)
30) 中須英輔:MPEG-2映像符号化方式の放送への応用,NHK技研R&D, **37**-8, pp.23-30(1995)
31) 難波精一郎,桑野園子(日本音響学会 編):音の評価のための心理学的測定法,コロナ社(1998)
32) RECOMMENDATION ITU-R BS. 1116 Methods for the subjective assessment of small inpairements in audio systems including multichannel sound systems, ITU-R, GENEVA(2005)
33) RECOMMENDATION ITU-R BT. 814-1, Specifications and alignment procedures for setting of brightness and contrst of displays, ITU-R, GENEVA(2005)
34) K. Teunissen:The Validity of CCIR Quality Indicators Along a Graphical

Scale, SMPTE J., **105**-3, pp.144-149（1996）
35) 成田長人：動画像の絶対評価法および評点処理方式の検討, NHK技研R&D, **43**-11（1996）
36) 鈴木恒男, 成田長人：講座 マルチメディアのための統計的処理方法, 映情学誌, **54**-10, pp.1397-1405（2000）
37) 石川 馨, 藤森利美, 久米 均：化学者及び化学技術者のための実験計画法（上, 下）, 東京化学同人（1977）
38) 原島 博 監修, 井口征士, 猪田克美, 小林重順, 田辺新一, 長田典子, 中村敏枝（電子情報通信学会 編）：感性情報処理, オーム社（1994）
39) 井口征二, 橋本周司, 畑 秀二, 加藤俊一, 片寄晴弘, 石井 裕, 土佐尚子, 中津良平：小特集 感性情報処理の夜明け, 映情学誌, **52**-1（1998）
40) 樋渡涓二：画像工学, テレビ会誌, **26**-9, pp.674-680（1972）
41) 岩下豊彦：SD法によるイメージの測定, 川島書店（1992）
42) 日本色彩学会 編：新編色彩科学ハンドブック（第2版）, 東京大学出版会（1998）
43) 境 久雄, 中山 剛：聴覚と音響心理（音響工学講座6）, コロナ社（1978）
44) 大谷禧夫, 三橋哲雄：画像の要因分析, テレビジョン学会全国大会講演予稿1-5（1971）
45) 成田長人, 金澤 勝：2D/3DHDTV画像の心理要因分析と総合評価法に関する考察, 映情学誌, **57**-4, pp.501-506（2003）
46) 成田長人, 金澤 勝, 岡野文男：超高精細・大画面映像の鑑賞に適した画面サイズと監視距離に関する考察, 映情学誌, **55**-5, pp.773-780（2001）
47) 中山 剛, 牛島和彦, 寺嶋久憲, 福島紘一, 大西 満：多次元解析による画像品質の評価法とその応用, 日立評論, **53**-7, pp.56-690（1971）
48) K. Teunissen, Joyce H. D. M. Westerink：A Multidimenrional Evaluation of the Perceptual Quality of Television Sets, SMPTE J., **105**-1, pp.31-38（1996）
49) 宮川 洋, 渡部 叡 編著（テレビジョン学会 編）：画像エレクトロニクスの基礎（画像エレクトロニクス講座1）, コロナ社（1975）
50) 刀根 薫：ゲーム感覚意思決定法, 日科技連出版（2000）

〔5章〕
1) 樋渡涓二：視覚とテレビジョン, p.12, 日本放送出版協会（1968）
2) 大山 正, 今井省吾, 和氣典二 編：新編感覚・知覚心理ハンドブック, p.923, 誠信書房（1994）
3) 大山 正, 今井省吾, 和氣典二 編：新編感覚・知覚心理ハンドブック, p.921, 誠信書房（1994）
4) F. H. Previc：The Neuropsychology of 3-D Space, Psychological Bulletin,

124-2, pp.123-164 (1998)
5) 狩野千鶴:自己運動知覚と視覚系運動情報,心理学評論, **34**-2, pp.240-256 (1991)
6) T. H. Brandt, J. Dichgans and E. Koenig:Differential Effects of Central Versus Peripheral Vision on Egocentric and Exocentric Motion Perception, Exp.Brain.Res., **16**-5, pp.476-491 (1973)
7) R. B. Post:Circular vection is independent of stimulus eccentricity, Perception, **17**, pp.737-744 (1988)
8) 福田 淳,佐藤宏道:脳と視覚―何をどう見るか, pp.254-257,共立出版 (2002)
9) 斎藤 勇 監修:認知心理学重要研究集1―視覚認知, pp.57-61,誠心書房 (1995)
10) L. Itti, C. Koch and E. Niebur:A Model of Saliency-Based Visual Attention for Rapid Scene Analysis, IEEE TRANS. ON PATTERN ANALYSIS AND MACHINE INTTELLIGENCE, **20**-11, pp.1254-1259 (1998)
11) E. G. Heinemann:Simultaneous brightness induction as a function of inducing-and test-fieldluminance, J. Exp. Psychol., **50**, pp.89-96 (1955)
12) V. H. Grosskopf:Der Einfluss der Helligkeitsempfindung auf die Bildubertragung im Fernsehen, Rundfunktechnische Mitteilungen, **7**, pp.205-223 (1963)
13) 田所 康,三橋哲雄:カラーテレビ画像の観視条件,NHK技研月報, **21**-2, pp.126-139 (1969)
14) 藤井猷孝:家庭における最近のカラー受像機の観視条件,テレビジョン学会視覚情報研究会資料, **14**-3, pp.1-9 (1975)
15) 窪田 悟,嶋田 淳,岡田 想,中村芳知,城戸恵美子:家庭におけるテレビの観視条件,映情学誌, **60**-4, pp.597-603 (2006)
16) 石田順一:テレビPCM伝送系の設計基準,信学論, **54**-**A**-11, pp.589-596 (1971)
17) K. T. Mullen:The contrast sensitivity of human color vision to red-green and blue-yellow chromatic gratings, J. Physiol., **359**, pp.381-409 (1985)
18) O. H. Shade:On a quality of color-television images and perception of color detail, J. Soc. Am., **67**, pp.801-809 (1958)
19) J. G. Robson:Spatial and Temporal contrast sensitivity functions of the visual system, J. Opt. Soc. Am., **56**, pp.1141-1142 (1966)
20) 坂田晴夫:視覚の色度時空間周波数特性―色差弁別閾,信学誌, **J63**-**A**-12, pp.855-861 (1980)
21) 日本放送協会 編:放送技術双書 カラーテレビジョン,日本放送出版協会, pp.236-238 (1961)

22) 坂田晴夫：カラーテレビジョン高彩度画像の解像度―視覚の3原色空間周波数特性とNTSC信号の改善―，テレビ会誌，**34**-2，pp.147-152（1980）
23) 藤尾　孝：現行カラーテレビ系の問題点と高品位テレビ方式―伝送用信号方式―，現行カラーテレビ系の問題点と高品位テレビ方式―伝送用信号方式―，IE**76**-9，pp.29-38（1976）
24) E. W. Engstrom：A Study of Television Image Characteristics，Proc. I. R. E.，**21**-12，pp.1631-1651（1933）
25) 三橋哲雄：走査線数と画質の関係，NHK技研月報，**31**-6，pp.218-224（1979）
26) M. W. Baldwin Jr.：The Subjective Sharpness of Simulated Television Image, BSTJ，**19**，pp.458-468（1940）
27) 三橋哲雄：走査方式と画質，NHK技研月報，**33**-11，12，pp.446-450（1981）
28) 西澤台次：インターレースの視覚効果，テレビジョン学会視覚研究委員会資料，**24**-3（1971）
29) 田所　康，三橋哲雄：被写体速度と視覚の関係，NHK技研月報，**20**-9，pp.422-426（1968）
30) 宮原　誠：テレビジョンおける動画像―ぼけの減少と毎秒フィールド数の増加による改善―，信学論，**J60**-B-5，pp.297-304（1977）
31) Y. Kuroki and T. Nishi：Improvement of Motion Image Quality by High Frame Rate, Proc. SID, 3.4（2006）
32) 栗田泰市郎：ホールド型ディスプレイにおける動画表示の画質，信学技報，EID**99**-10，pp.55-60（1999）
33) D. W. Heely, B. Timney：Meridional anisotropies of orientation discrimination for sine wave gratings, Vision Res.，**28**，pp.337-344（1988）

〔6章〕
1) 山田光穂，福田忠彦：画像における注視点の定義と画像分析への応用，信学論，**J69**-D-9，pp.1335-1341（1986）
2) 福田亮子，佐久間美能留，中村悦夫，福田忠彦：注視点の定義に関する実験的検討，人間工学，**32**-4，pp.197-204（1996）
3) 山田光穂，福田忠彦：視線の動きを用いたテレビ画像の分析，テレビ会誌，**40**-2，pp.121-128（1986）
4) 渡部　叡：眼球運動の制御機構，NHK技研月報，**18**-2，pp.20-42（1966）
5) 山田光穂，福田忠彦：視線情報を用いた画像の客観分析，NHK技研R＆D，No.2，pp.36-60（1988）
6) 山田光穂，福田忠彦：大画面ディスプレイから受ける心理効果の客観的評価に関する基礎的検討―頭と眼の動きの相互関係について―，テレビ会誌，**43**-7，pp.714-722（1989）
7) 山田光穂，福田忠彦：眼球運動による文章作成・周辺機器制御装置，信学論，

69-D-7, pp.1103-1107 (1986)
8) D. N. Lee and J. R. Lishman：Vision—The most Efficient Source of Proprioceptive Information for Blance Control, III Symposium international de posturographie Paris, pp.83-94 (1975)
9) 畑田豊彦，坂田晴夫，日下秀夫：画面サイズによる方向感覚誘導効果，テレビ会誌，**33**-5，pp.407-413 (1979)
10) F. Lestienne, J. Soechting and A. Berthoz：Postual Readjustments Induced by Linear Motion of Visual Scenes, Exp.Brain Res, **28**, pp.363-384 (1977)
11) T. Shimizu, S. Yano and T. Mitsuhashi：Objective Evaluation of 3-D Wide-Field Effect by Human Postural Control Analysis, SPIE Human Vision, Visual Processing and Digital Display III, **1666**, pp.457-464 (1992)
12) L. Telford, I. P. Howard and M. Ohmi：Heading judgments during active and passive self-motion, Exp. Brain Res., **104**-3, pp.502-510 (1995)
13) S. Yano：Contribution of visual and vestibular systems of perception of direction, Proc. SPIE, **3644**, pp.314-320 (1999)
14) 小宮山　摂：視覚と聴覚による音像知覚，音響会誌，**52**-1，pp.46-50 (1996)
15) 清水俊宏，矢野澄男：広視野視覚刺激と聴覚刺激の同期提示による重心動揺への誘導効果，信学論，**J83-A**-7，pp.912-919 (2000)
16) 安藤広志：多感覚情報の認識・生成・統合メカニズム，計測自動制御学会講演論文集，IC 2-1 (2007)
17) 坂井忠裕，石原達也，牧野英二，伊藤崇之：視覚障害者向け情報バリアフリー受信端末の開発，NHK技研R&D，**72**，pp.34-43 (2002)
18) 長町三生：第1回感性工学入門―顧客満足をねらいとする新製品開発技術―，ヒューマンインタフェース学会誌，**3**-4，pp.213-220 (2001)
19) 一松　信，村岡洋一　監修，日本学際会議　編：感性と情報処理―情報科学の新しい可能性―，共立出版 (1993)
20) 篠原　昭，清水義雄，坂本　博　編：感性工学への招待―感性工学から暮らしを考える，森北出版 (1996)
21) 長沢伸也：感性工学とビジネス，日本感性工学会誌，**1**-1，pp.37-47 (1999)
22) 岩下豊彦：SD法によるイメージの測定，川島書店 (1983)
23) 大谷禧夫，三橋哲雄：画像の要因分析，テレビジョン学会視覚研究委員会資料，**23**-1，pp.166-183 (1971)
24) 成田長人，金澤　勝：2D/3DHDTV画像の心理因子分析と総合評価法に関する考察，映情学誌，**57**-4，pp.501-506 (2003)
25) 大橋　力，仁科エミ，不破本義孝，河合徳枝，田中基寛，前川督雄：迫脳波を指標とする映像情報の生体計測，テレビ会誌，**50**-12，pp.1921-1934 (1996)
26) 武者利光：脳波から心の状態を推定する「感性スペクトル解析法」，光技術コンタクト，**37**-4，pp.268-272 (1999)

27) 井出口健，西山元規，古賀広昭：迫力感性増幅を意図した映像提示方法の検討，映情学誌，**54**-1, pp.131-134（2000）
28) G. F. Poggio and T. Poggio：The Analysis of Stereopsis, Ann. Rev. Neurosci., **7**, pp.379-412（1984）
29) C. Schor, B. Bridgeman and C. W. Tyler：Spatial Characteristics of Static and Dynamic Stereoacuity in Strabismus, Ophthalmol. Vis. Sci., **24**-12, pp.1572-1579（1983）
30) 渡部　叡，坂田晴夫，長谷川　敬，吉田辰夫，畑田豊彦：視覚の科学，写真工業出版社（1975）
31) H. Ono and H. Ujike：Motion Parallax driven by head movements：Conditions for visual satbility, perceived depth, and prceived concomitant motion, Perception, **34**, pp.477-490（2005）
32) B. Rogers and M. Graham：Simiralities between Motion Parallax and Stereopsis in Human Depth Perception, Vision Res, **22**, pp.261-270（1982）
33) CCIR：Design of a System of Stereoscopic Television，CCIR XI/22-E, MOSSCW（1958）
34) 山之上裕一，永山　克，尾藤峯夫，棚田　詢，元木紀雄，三橋哲雄，羽鳥光俊：立体ハイビジョン撮像における左右画像間の幾何学的ひずみの検知限・許容限の検討，信学論，**J80-D-II**-9, pp.2522-2531（1997）
35) 大山　正，今井省吾，和氣典二 編：新編感覚・知覚心理学ハンドブック（第2版），13.2 両眼交互作用，視野闘争（福田秀子）pp.744-751，誠信書房（1994）
36) I. P. Beldie and B. Kost：Luminance Asymmetry in Stereo TV Images, Stereoscopic Displays and Applications II, SPIE **1457**, pp.242-247（1991）
37) M. Ikeda and Y. Nakashima：Wavelengh Difference Limit for Binocular Color Fusion, Vision Res., **20**, pp.693-697（1980）
38) J. Ross and J. H. Hogben：Short-term memory in stereopsis, Vision Res, **14**, pp.1195-1201（1974）
39) S.Yano：Experimental Stereoscopic High-Definition-Television, DISPLAY Technology and Applications, **12**-2, pp.58-64（1991）
40) 花里敦夫，奥井誠人，山之上裕一，湯山一郎：2眼立体表示におけるクロストーク妨害，3次元画像コンファレンス講演論文集，**10**-3, pp.258-263（1999）
41) S. Pastoor and I. P. Beldie：Subjective assessments of dynamic visual noise interference in 3D TV pictures, Soc. Info. Display, **30**-3, pp.211-215（1989）
42) 西原万里奈，細畠　淳，近江源次郎，前田直之，不二門尚，田野保雄：3D映像と眼精疲労，視覚の科学，**17**-3, pp.103-106（1996）
43) 奥山文雄：立体映像の評価，3次元画像コンファレンス'99講演論文集，10-1, pp.246-251（1999）
44) 大平明彦，落合真紀子：両眼液晶シャッターとハイビジョンテレビを組み合わ

せた立体画像が視機能に与える影響について，視覚の科学，**17**-4，pp.131-134 (1997)
45) 原島　博　監修：3次元画像と人間の科学，4章　3次元画像と視覚的負担（斉藤　進），pp.91-111，オーム社（2000）
46) I. M. Borish：Analysis V. Zones of Comfort，Cilinical Refraction, pp.875-890, The Professional Press, Inc.（1970）
47) 比留間伸行，福田忠彦：調節応答から見た両眼融合式立体画像の観視条件，信学論，**J73**-**D2**-12，pp.2047-2054（1990）
48) S. Yano, S. Ide, T. Mitsuhashi and H. Thwaites：A study of visual fatigue and visual comfort for 3D HDTV/HDTV images, Displays, **23**-4, pp.191-201（2002）
49) S. Yano, M. Emoto and T. Mitsuhashi：Two factors in visual fatigue caused by stereoscopic HDTV images, Displays, **25**-4, pp.141-150（2004）
50) 畑田豊彦：疲れない立体ディスプレイを探る，日経エレクトロニクス，**444**，pp.205-223（1988）
51) 畑田豊彦：3次元ディスプレイの技術動向，光学，**21**-9，pp.574-582（1992）
52) 畑田豊彦：人工現実感に要求される視空間知覚特性，人間工学，**29**-3，pp.129-134（1993）
53) 伴野　明，岸野文郎：3.立体画像・音響技術，3-2.入力方式，3-2-2.仮想空間操作における入力技術，テレビ会誌，**45**-4，pp.460-467（1991）
54) 磯野晴夫，安田　稔，竹森大祐，金山秀行，山田千彦，千葉和夫：8眼式メガネなし3次元テレビジョン，テレビ会誌，**48**-10，pp.1267-1275（1989）
55) 梶木善裕，吉川　浩，本田捷夫：集束化光源列（FLA）による超多眼式立体ディスプレイ，3次元画像コンファレンス'96講演論文集，pp.108-113（1996）
56) 深谷直樹，小倉久忠，本田捷夫：多視点画像を用いた3次元ディスプレイの立体視に関する研究，Vision, **10**-1，pp.1-9（1998）
57) 矢野澄男：人工現実環境におけるディスプレイとその問題点，光技術コンタクト，**36**-414，pp.253-263（1998）
58) 杉原敏昭，宮里　勉：疲労軽減をはかったヘッドマウントディスプレイ，O plus E, **217**, pp.110-115（1997）
59) 鵜飼一彦：ヘッド・マウント・ディスプレイの視覚への影響を実験，日経エレクトロニクス，**668**，pp.153-164（1996）
60) B. Javidi and F. Okano (Eds.)：Three-dimensional television, video and display technologies, Berlin, Springer（2002）
61) S. Suyama, S. Ohtsuka, H. Takada, K. Uehira and S. Sakai：Apparent 3-D image perceived from luminance-modulated two 2-D image display at different depths, Vision Res., **44**, pp.785-793（2004）

索　引

【あ】

アキュータンス　76
アスペクト比　20
アナグリフ　261
アブニー現象　117
アマクリン細胞　64
暗所視　13
安静眼位　106
安定融合周波数　80

【い】

1次画質　167
一対比較法　153
意味微分法　168
色感覚　14
色再現　128
色残効　127
色対比　121
色弁別楕円　126
因子分析　239
インタラインフリッカ　46
インタレース走査　34
インタレースファクタ　196

【う】

ウィーナースペクトル　77
ウェーバー-フェヒナー則　71
動きベクトル　48
運動残効　94
運動視差　257

【え】

映像酔い　179

【お】

奥行き知覚　249
オフセットサブサンプリング　45

【か】

開口色　130
開口率　200
解像度　23
外側膝状体　54
階調　190
書き割り効果　261
覚醒レベル　242
角膜　10, 56
角膜反射法　212
仮現運動　82
可視光　11
画質階層モデル　145
画質評価　142
画質要因　144
画素　26
カテゴリー　152
硝子体　58
眼球運動　95
眼球結像系　54
観視条件　154, 162
感性　166
感性情報　234
感性評価　167
桿体　10, 63
ガンマ特性　192

【き】

帰線期間　27
基底関数　205
輝度　16
輝度変調型奥行き融像錯視方式　282
客観的評価法　148
客観評価　146
強膜反射　212
許容限　160
距離　239
偽輪郭　189
筋骨格系　177
近赤外光脳機能計測装置　243
均等色度図　134

【く】

空間視　175
空間周波数特性　73
空間像方式　285
空中像方式　285
クラスタ分析　239
グラスマンの法則　131
グラディエント法　48
グラニット-ハーパー則　80
クリティカリティ　146
クレイク-オブライエン効果　73
クロスモダリティマッチング　229

【け】

経験的ホロプター　255
形態視　175
系列範疇法　153
ケルファクタ　37

顕色系	129	時間解像度	22	心理学的測定法	145
検知源	160	時間周波数特性	78	心理要因	145
顕著性マップ	182	時間蓄積ボケ	197	【す】	
		視感度	12		
【こ】		色恒常性	121	随従性運動	99
光源色	130	色差弁別能力	126	水晶体	10, 57
交互作用	166	色相	14, 115	錐体	10, 62
虹彩	10, 56	時空間周波数領域	46	垂直解像度	21
高次画質	167	刺激-反応モデル	236	垂直走査	27
光束	15	自己相関関数	52	水平解像度	21
光束発散度	18	自己定位	177	水平細胞	64
光度	16	視細胞	61	水平走査	26
高密度指向性映像提示方式		事象関連電位	242	図形知覚	250
	284	姿勢制御	218	スティーブンス則	71
光量	16	耳石	226	ステレオマッチング	253
国際照明委員会	12	実際運動	82	ストロボスコピック	197
固視点	173	視野	172	【せ】	
固視微動	99	ジャーキネス	201		
誤標的	253	シャッタ	200	鮮鋭度	76
混色	131	ジャッド修正	126	選択性注意	181
混色系	129	重心動揺	219	前置フィルタ	28
コントラスト	70	修正マンセル表色系	130	前庭性眼振	209
コントラスト比	184	重線形回帰モデル	146	前庭動眼反射	209
		周辺視	173	前庭迷路系	177
【さ】		主観色	121	前房	55
彩度	115	主観的座標系	220	【そ】	
錯視	83	主観的鮮鋭度	76		
差振幅	51	主観的輪郭	91	双極細胞	64
サーストンの方法	153	主観評価	146	総合画質	145
サーチコイル法	212	縮瞳	56	総合評価	145
サッカード	99	主効果	166	走査線	20
サブサンプリング	45	主成分負荷量	239	側頭葉	175
3原刺激色	132	主成分分析	238	ゾーンプレート	24
3元配置	164	順次走査	34	【た】	
残像色	118	小細胞系	66		
3値シンク	39	焦点深度	57, 271	対応決定問題	253
散瞳	56	照度	17	大細胞系	66
		省略眼	58	ダイナミックランダム	
【し】		触覚	232	ドットステレオグラム 251	
視運動性眼振	209	視力	71	大脳視覚領	54
シェッフェの方法	153	振幅分布関数	50	対比効果	184
視覚誘導自己運動	178	振幅分布密度関数	51	多眼式	283
視覚疲労	268	振幅密度関数	50	多義図形	232

306 索引

多光束提示方式	284	
多変量解析	171	
単一刺激法	153	
単位立体角	15	
単独画質	145	
単独評価	145	

【ち】

注視点	210
中心窩	60
中心視	173
超多眼式	284
直列伝送	24

【つ】

通信路モデル	7

【て】

定輝度原理	192

【と】

等化パルス	39
動画ホログラフィ	287
同期信号	38
瞳孔	10
等色関数	132
到達運動	175
頭頂葉	175
頭部運動	215
動揺病	179
特徴統合理論	181
飛越し走査	34
ドリフト	99
トレモア	99
ドンディアーズライン	270

【ぬ】

2次元空間周波数	24
二重刺激妨害尺度法	159
二重刺激連続品質尺度法	159
二重像	256
2：1飛越し走査	22

2倍速表示	203

【の】

脳活動	243
脳波	242

【は】

背景脳波	242
背側視覚経路	175
白色基準	138
箱庭効果	261
把持運動	175
パーシバルの快適視域	271
パヌムの融合域	255
パーボシステム	175
波面再生方式	287
パワースペクトル密度関数	53
半規管	226
ハント効果	118
判別分析法	241

【ひ】

比視感度	13
皮膚電気活動	241
標準RGB表色系	131
標準画像	155
標準光	138
標準光A	138
標準光C	138
標準光D_{65}	138
表色系	129
評定尺度法	152
標本化周波数	27
標本化定理	28
表面色	130

【ふ】

フィート-ミュラーの円	254
フィールド	22
フェリー-ポーター則	79
輻輳・開散運動	99
腹側視覚経路	175

物体色	130
物理要因	144
不偏分散	165
フリック	99
プルキンエ現象	122
フレーム	22
ブロッカ-ザルツァー効果	78
分光視感効率	122
分光視感度	12
分散分析法	164

【へ】

平衡感覚	177
平衡動眼反射	209
並列伝送	24
ベゾルド-ブリュッケ現象	115
ヘルソン-ジャッド効果	118
ヘルムホルツ-コールラウシュ現象	115
偏光	261
偏光フィルタ	268
ベンハムのこま	93
変量要因	164

【ほ】

方位弁別閾	205
妨害評価	142
放射束	12
補間フィルタ	30
母数要因	164

【ま】

マグノシステム	175
マッカロー効果	119
マッチング法	49
マッハ効果	73
マルチチャネル機構	74
マンセル表色系	130

【む】

無軸索細胞	64

索引

【め】
明所視	13
明度	115

【も】
モアレパターン	77
盲点	61
網膜	8
網膜構造	173
網膜照度	18
毛様体筋	57
模型眼	58
モダリティ間現象	229
モダリティ変換	226

【ゆ】
優位眼	106

【ら】
融合	256
融像領域	105
誘導運動	94
ランダムドットステレオグラム	251

【り】
離散コサイン変換	204
リップシンク	230
両眼加算効果	263
両眼視差	249
量子化	31
量子化器	31
量子化雑音	32
量子化歪み	32
理論的ホロプター	255

【り(臨)】
臨界融合周波数	79
臨場感	220

【る】
類似性調査手法	168
類似度	239

【れ】
レンチキュラシート	268

【ろ】
老視	57

【記号】
α 波	242

【A】
Abney 現象	117

【B】
Bezold-Brücke 現象	115
Block 則	68
Broca-Sulzer 効果	78

【C】
CFF	79
CIE	12
CIELUV 色空間	135
Commission Internationale de l'Eclairage	12
contrast	70
Craik-O'Brien 効果	73
critical fusion (flicker) frequency	79

【D】
disparity gradient	255
DSCQS 法	159
DSIS 法	159

【E】
EBU 法	159
EMG	219
EOG	212

【F】
Ferry-Porter 則	79
fMRI	243
$F_m \theta$ 波	243
F 分布	166

【G】
Granit-Harper 則	80

【H】
HDTV	20
Helmholtz-Kohlrausch 現象	115
Helson-Judd 効果	118
Hering 錯視	86
HOW システム	176

【I】
imps 法	146

【J】
JPEG	203

【L】
$L^*a^*b^*$ 表色系	134
$L^*u^*v^*$ 表色系	135

【M】
Mach 効果	73
McCollough 効果	119
MOS	152
MPEG	156, 203
MTF	73
Muller-Lyer 錯視	83
M チャネル系	66

【N】
NTSC	20

〖P〗

picture luminance
　generator signal　158
Piper–Pieron 則　68
PLUGE　158
Poggendorf 錯視　85
P チャネル系　66

〖R〗

RDS　251
Ricco 則　68
RMS 粒子度　76

〖S〗

SD 法　168, 236
semantic differential 法　168
SFF　80
SQUID　243
stable fusion frequency　80
Stevens 則　71

〖T〗

TV 本　23

〖U〗

uv 色度図　134
u′v′ 色度図　134

〖V〗

V1 野　65
visual acuity　71

〖W〗

Weber–Fechner 則　71
WHAT システム　175
WHERE システム　175
Wiener spectrum　77

〖X〗

XYZ 表色系　132
xy 色度図　132

―― 著者略歴 ――

三橋　哲雄（みつはし　てつお）
1964 年　電気通信大学電気通信学部通信経営学科卒業
1964 年　日本放送協会（NHK）入局
1998 年　尚美学園短期大学教授
2000 年　尚美学園大学教授
　　　　 現在に至る

畑田　豊彦（はただ　とよひこ）
1965 年　早稲田大学理工学部応用物理学科卒業
1970 年　早稲田大学大学院理工学研究科博士課程修了
　　　　 （応用物理学専攻），工学博士
1971 年　日本放送協会（NHK）放送科学基礎研究所
　　　　 勤務
1981 年　東京工芸大学助教授
1982 年　東京工芸大学教授
2007 年　東京工芸大学名誉教授
2008 年　東京眼鏡専門学校校長
　　　　 現在に至る

矢野　澄男（やの　すみお）
1977 年　電気通信大学電気通信学部応用電子工学科卒業
1977 年　日本放送協会（NHK）入局
1993 年　博士（工学）（電気通信大学）
2007 年　情報通信研究機構 ATR 認知情報科学研究所（兼務）
　　　　 現在に至る

画像と視覚情報科学
Image and Visual Information Science

© (社)映像情報メディア学会　2009

2009 年 2 月 27 日　初版第 1 刷発行

検印省略

編　者　社団法人
　　　　映像情報メディア学会
著　者　三　橋　哲　雄
　　　　畑　田　豊　彦
　　　　矢　野　澄　男
発行者　株式会社　コロナ社
　　　　代表者　牛来辰巳
印刷所　新日本印刷株式会社

112-0011　東京都文京区千石 4-46-10
発行所　株式会社　コロナ社
CORONA PUBLISHING CO., LTD.
Tokyo Japan
振替 00140-8-14844・電話(03)3941-3131(代)
ホームページ http://www.coronasha.co.jp

ISBN 978-4-339-01268-2　（齋藤）　（製本：染野製本所）
Printed in Japan

無断複写・転載を禁ずる
落丁・乱丁本はお取替えいたします

電子情報通信レクチャーシリーズ

■(社)電子情報通信学会編　　(各巻B5判)

白ヌキ数字は配本順を表します。

				頁	定価
⑭	A-2	電子情報通信技術史 —おもに日本を中心としたマイルストーン—	「技術と歴史」研究会編	276	4935円
⑥	A-5	情報リテラシーとプレゼンテーション	青木由直著	216	3570円
⑲	A-7	情報通信ネットワーク	水澤純一著	192	3150円
⑨	B-6	オートマトン・言語と計算理論	岩間一雄著	186	3150円
①	B-10	電　磁　気　学	後藤尚久著	186	3045円
⑳	B-11	基礎電子物性工学 —量子力学の基本と応用—	阿部正紀著	154	2835円
④	B-12	波動解析基礎	小柴正則著	162	2730円
②	B-13	電　磁　気　計　測	岩﨑俊著	182	3045円
⑬	C-1	情報・符号・暗号の理論	今井秀樹著	220	3675円
㉑	C-4	数　理　計　画　法	山下・福島共著	192	3150円
⑰	C-6	インターネット工学	後藤・外山共著	162	2940円
③	C-7	画像・メディア工学	吹抜敬彦著	182	3045円
⑪	C-9	コンピュータアーキテクチャ	坂井修一著	158	2835円
⑧	C-15	光・電磁波工学	鹿子嶋憲一著	200	3465円
㉒	D-3	非　線　形　理　論	香田徹著		近刊
㉓	D-5	モバイルコミュニケーション	中川・大槻共著		近刊
⑫	D-8	現代暗号の基礎数理	黒澤・尾形共著	198	3255円
⑱	D-11	結像光学の基礎	本田捷夫著	174	3150円
⑤	D-14	並　列　分　散　処　理	谷口秀夫著	148	2415円
⑯	D-17	VLSI工学 —基礎・設計編—	岩田穆著	182	3255円
⑩	D-18	超高速エレクトロニクス	中村・三島共著	158	2730円
㉔	D-23	バイオ情報学 —パーソナルゲノム解析から生体シミュレーションまで—	小長谷明彦著		近刊
⑦	D-24	脳　工　学	武田常広著	240	3990円
⑮	D-27	VLSI工学 —製造プロセス編—	角南英夫著	204	3465円

以下続刊

共通

A-1	電子情報通信と産業	西村吉雄著
A-3	情報社会と倫理	辻井重男著
A-4	メディアと人間	原島・北川共著
A-6	コンピュータと情報処理	村岡洋一著
A-8	マイクロエレクトロニクス	亀山充隆著
A-9	電子物性とデバイス	益一哉著

基礎

B-1	電気電子基礎数学	大石進一著
B-2	基礎電気回路	篠田庄司著
B-3	信号とシステム	荒川薫著
B-4	確率過程と信号処理	酒井英昭著
B-5	論　理　回　路	安浦寛人著
B-7	コンピュータプログラミング	富樫敦著
B-8	データ構造とアルゴリズム	今井浩著
B-9	ネットワーク工学	仙石・田村共著

基盤

C-2	ディジタル信号処理	西原明法著
C-3	電　子　回　路	関根慶太郎著
C-5	通信システム工学	三木哲也著
C-8	音声・言語処理	広瀬啓吉著
C-10	オペレーティングシステム	徳田英幸著
C-11	ソフトウェア基礎	外山芳人著
C-12	データベース	田中克己著
C-13	集積回路設計	浅田邦博著
C-14	電子デバイス工学	和保孝夫著
C-16	電子物性工学	奥村次徳著

展開

D-1	量子情報工学	山崎浩一著
D-2	複雑性科学	松本隆編著
D-4	ソフトコンピューティング	山川・堀尾共著
D-6	モバイルコンピューティング	中島達夫著
D-7	データ圧縮	谷本正幸著
D-9	ソフトウェアエージェント	西田豊明著
D-10	ヒューマンインタフェース	西田・加藤共著
D-12	コンピュータグラフィックス	山本強著
D-13	自然言語処理	松本裕治著
D-15	電波システム工学	唐沢好男著
D-16	電磁環境工学	徳田正満著
D-19	先端光エレクトロニクス	荒川泰彦著
D-20	先端光エレクトロニクス	大津元一著
D-21	先端マイクロエレクトロニクス	小柳・田中共著
D-22	ゲノム情報処理	高木・小池編著
D-25	生体工学	伊福部達著
D-26	医用工学	菊地眞編著

定価は本体価格+税5%です。
定価は変更されることがありますのでご了承下さい。

図書目録進呈◆

テレビジョン学会教科書シリーズ

（各巻A5判，欠番は品切です）

■(社)映像情報メディア学会編

配本順			頁	定価
1.(8回)	画 像 工 学(増補) ―画像のエレクトロニクス―	南 村 敏 中 納 共著	244	2940円
2.(9回)	基 礎 光 学 ―光の古典論から量子論まで―	大 頭 康 仁 高 木 博 共著	252	3465円
4.(10回)	誤り訂正符号と暗号の基礎数理	笠 原 正 雄 佐 竹 賢 治 共著	158	2205円
5.(4回)	光 波 電 波 工 学 ―電磁波の伝搬・伝送―	川 上 彰二郎 松 村 和 仁 共著 椎 名 徹	164	2100円
6.(2回)	応 用 電 子 物 性 工 学 ―半導体から光デバイスまで―	佐 藤 勝 昭 越 田 信 義 共著	260	3150円
7.(3回)	量 子 電 子 工 学 ―レーザの基礎と応用―	氏 原 紀公雄 著	220	2835円
8.(6回)	信 号 処 理 工 学 ―信号・システムの理論と処理技術―	今 井 聖 著	214	2940円
9.(5回)	認 識 工 学 ―パターン認識とその応用―	鳥 脇 純一郎 著	238	3045円
11.(7回)	人 間 情 報 工 学 ―バイオニクスからロボットまで―	中 野 馨 著	280	3675円

定価は本体価格+税5％です。
定価は変更されることがありますのでご了承下さい。

図書目録進呈◆

映像情報メディア基幹技術シリーズ
(各巻A5判)

■(社)映像情報メディア学会編

			頁	定価
1.	音声情報処理	春田 日田 正哲 男男 船 哲伸 二 林 男 一 哉 共著	256	3675円
2.	ディジタル映像ネットワーク	羽片 鳥山 好頼 律明 編著	238	3465円
3.	画像LSIシステム設計技術	榎本 忠儀 編著	332	4725円
4.	放送システム	山田 宰 編著	326	4620円
5.	三次元画像工学	佐佐藤藤 誠癸 橋本野 甲直己 高 邦彦 共著	222	3360円
6.	情報ストレージ技術	沼梅澤本田川 潤益 二雄雄 奥喜連 治 優 共著	216	3360円
7.	画像情報符号化	貴吉家田木明 仁俊輝 志編之彦著 鈴広 敏 彦	256	3675円
8.	画像と視覚情報科学	三畑矢 橋田野 哲豊澄 雄彦男 共著	318	5250円

以下続刊

CMOSイメージセンサ　相澤・浜本編著　　　映像情報ディスプレイ

高度映像技術シリーズ
(各巻A5判)

■編集委員長　安田靖彦
■編集委員　岸本登美夫・小宮一三・羽鳥好律

			頁	定価
1.	国際標準画像符号化の基礎技術	小野 文孝 渡辺 裕 共著	358	5250円
2.	ディジタル放送の技術とサービス	山田 宰 編著	310	4410円

以下続刊

高度映像の入出力技術	小宮・廣橋 上平・山口 共著	高度映像の生成・処理技術	佐藤・髙橋・安生共著
高度映像のヒューマンインターフェース	安西・小川・中内共著	高度映像とネットワーク技術	島村・小寺・中野共著
高度映像とメディア技術	岸本登美夫他著	高度映像と電子編集技術	小町　祐史著
次世代の映像符号化技術	金子・太田共著	次世代映像技術とその応用	

定価は本体価格＋税5％です。
定価は変更されることがありますのでご了承下さい。

図書目録進呈◆